U0872540

全国职业院校机电类专业课程改革系列教材

车工技术

主　编　陈　刚　刘迎军
副主编　刘新灵　吴元祥　范有雄
　　　　雷晓霓　吴　清
参　编　李　堃　刘　兵　林莉芬
　　　　陈　帆　刘红伟　田俊鼎
主　审　龙善寰　曾继华

机械工业出版社

本书是参照相关的国家职业标准和行业的职业技能鉴定规范标准编写的。全书共有十五章。本书将车工专业理论与实践技能训练融为一体，特点是针对性较强，培养目标明确，适用于车工教学的理实一体化教学。本书介绍了车削基本知识、车床常用量具、车刀、车外圆柱面、车槽和切断、内圆柱面加工、车圆锥、滚花和车成形面、车削三角形螺纹、车削梯形螺纹、车蜗杆和多线螺纹、车削偏心工件以及车工（初级工、中级工、高级工）训练习题内容。

本书可作为各类职业院校机电类专业的教学用书，也可作为有关行业的岗位培训教材和操作人员自学用书。

为方便教学，本书配备电子课件等教学资源。凡选用本书作为教材的教师均可登录机械工业出版社教材服务网 www.cmpedu.com 注册后免费下载。如有问题请致信 cmpgaozhi@sina.com，或致电 010-88379375 联系营销人员。

图书在版编目（CIP）数据

车工技术/陈刚，刘迎军主编. —北京：机械工业出版社，2013.10（2024.2 重印）
全国职业院校机电类专业课程改革规划教材
ISBN 978-7-111-42928-9

Ⅰ.①车… Ⅱ.①陈…②刘… Ⅲ.①车削-职业教育-教材 Ⅳ.①TG51

中国版本图书馆 CIP 数据核字（2014）第 000556 号

机械工业出版社（北京市百万庄大街 22 号 邮政编码 100037）
策划编辑：赵志鹏 责任编辑：王 丹 赵志鹏 版式设计：霍永明
责任校对：卢惠英 封面设计：马精明 责任印制：张 博
北京建宏印刷有限公司印刷
2024 年 2 月第 1 版第 5 次印刷
184mm×260mm · 12.25 印张 · 303 千字
标准书号：ISBN 978-7-111-42928-9
定价：37.00 元

电话服务 网络服务
客服电话：010-88361066 机 工 官 网：www.cmpbook.com
010-88379833 机 工 官 博：weibo.com/cmp1952
010-68326294 金 书 网：www.golden-book.com
封底无防伪标均为盗版 机工教育服务网：www.cmpedu.com

前　言

随着我国大力发展装备制造业，社会及企业对技能型人才的知识与技能有了更高的要求，需求量也越来越大，职业技术教育的模式也随之有了新的发展。车工作为一个传统的工种，在机械零件的生产中有不可替代的作用。为满足企业对技能型人才的需求，适应职业技术教育和专业教学改革的需要，我们编写了本书。

本书以理论知识为基础，操作技能为主线，比较全面地介绍了车工基础操作，力求突出实用性和可操作性，以利于技能型人才的培养。本书介绍了职业院校工科学生应了解的重要工艺方法和实践操作，它不仅可以让学生获得机械制造的基础知识，了解普通机床加工的一般操作，提高学生的操作技能和动手能力，而且能加强学生理论联系实践，提高学生工程实践的能力，培养其工程素质。

车削是机械制造中常用的加工方法。本书在内容组织上将理论和实践紧密结合，共分为15章，包括：车削基本知识、车床常用量具、车刀、车外圆柱面、车槽和切断、内圆柱面加工、车圆锥、滚花和车成形面、车削三角形螺纹、车削梯形螺纹、车削蜗杆和多线螺纹、车削偏心工件以及车工（初级工、中级工、高级工）训练习题。

全书由陈刚、刘迎军担任主编；龙善寰、曾继华担任主审；刘新灵、吴元祥、范有雄、雷晓霓、吴清担任副主编；李堃、刘兵、林莉芬、陈帆、刘红伟、田俊鼎参与编写部分内容。陈刚编写第一、四、五、九章；刘迎军编写第八章；刘新灵编写第二、三、六、七章；吴元祥编写第十章；范有雄编写第十一章；雷晓霓编写第十二章；吴清编写第十三、十四、十五章及技能训练题，全书由陈刚统稿。本书在编写过程中得到了国营七三三厂教授级高级工程师董晓华的指点，也得到其他老师们的积极支持与帮助，在此一并表示感谢。

由于编者水平有限，不足之处敬请读者指正。

编　者

目　录

第一章　车削基本知识

课题一　入门知识

【学习目标】

1. 了解车削加工工作的内容。
2. 了解车削加工安全文明生产和安全操作知识。

【相关知识】

一、车削加工的工作内容

车削加工就是在车床上利用工件的旋转运动和刀具的直线运动来改变毛坯的形状和尺寸，把它加工成符合图样要求的零件。车削加工的范围很广，就其基本内容来说，有车外圆、车端面、车槽、切断、钻中心孔、钻孔、车孔、铰孔、车螺纹、车内圆锥面、车外圆锥面、车成形面、滚花和盘绕弹簧等。车削加工的工作内容见表 1-1。

表 1-1　车削加工的工作内容

名称	图解	名称	图解
车外圆	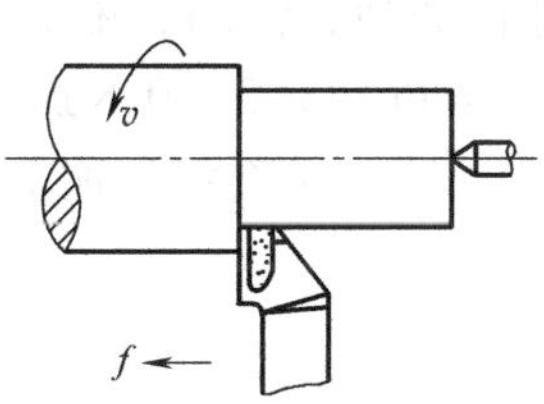	车端面	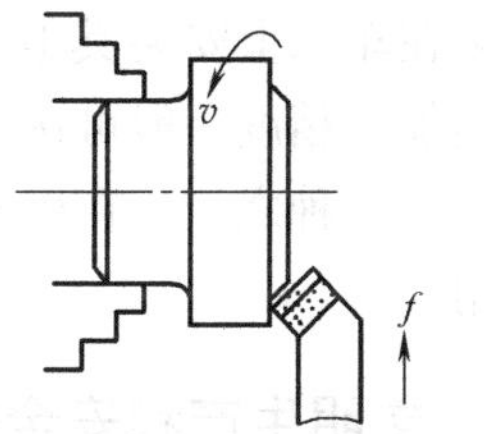
车槽切断	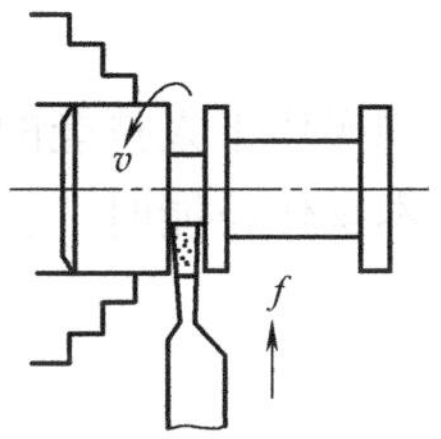	钻中心孔	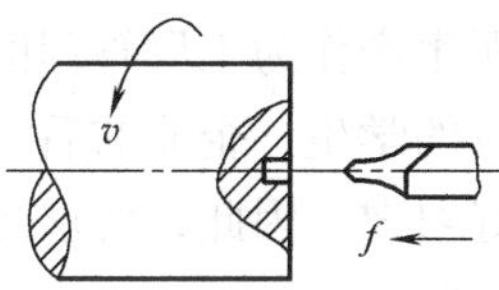
钻孔	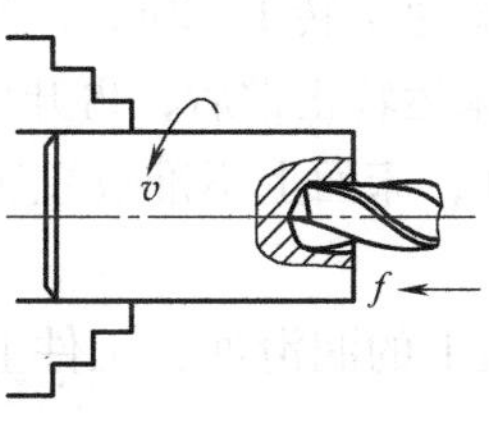	车孔	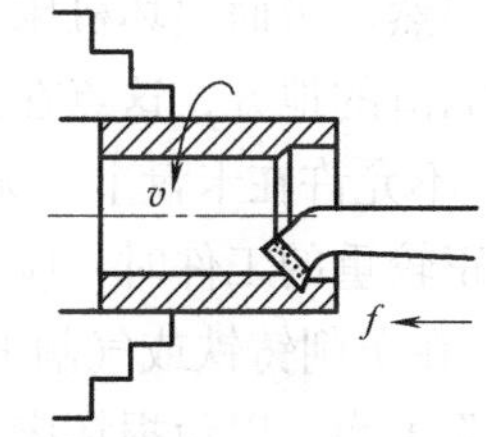

（续）

名称	图解	名称	图解
铰孔	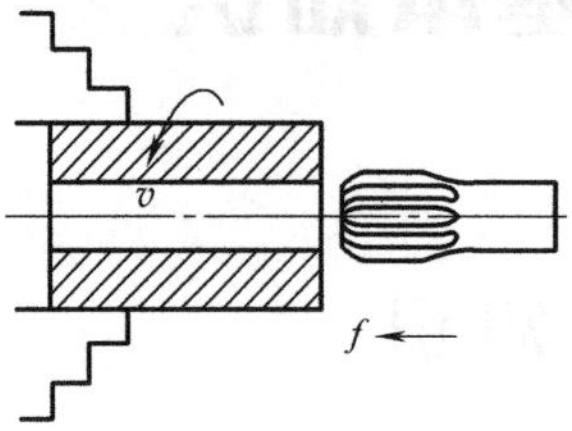	车螺纹	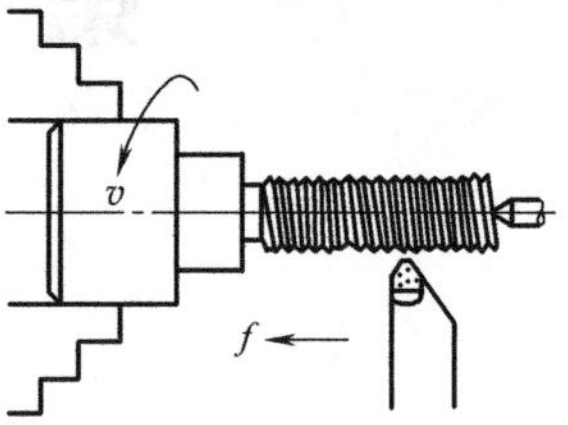
车外圆锥面	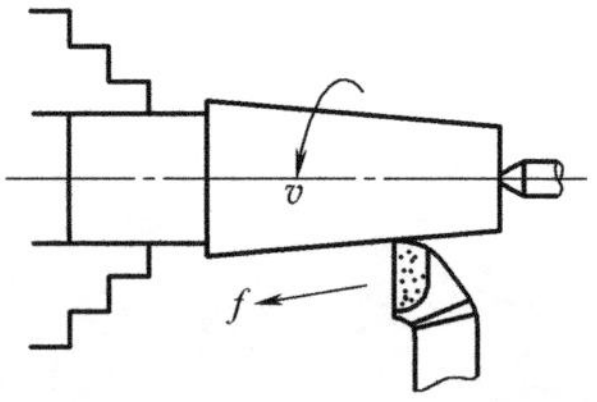	车成形面	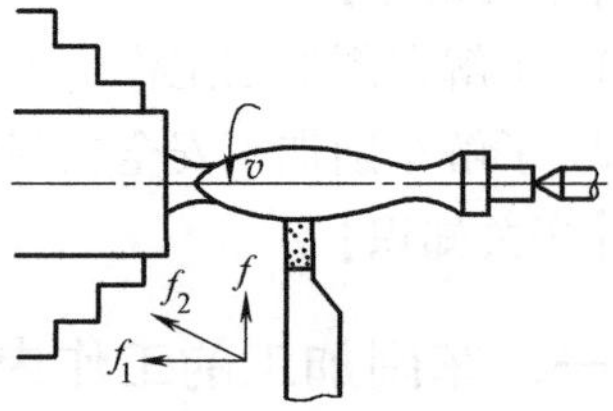
滚花	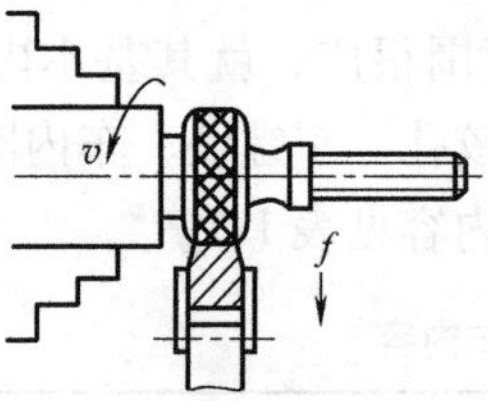	盘绕弹簧	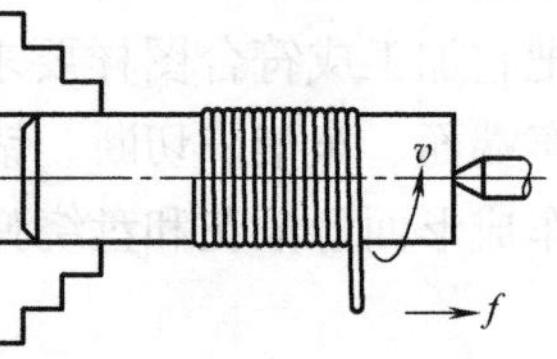

如果在车床上安装其他的附件和夹具，还可以进行磨削、镗削、珩磨、抛光、车多边等。车削加工精度一般可达 IT9～IT7，表面粗糙度 *Ra* 值可达 6.3～0.8μm。车工是机械加工中的主要工种之一，在机械制造业中应用非常广泛。车削加工在机械加工中具有重要的地位和作用。

二、文明生产和安全操作技术

（一）文明生产

文明生产作为工厂管理的一项重要内容，将直接影响操作工人技能的发挥。所以，作为职业院校的学生，企业的后备力量，在开始学习车工基本操作技能时，就要重视培养文明生产的良好习惯。因此，要求操作者在操作时必须做到：

加工前

1）仔细检查车床各部分机构是否完好，各传动手柄、变速手柄位置是否正确，以防开车时因突然撞击而损坏机床。起动车床后，应使主轴低速空转 1～2min，使润滑油散布到各个需要润滑的地方，这点在天冷时尤为重要。观察车床运转正常后，再开始工作。

2）不允许在卡盘上及床身导轨上敲击或校直工件，床面上不准放置工具或工件。在装夹和找正较重的工件时，应该用木板保护床面。

3）在车削铸铁或气割下料的工件前，要擦掉导轨上的润滑油，工件上夹杂的型砂杂质也应清除干净，以免损坏床身导轨。

4）在使用切削液前，要在车床导轨上涂上润滑油。检查切削液是否充足，定期更换冷却泵中的切削液。

5）图样、技术文件和工艺卡片等应放置在方便阅读的位置，并注意保持干净和完整。

加工中

1）在车床主轴需要变速时，必须先停车。变换进给箱手柄位置要在低速时进行。

2）为保持丝杠的精度，除车削螺纹外，不准使用丝杠进行机动进给。使用电器开关的车床不准用正、反车作紧急停车，以免打坏齿轮。

3）车刀磨损后要及时进行刃磨，用钝刃的车刀继续加工，不仅会影响工件表面的加工质量和生产效率，而且还会增加车床负荷，损坏机床精度。

4）车削时，量具、刀具及工具等要合理放置，有固定的位置，便于方便使用，用后应放回原处。主轴箱盖上不应该放置任何物品。

5）毛坯、半成品和成品应分开放置。半成品和成品应堆放整齐，轻拿轻放，严防碰伤已加工表面。

加工后

1）工具箱内摆放物件应分类。精度高的应妥善放置，重物放工具箱下层，轻物放工具箱上层，不能随意乱放，以免损坏和丢失。

2）正确使用和保养量具，注意保持清洁，用后擦拭干净，涂油，放入盒内。所使用量具应遵守定期计量制度，以保证其测量准确。

3）工作结束后，如工件不卸下，应用千斤顶进行支承。

4）车床位置周围应保持整齐清洁。工作结束后应清除车床上及车床周围的切屑及切削液，擦干净机床后按规定加上润滑油。

5）工作结束后，将床鞍摇至床尾部，各转动手柄放到空挡位置并关闭电源。

（二）安全操作技术

操作时必须提高执行纪律的自觉性，遵守规章制度，并严格遵守安全技术要求：

1）工作时应穿工作服、戴袖套。女性应戴工作帽，将长发卷入帽子里。禁止穿裙子、短裤、拖鞋和凉鞋上机床操作。在车床上操作不准戴手套。

2）工件和车刀必须装夹牢固，否则会飞出伤人。卡盘必须装有保险装置。装夹好工件后，卡盘扳手必须随即从卡盘上取下。

3）工作时，必须集中精力，注意手、身体和衣服不能靠近正在旋转的机件，如卡盘、工件、传动带、带轮、齿轮等。

4）工作时，头部不能离工件太近，以防切屑飞入眼中。为防止切屑崩碎飞散，必须戴防护眼镜。

5）凡装卸工件、更换刀具、测量加工表面及变换速度时必须先停车。

6）车床运转时，不得用手摸工件表面，尤其是加工螺纹时，严禁用手抚摸螺纹面，以免伤手。严禁用棉纱擦抹转动的工件。

7）应用专用铁钩清除切屑，绝不允许用手直接清除。

8）毛坯棒料从主轴孔尾端伸出不得太长，如太长则应使用料架或挡板，防止甩弯后伤人。

9）不准用手去制动转动着的卡盘。

10）不要随意拆装安全设备，以免发生触电事故。

11）工作中若发现机床、电气设备有故障，应即时申报，由专业人员检修，未修复不得使用。

【练习与思考】

1. 车削加工工作的内容有哪些？

2. 车削加工文明生产和安全操作技术有哪些？

课题二　正确使用车床

【学习目标】

1. 了解车床的结构、规格、各部分名称、作用。

2. 了解车床的分类。

3. 了解车床的维护与保养。

4. 了解车床切削液的选用。

【相关知识】

一、车床各部分的名称和作用

车床的种类很多，下面以 CA6140 型卧式车床为例介绍车床的各部分的名称和作用。CA6140 型卧式车床是加工范围很广的车床，是我国自行设计的卧式车床，其外形结构如图 1-1 所示，由床身、主轴箱、交换齿轮变速机构、进给箱、溜板箱、刀架、尾座、床腿、冷却装置和照明装置等部分组成。其主要部件名称和作用如下：

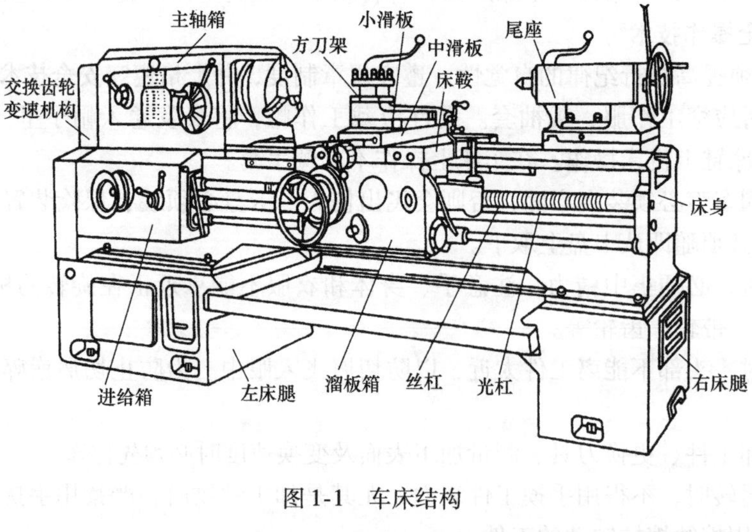

图 1-1　车床结构

（一）床身

床身是车床精度很高的带有导轨（山形导轨和平行导轨）的一个大型基础部件，其固定在左、右床腿上，是车床的支承部件，用以支承和安装车床的各个部件，如主轴箱、溜板箱、尾座等，并保证各部件之间具有正确的相对位置和相对运动。

（二）主轴箱

支承并传动主轴带动工件作旋转主运动。主轴箱安装在床身的左上部，箱内装有齿轮、轴等，组成变速传动机构，变换主轴箱的手柄位置，可使主轴得到多种转速。主轴是空心的，中间可以穿过棒料，是主运动的执行件。主轴的前端可以安装卡盘或顶尖等以装夹工件，实现工件的转动。

（三）进给箱

进给箱内装有进给传动系统的变速机构。进给箱安装在床身的左前侧。主轴箱的运动通过交换齿轮变速机构将运动传给进给箱。进给箱通过光杠或丝杠将运动传给溜板箱和刀架。

（四）溜板箱

溜板箱安装在刀架部件底部，接受光杠或丝杠传递的运动，以驱动床鞍和中、小滑板及刀架实现车刀的纵、横向进给运动，其上还装有一些手柄及按钮，可以很方便地操纵车床来选择诸如机动、手动、车螺纹及快速移动等运动方式。

（五）刀架

刀架装在床身的刀架导轨上，由小滑板、中滑板、床鞍、方刀架组成。方刀架处于最上层，用于夹持刀具。小滑板在方刀架与中滑板之间，与中滑板以转盘相连，可在水平面一定范围内任意转动一个角度，调好方向后带动方刀架实现斜向手动进给，用于加工锥体。中滑板处于小滑板与床鞍之间。可沿床鞍上面的导轨作横向自动或手动进给。当把丝杠螺母机构脱开后，用靠模法可自动加工锥体。床鞍处于中滑板与床身之间，可沿床身上床鞍导轨纵向移动，以实现纵向自动或手动进给。

（六）尾座

尾座通常安装在床身导轨上，并沿此导轨纵向移动，以调整其工作位置，尾座主要用来安装后顶尖，通过顶尖支承不同长度的工件。尾座可在其底板上作少量横向移动，通过调整位置，可以在用前、后顶尖支承的工件上车锥体。尾座孔内也可以安装钻头、丝锥、铰刀等刀具，进行内孔加工。

（七）交换齿轮变速机构

交换齿轮变速机构装在主轴箱与进给箱的左侧，其内部的交换齿轮联接主轴箱和进给箱，把主轴箱的转动传递给进给箱，更换箱内的变速机构，可以得到车削各种螺距螺纹（或蜗杆）的进给传动；并满足车削时对不同纵向、横向进给量的需求。

（八）丝杠与光杠

丝杠与光杠的左端装在进给箱上，右端装在床身右前侧的挂角上，中间穿过溜板箱。通常丝杠主要用于车螺纹。

（九）床腿

左右两个床腿分别与床身左右两端下部联为一体，用以支承安装在床身上的各个部件。同时通过地脚螺栓和调整垫块使整台车床固定在工作场地上，并使床身调整到水平状态。

（十）冷却装置

冷却装置主要通过冷却水泵将水箱中的切削液加压后喷射到切削区域，降低切削温度冲走切屑，润滑加工表面，以提高刀具使用寿命和工件的表面加工质量。

二、车床各部分传动系统

现以 CA6140 型车床为例，介绍车床传动系统。电动机输出的动力，经传动带传给主轴箱带动主轴、卡盘和工件做旋转运动。此外，主轴的旋转还通过交换齿轮变速机构、进给箱、光杠或丝杠到溜板箱，带动床鞍、刀架沿导轨作直线运动，如图 1-2 所示。

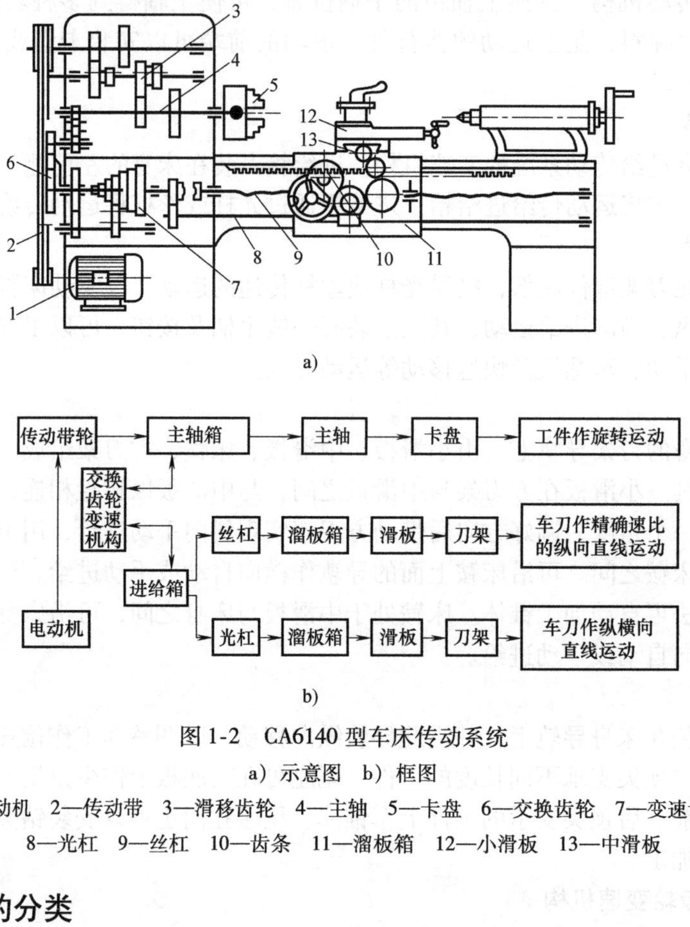

a)　b)

图 1-2　CA6140 型车床传动系统

a）示意图　b）框图

1—电动机　2—传动带　3—滑移齿轮　4—主轴　5—卡盘　6—交换齿轮　7—变速齿轮组
8—光杠　9—丝杠　10—齿条　11—溜板箱　12—小滑板　13—中滑板

三、车床的分类

车床种类很多，CA6140 型车床只是卧式车床中最常见的一种，按其用途和结构的不同，主要分为：卧式车床及落地车床、立式车床、转塔车床、仪表车床、单轴自动和半自动车床、多轴自动和半自动车床、仿形车床及多刀专门化车床。

车床有许多类型。为了便于使用和管理，我国机床型号是按《GB/T 15375—2008 金属切削机床　型号编制方法》编制的。型号由基本部分和辅助部分组成，中间用“/”隔开，读作“之”。前者需统一管理，后者纳入型号与否由企业自定。型号构成如下：

例如：CM6132 型精密卧式车床，型号中的字母和数字含义如下：

C——机床类代号（车床类）；

M——机床通用特性代号（精密机床）；

6——机床组代号（落地及卧式车床组）；

1——机床系代号（卧式车床系）；

32——主参数代号（床身上最大回转直径的 1/10，即该床身上最大回转直径为 320mm）。

由上例可知，机床型号是由汉语拼音字母和阿拉伯数字按一定的规律组合而成的。

（一）车床的类代号

用“车”字的汉语拼音第一个字母大写表示。必要时，每类可分为若干类。机床的类别代号，按其相对应的汉字字音读音。机床的类别代号见表1-2。

表1-2　机床的类别代号

类别	车床	钻床	镗床	磨床			齿轮加工机床	螺纹加工机床	铣床	刨插床	拉床	锯床	其他机床
代号	C	Z	T	M	2M	3M	Y	S	X	B	L	G	Q
读音	车	钻	镗	磨	二磨	三磨	牙	丝	铣	刨	拉	割	其

（二）车床通用特性代号

车床的通用特性代号见表1-3。

表1-3　机床通用特性代号

通用特性	高精度	精密	自动	半自动	数控	加工中心（自动换刀）	仿形	轻型	加重型	柔性加工单元	数显	高速
代号	G	M	Z	B	K	H	F	Q	C	R	X	S
读音	高	密	自	半	控	换	仿	轻	重	柔	显	速

（三）车床的组别、系别代号

每类机床划分为十个组，每个组又划分为十个系列，分别用一位阿拉伯数字表示，位于类别代号或通用特性代号之后。系代号位于组代号之后，见表1-4、表1-5。

表1-4　车床的组别

组别	车床组	组别	车床组
0	仪表小型车床	5	立式车床
1	单轴自动车床	6	落地及卧式车床
2	多轴自动、半自动自动车床	7	仿形及多刀车床
3	回轮、转塔车床	8	轮、轴、辊、锭及铲齿车床
4	曲轴及凸轮轴车床	9	其他车床

表1-5　落地及卧式车床系别

代号	0	1	2	3	4	5	6
系列	落地车床	卧式车床	马鞍车床	轴车床	卡盘车床	球面车床	主轴箱移动型卡盘车床

（四）车床的主要技术参数代号

车床主要技术参数用两位数字表示。用相应值的1、1/10或1/100折算后表示，当折算值大于1时，取整数；当折算值小于1时，取小数点后第一位数，并在前面加“0”。车床主要技术参数位于组、系代号之后。

（五）机床的重大改进顺序号

当机床的结构、性能有更高的要求，现结构比原设计有大的改进，或需重新设计、试制和鉴定时，则需要按改进的次序用 A、B、C 等汉语拼音字母（但“I”、“O”两个字母不得选用），加在型号基本部分的尾部，以区别原机床型号。

例如 CM6132-A，其中 C 表示车床类，M 表示车床为精密型，6 表示落地及卧式车床，1 表示卧式车床，32 表示加工工件最大回转直径为 320mm，A 表示经第一次重大改进后的车床。

四、车床的维护和保养

为了使车床在使用中正常运转，保持车床的精度，延长车床的使用寿命，应注意日常的维护保养，车床的摩擦部分必须进行润滑。

（一）车床润滑的几种方式

1. 浇油润滑

常用于外露的滑动表面，如床身导轨面和滑板导轨面等。

2. 溅油润滑

常用于密封的箱体中，如车床的主轴箱中的转动齿轮将箱底的润滑油溅射到箱体上部的油槽中，然后经槽内油孔流到各润滑点进行润滑。

3. 油绳导油润滑

常用于车床进给箱、溜板箱的油池中，它利用油绳既易吸油又易渗油的特点。通过油绳把润滑油慢慢地引到所需要的润滑点，间断地滴油润滑，如图 1-3a 所示。

4. 弹子油杯注油润滑

常用于尾座、中滑板摇手柄及三杠支架转动的轴承处。注油时，用油枪端头油嘴把油杯上的弹子压下，注入润滑油。油嘴撤去后，弹子回复原位。使用弹子油杯，可以防尘防屑，如图 1-3b 所示。

5. 黄油杯润滑

常用于车床交换齿轮架的中间轴或不经常润滑处。使用时，事先在黄油杯中装满钙基润滑脂，需要润滑时，拧紧油杯盖，黄油就挤压到润滑点中，如图 1-3c 所示。

6. 油泵输油润滑

通常用于转速高，润滑油需要量大，且连续强制润滑的机构中，如主轴箱内许多润滑点都是采用此种方法，如图 1-4 所示。

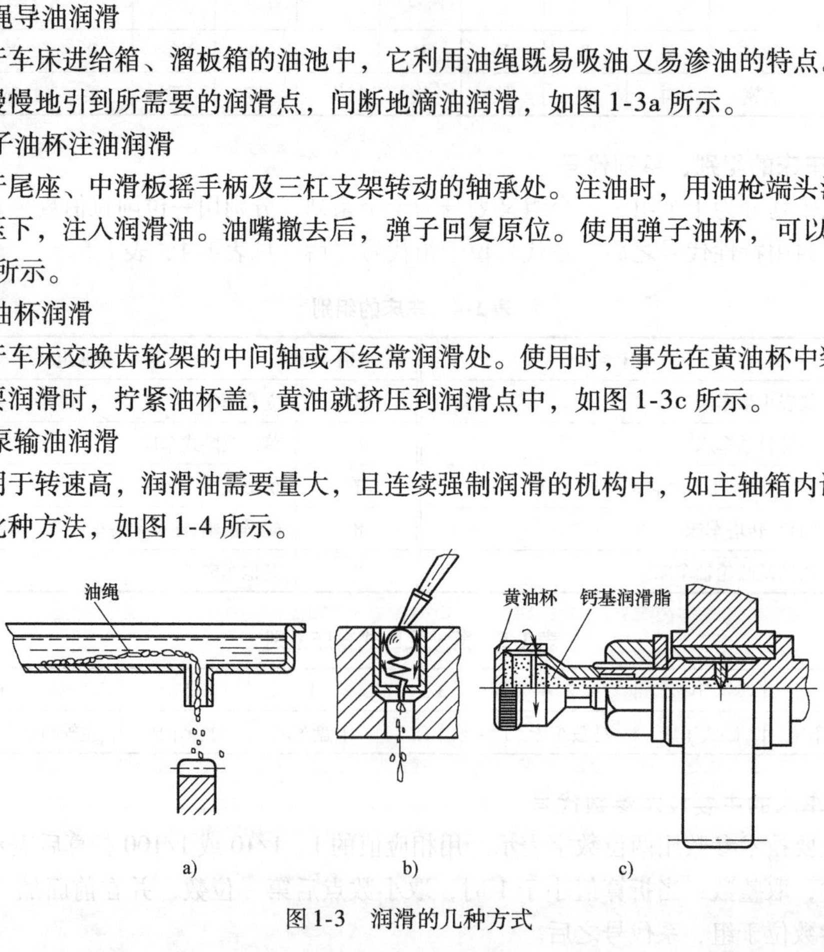

图 1-3　润滑的几种方式

（二）常用车床的润滑要求

图 1-5 所示为 C6140-1 型车床润滑系统润滑点的位置示意图。润滑部位用数字标出，图中除了 1、4、5 处的润滑部位用润滑脂进行润滑外，其余各部位都用 L-AN46 号全损耗系统用油润滑。

主轴箱内的零件用油泵循环润滑或飞溅润滑。主轴箱的储油量，通常以油面达到油窗高度为宜。主轴箱上有一处油标，如发现油标内无油输出，说明油泵输油系统有故障，应立即停车检查断油原因，等修复后才可开动车床。箱内齿轮用溅油法进行润滑，主轴后轴承用油绳导油润滑，车床主轴前轴承等重要润滑部位用往复式油泵供油润滑。主轴箱内的润滑油一般三个月更换一次。

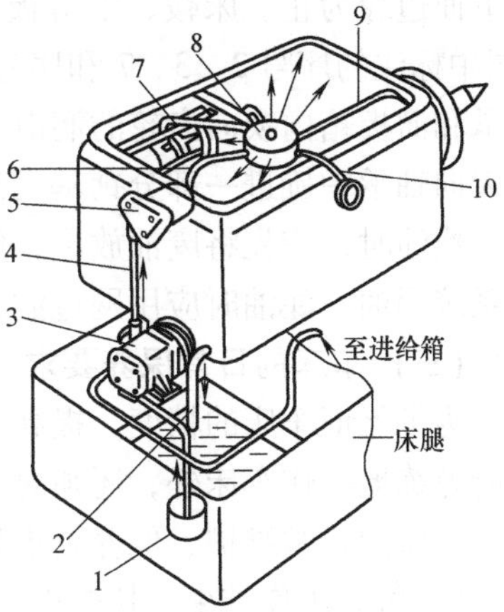

图 1-4　主轴箱油泵输油润滑

1—网式过滤器　2—回油管　3—油泵　4、6、7、9、10—油管　5—过滤器　8—分油器

进给箱、溜板箱和交换齿轮变速机构的润滑油一般也是三个月更换一次，换油时应在箱体内用煤油洗清后再加油。

进给箱内的轴承和齿轮，除了用齿轮飞溅润滑外，还靠进给箱上部的储油槽通过油绳导油润滑。不但要注意进给箱油窗内油面的高度，而且每班还要给进给箱上部的储油槽加油一次。

溜板箱内蜗杆机构用箱体内的油来润滑，油从盖板 6 中注入，其储油量通常加到这个孔

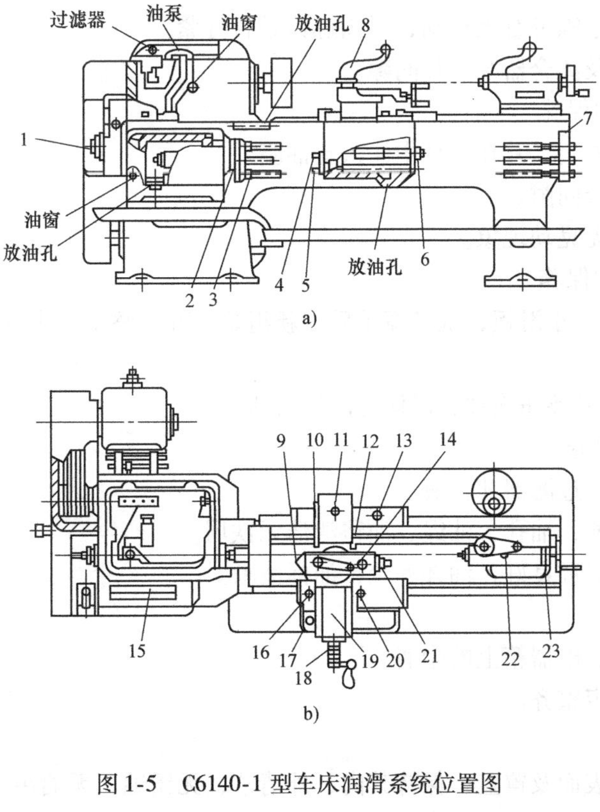

图 1-5　C6140-1 型车床润滑系统位置图

的下面边缘为止。床鞍、中滑板、小滑板部分、尾座和光杠丝杠等轴承，靠油孔注油润滑（图中标注的序号2、3、7和序号8～23处），每班加一次油。交换齿轮变速机构中间齿轮轴承和溜板箱内换向齿轮的润滑（图中标注的序号1、4、5处）每7天加一次钙基润滑脂，每天向轴承中旋进一部分钙基润滑脂。

换油时，应先将废油放尽，然后用煤油把箱体内冲洗干净，再注入新的L-AN46号全损耗系统用油。注油时应用网过滤，且油面不得低于油标中心。

（三）车床的日常保养要求

为了保证车床的精度，提高其使用寿命，确保零件的加工质量，提升生产效率，车工除了能熟练地操作车床外，还须对车床进行合理的保养和维护。

车床的日常维护、保养要求如下：

1）每天工作结束，切断电源，擦净车床各表面、各罩壳、导轨面（包括中滑板和小滑板）、丝杠、光杠、各操纵手柄和操纵杆，要求无油污、无铁屑，并加油润滑。

2）每天工作完毕后，及时清扫床身及车床周围场地，保持工作场地清洁。

3）每周要求车床床身导轨和中、小滑板导轨面及转动部位清洁、润滑，要求油眼畅通，油标油窗清晰，清洗护床油毛毡，并保持车床外表清洁和场地整齐。

（四）车床一级保养的要求

通常当车床运行500h后，需要进行一级保养。一级保养工作以操作工人为主，在维修人员配合下进行。保养时，必须先切断电源，以确保安全，然后按照下述顺序和要求进行。

1. 主轴箱的保养

1）清洗过滤器、使其无杂物。

2）检查主轴锁紧螺母有无松动，紧固螺钉是否拧紧。

3）调整制动器及离合器摩擦片间隙。

2. 交换齿轮箱的保养

1）清洗齿轮、轴套，并在油杯中注入新油脂。

2）调整齿轮啮合间隙。

3）检查轴套有无晃动现象。

3. 滑板和刀架的保养

拆洗方刀架和中、小滑板，洗净擦干后重新组装，并调整中、小滑板与箱条的间隙。

4. 尾座的保养

摇出尾座套筒，并擦净涂油，以保持内外清洁。

5. 润滑系统的保养

1）清洗冷却泵、过滤器和盛液盘。

2）保证油路畅通，油孔、油绳、油毡清洁无铁屑。

3）检查油质，保证良好，油杯齐全，油标清晰。

6. 电器的保养

1）清扫电动机、电器箱上的尘屑。

2）电器装置固定整齐。

7. 外表的保养

1）清洗车床外表面及罩盖，保持其内、外清洁，无锈蚀，无油污。

2）清洗丝杠、光杠和操作杠。

3）检查并补齐各螺钉、手柄球、手柄。

4）清洗擦净后，进行必要的润滑。

五、切削液

切削过程中，用来降低切削温度，并减少刀具与工件之间摩擦的液体，称为切削液，旧称为冷却液。

切削过程中，刀具与工件表面的切削层及加工表面产生强烈的挤压和摩擦，车床在切削过程中会产生较大的热量，在车刀切削的区域温度很高。切削区域的高温会使工件产生变形甚至烧伤加工表面，影响加工表面组织和工件质量，同时造成刀具硬度降低，且磨损加剧，大大缩短刀具的使用寿命。因此，在车削加工过程中合理选择切削液十分重要。合理选用切削液可以改善切屑、工件与刀具间的摩擦情况，抑制积屑瘤的成长，从而降低切削力和切削温度，减小工件热变形，提高刀具寿命和加工精度，改善已加工表面的质量。

（一）切削液的作用

1. 润滑作用

切削液能渗透到加工表面与刀具之间、切屑与刀具之间的微小间隙中，形成一层薄薄的润滑膜或化学吸附膜，减小摩擦因数，因而减小了切削力和切削热，减小了刀具磨损，限制了积屑瘤的生长，改善了工件表面质量。

2. 冷却作用

切削液能吸收并带走切削区大量的切削热量，降低刀具和工件的温度，改善散热条件，提高刀具的使用寿命，防止工件因热变形而产生的尺寸误差，也为提高生产效率创造了有利条件。

3. 清洗作用

切削液可冲走切削区域和机床上的细碎切屑和脱落的磨粒，防止切削过程中产生的细小切削黏附在工件、刀具和机床上，防止划伤已加工表面和导轨，影响工件表面质量和机床的精度。清洗性能取决于切削液的流动性和使用压力。

4. 防锈作用

为了减小工件、机床、刀具等受周围介质的腐蚀，切削液中可加入防锈剂。防锈剂在金属表面形成一层保护膜，起到防锈作用。防锈作用的强弱，取决于切削液本身的成分和加入的防锈剂。

除以上外，对切削液还有价格低廉、调配方便、性能稳定、污染环境小、不易燃及对人体无毒无害等要求。具体的加工条件不同，对切削液的作用要求侧重面也不同。

（二）切削液的种类

1. 水溶液

主要起冷却和冲洗的作用。该种切削液是由硝酸钠、碳酸钠等溶于 100～200 倍的水稀释而成。

2. 乳化液

主要起冷却作用。它是把乳化油用 10～20 倍的水稀释而成。使用这类切削液主要是为了冷却刀具和工件，延长刀具寿命，减少热变形。

3. 切削油

主要起润滑作用。它的主要成分是矿物油如 L-AN15、L-AN32 全损耗系统用油及煤油等，也可加入动物油或植物油，如猪油、菜籽油等。

4. 其他种类的切削液

其他种类的切削液有化学合成液、离子型切削液及固体润滑剂等。

（三）切削液的选用原则

1. 按加工性质选用

粗加工时加工余量和切削用量较大，会产生大量的切削热，因而导致刀具迅速磨损，所以应采用以冷却为主并具有一定清洗、润滑和防锈性能的乳化液，以便把大量的切削热带走，降低切削温度，提高刀具寿命。

精加工时要保证工件的精度和表面质量，应考虑减小摩擦，限制积屑瘤的生长，所以要根据切削速度的变化来选用切削油或浓度较大的乳化液。

2. 按刀具材料选用

用高速钢刀具进行粗加工时，用乳化液或水溶液。使用硬质合金刀具加工时一般不用切削液。因为在供应的切削液流量不足时，会造成硬质合金刀片因冷热不均匀而碎裂，所以在必要时应充分地、连续地浇注切削液，以免因冷热不匀而使刀具碎裂。

3. 按工件材料选用

钢件粗加工时一般需用乳化液，精加工时用极压切削油。切削铸铁、铜及铝等脆性金属材料时，由于切屑碎末会堵塞冷却系统，容易使机床磨损，一般不用切削液。但在精加工此类脆性金属材料时，如需提高表面质量，可采用 10%～20% 的乳化液、煤油或煤油和矿物油的混合液。切削镁合金材料时，不得用任何切削液，以免燃烧起火。加工铜或铜合金时应避免使用含硫的切削液，防止腐蚀工件。

（四）切削液的使用方法

1. 浇注法

浇注法是一种常见的方法，使用方便、广泛，但冷却效果不理想，切削液消耗量也较大。

2. 喷雾冷却法

切削液经过雾化后，雾状液体在高温的切削区域很快被汽化，从而达到冷却降温的效果。实践证明，喷雾冷却法的冷却效果显著。在使用等量切削液的情况下，喷雾冷却法在相同单位时间内吸收的热量是浇注法的 10 倍，切削液消耗较少。

3. 高压冷却法

加工深孔或较难加工材料时，选用此法。

切削液加注时流量应充分、均匀。粗加工时，以冷却为主的切削液流量要大；精加工时，以润滑为主的切削液流量要小一些。

（五）切削液使用注意情况

切削液有很多种类和用途，应根据工件材料、加工方法、刀具材料等因素有针对性的选用。为了使切削液发挥应有的作用，在使用时应注意以下几点：

1）油状乳化液必须用 10～20 倍的水稀释后才能使用。

2）确保切削液干净，不能发生变质。

3）使用切削液时，应对准切削区域进行浇注。

4）使用硬质合金车刀时，如加工时需使用切削液，必须从开始到结束连续浇注切削液，防止中断而使刀头碎裂。

【练习与思考】

1. 简述车床的分类。
2. 简述车床的维护与保养。
3. 怎样选用车床切削液？

课题三 其他常用车床

【学习目标】

1. 了解立式车床的种类和结构。
2. 了解转塔车床的种类和结构。
3. 了解转塔车床与卧式车床在结构上的主要区别。

【相关知识】

车床的种类很多，除了常用的卧式车床外，还有立式车床、转塔车床等。

一、立式车床的种类与结构

立式车床主要用于加工径向尺寸大而轴向尺寸相对较小、且形状比较复杂的大型和重型零件。立式车床是汽轮机、水轮机、重型电机、矿山冶金等重型机械制造厂必不可少的加工设备，图 1-6 所示为立式车床，其中图 1-6a 所示为单柱式，用于加工直径小于 1600mm 的零件；图 1-6b 所示为双柱式，可加工直径大于 2000mm 的零件，重型双柱立式车床加工直径可达到 25000mm，可装夹 80t 的重型零件。

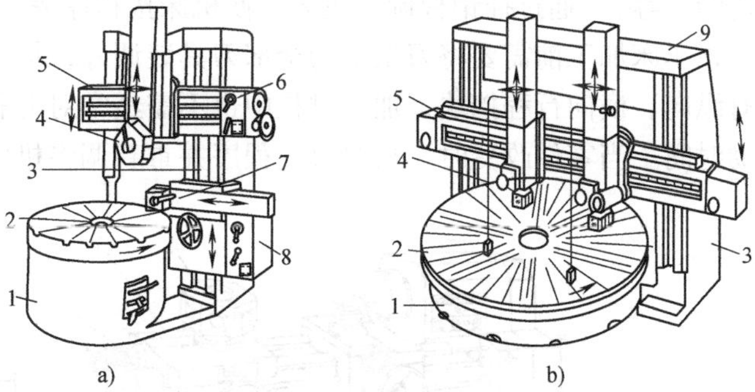

图 1-6 立式车床

a）单柱式 b）双柱式

1—底座 2—工作台 3—立柱 4—垂直刀架 5—横梁 6—垂直进给箱 7—侧刀架 8—侧刀架进给箱 9—顶梁

立式车床在结构布局上的主要特点是主轴垂直布置，工件装夹在由主轴带动作旋转的直径很大的圆形工作台上，工作台面水平布置，所以工件的装夹和找正都比较方便，而且工件及工作台的重量能均匀地作用在工作台导轨或推力轴承上，减轻了主轴及其轴承的载荷，工作平稳性好，易于保证加工精度和机床长期保持工作精度。

单柱式立式车床的立柱 3 与底座 1 固定的连成一个整体，工作台 2 安装在底座 1 的环形导轨上，工件装夹在工作台面上，并由工作台带动绕垂直轴线旋转。进给运动由垂直刀架 4 和侧刀架 7 来实现。侧刀架可在立柱 3 的导轨上移动作垂直进给，还可沿刀架滑座的导轨作横向进给。垂直刀架可沿其刀架滑座的导轨作垂直进给，且中小型立式车床的一个垂直刀架上通常带有一个五角形的转塔刀架。横梁5沿立柱导轨上下移动，可适应加工不同高度工件的需要。

双柱式立式车床具有两个立柱，它们通过底座和上面的顶梁连成一个封闭式框架，横梁上通常装有两个垂直刀架，中等尺寸的立式车床上，其中一个刀架通常带有一个五角形的转塔刀架。双柱式立式车床有一个侧刀架，装在右立柱的垂直导轨上，大尺寸的立式车床一般不带有侧刀架。

二、转塔车床

转塔车床与卧式车床在结构上的主要区别在于它没有尾座和丝杠，在卧式车床的尾座位置装有一个多工位的转塔刀架，该刀架可以安装多把刀具，通过转塔转位可以使不同的刀具依次处于工作位置，对工件进行不同内容的加工，减少反复装夹刀具的时间。转塔车床适于成批生产加工形状比较复杂、需要较多工序和较多刀具加工的工件，特别是有内孔和内螺纹的工件，比如各种套筒、阶梯小轴、螺钉、螺母、接头、法兰盘和齿轮坯等。

转塔车床如图1-7所示。转塔刀架4可绕垂直轴线转位，它只能作纵向进给，主要用于车削外圆柱面及对内孔作钻、扩、铰或镗加工。由于没有丝杠，这类机床只能用丝锥、板牙等加工内外螺纹。前刀架3可作纵、横向进给运动，车削大直径的外圆柱面和端面，以及加工沟槽和切断等。

机床主轴箱正面装有一个较为完善的“矩阵插销板”程序控制系统，可按照事先制定好的零件加工程序（包括加工顺序、辅助工具和刀具的布置，每一工步所选用的主轴转速和进给量等），通过插销板调节机床，使机床按程序完成零件加工的半自动工作循环。

该车床加工前需要将刀架上的全部刀具装调好，加工中不需频繁更换刀具，而且机床上设有纵向、横向行程挡块，加工过程中也不需经常对刀和测量工件尺寸，从而可以大大缩短辅助时间。当零件改变时，只要改变程序并重新调整机床上的纵向、横向行程挡块即可。

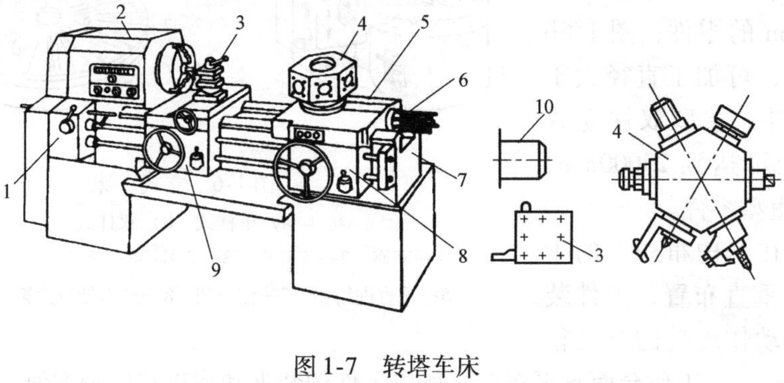

图1-7　转塔车床

1—进给箱　2—主轴箱　3—前刀架　4—转塔刀架　5—纵向溜板　6—定程装置
7—床身　8—转塔刀架溜板箱　9—前刀架溜板箱　10—主轴

车床的种类很多，除了上述较常见的几类车床外，还有数控车床、机械式自动与半自动车床、液压仿形车床及多刀半自动车床等。

【练习与思考】

立式车床的种类和结构？

第二章　车床常用量具

【学习目标】

1. 了解车削加工常用量具。

2. 了解车削加工常用量具的使用方法。

【相关知识】

量具是测量工件时使用的工具。为了保证产品达到规定的技术要求，必须对加工过程中及加工完成后的工件进行严格的测量。

随着测量技术的迅速发展，量具的种类也越来越多，根据用途和特点的不同，量具可分为以下几类，见表 2-1。

表 2-1　量具的分类

量具的分类	使用特点	举例
通用量具	一般都有刻度，能对多种零件、多种尺寸进行测量，在测量范围内能测量出零件形状、尺寸具体数值	游标卡尺、千分尺、百分表、游标万能角度尺、钢直尺等
极限量规	专门测量零件的某一形状、尺寸，它不能测量出零件的实际尺寸，只能测量出零件的形状、尺寸是否合格	螺纹量规、花键量规等
标准量具（定值量具）	用来校对和调整其他量具，这类量具的测量值是固定的	量块、角度量块、千分尺、校验棒等
量仪	测量准确，精度高	光学量仪、显微镜等

车工在工作中的重要内容之一是对工件的直线、曲线以及形状和位置精度进行检查，所以车工常用量具主要是通用量具、极限量规和标准量具。

一、钢直尺

钢直尺是最简单的长度量具。它由薄的不锈钢板制成，它的长度有 150mm，300mm，500mm 和 1000mm 四种规格。常用的 150 mm 钢直尺如图 2-1 所示。

图 2-1　钢直尺

钢直尺用于测量零件的长度尺寸，如图 2-2 所示。钢直尺测量长度尺寸的误差很大，它的测量结果不太准确。由于钢直尺的刻线间距为 1mm，而刻线本身的宽度就有 0.1 ~ 0.2mm，所以测量时只能读出毫米数，即它的最小读数值为 1mm，比 1mm 小的数值，只能估计得出。

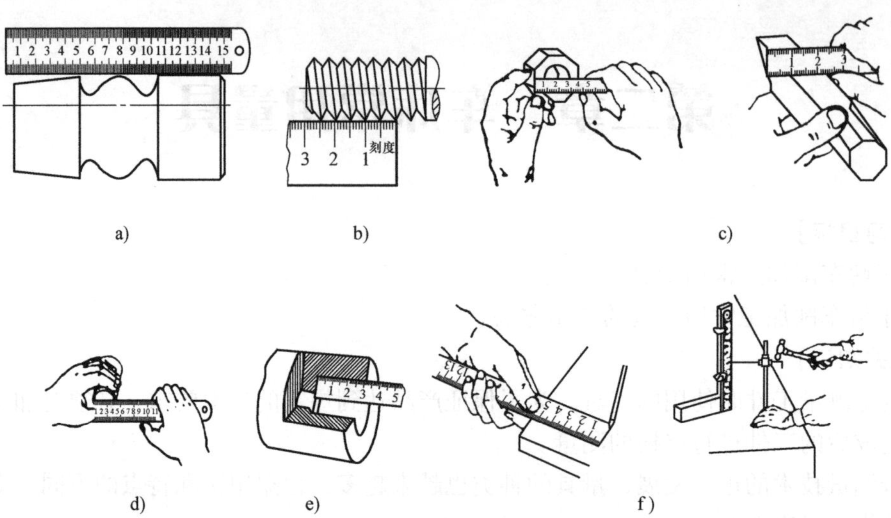

a) b) c)

d) e) f)

图 2-2 钢直尺的使用方法

a）量长度 b）量螺距 c）量宽度 d）量内孔 e）量深度 f）划线

如果用钢直尺直接去测量零件的直径尺寸（轴径或孔径），测量结果精度很差。这是由于钢直尺本身的读数误差比较大，另外，钢直尺无法正好放在零件直径的正确位置也是一个重要原因，所以需要利用钢直尺和内外卡钳配合起来进行相关的测量。

二、卡钳

卡钳是简单的间接量具，常见的内、外两种卡钳如图 2-3 所示。卡钳本身不能直接读出测量结果，只能与钢直尺等有刻线的量具配合使用，才能测出尺寸的数值。卡钳与钢直尺配合使用的方法就是把测量得到的长度尺寸在钢直尺上进行读数，或在钢直尺上先取下所需尺寸，再去检验零件的直径是否符合。外卡钳是用来测量外径和物体长度的，内卡钳是用来测量内径和凹槽的。

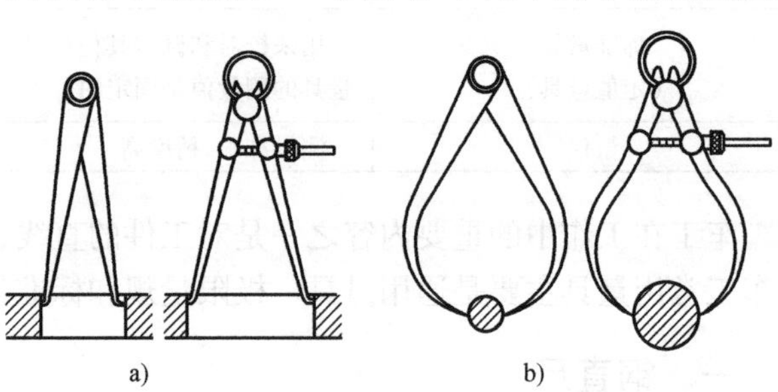

a) b)

图 2-3 卡钳

a）内卡钳 b）外卡钳

（一）卡钳钳口距离的调节

使用卡钳前需要检查钳口是否完整和标准，钳口的完整和标准对测量精确性影响很大，图 2-4 所示为卡钳钳口形状好与坏的对比。调节卡钳的钳口距离时，应轻轻敲击钳口的两侧面。先用两手把钳口调整到和工件尺寸相近的尺寸，然后轻敲卡钳的外侧来减小卡钳的钳口，敲击卡钳内侧来增大卡钳的钳口，如图 2-5a 所示。绝对不能直接敲击钳口，更不能在机床的床身或导轨上敲击卡钳，图 2-5b 所示。

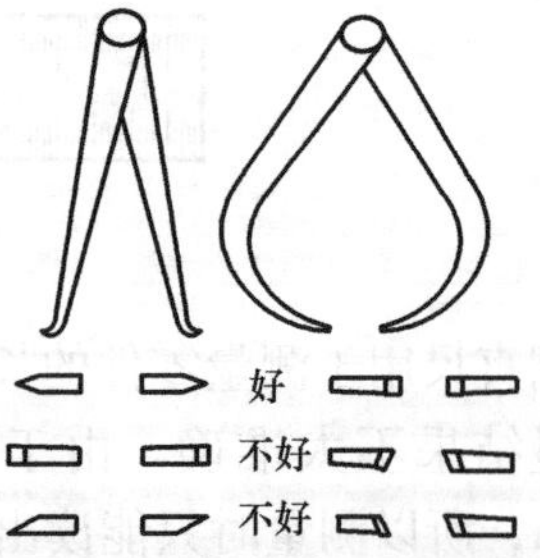

图 2-4 卡钳钳口形状好与坏的对比

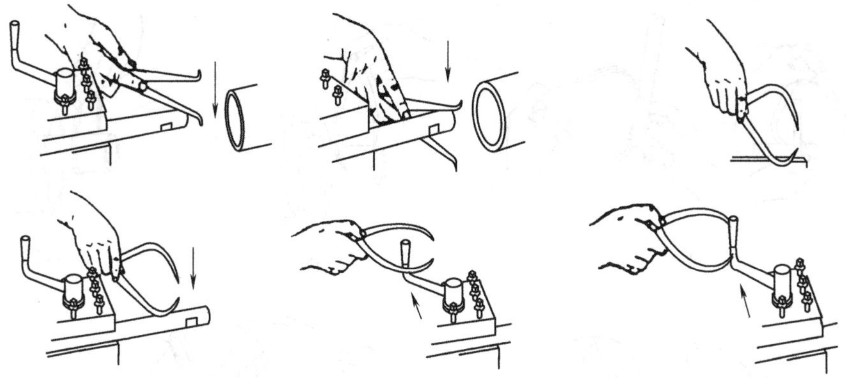

a)　　　　b)

图2-5　卡钳开度的调节
a）正确　b）错误

（二）外卡钳的使用

使用外卡钳在钢直尺上取尺寸时，如图2-6a所示，一个钳脚的脚尖靠在钢直尺的零刻线端面上，另一个钳脚的脚尖对准所需尺寸刻线，且两个脚尖的连线应与钢直尺平行，操作者的目光要垂直于钢直尺。

用已经在钢直尺上取好尺寸的外卡钳去测量外径时，要使卡钳两个脚尖的连线垂直零件的轴线，轻轻滑过零件外圆直径，外卡钳脚尖与零件外圆应是点接触，此时外卡钳两个脚尖之间的距离，就是被测零件的外径。用外卡钳测量外径，其实是比较外卡钳钳脚与零件外圆接触的松紧程度，如图2-6b所示，以卡钳的自重能刚好滑下为合适。当卡钳滑过外圆时，卡钳的脚尖没有接触到零件表面的感觉，就说明外卡钳两钳脚之间的距离比零件外径尺寸大；外卡钳的两脚尖不能滑过零件外圆，这说明外卡钳两钳脚之间的距离比零件外径尺寸小。使用卡钳时，不能将卡钳歪斜的进行工件测量，会产生一定的误差，如图2-6c所示。由于卡钳没有紧固螺钉，且有弹性，用力使外卡钳压过外圆是不允许的，更不能把卡钳横着卡上去，如图2-6d所示。对于大尺寸的外卡钳，应托住卡钳进行测量，如图2-6e所示。

（三）内卡钳的使用

用内卡钳测量内径时，应使两个钳脚的脚尖的连线垂直相交于内孔的轴线，钳脚的两个脚尖的连线通过轴心线与内孔相交得到的两端点。测量时应将一只钳脚的脚尖靠在孔壁上作为支点，如图2-7a所示，另一只钳脚的脚尖由孔口略往里面一些逐渐试探，并沿孔壁圆周方向摆动，当沿孔壁圆周方向能摆动的距离为最小时，则表示内卡钳脚的两个脚尖已处于内孔直径的两端点了。再将卡钳由外至里慢慢移动，可检验孔的圆度误差，如图2-7b所示。用已经在钢直尺上或在外卡钳上取好尺寸的内卡钳去测量内径，如图2-8a所示，就是检查内卡钳在零件内孔的松紧程度。内卡钳在孔内可以较大的自由摆动时，则表示卡钳尺寸比孔径内小；如内卡钳放不进，就表示内卡钳尺寸比孔径大。测量时不能用手握住卡钳测量，如图2-8b所示。手上感觉较差，难以检查内卡钳在零件孔内的松紧程度，从而产生测量误差。

卡钳是一种简单的量具，具有结构简单、制造方便、价格低廉、维护和使用方便等特点，广泛应用于精度要求不高的零件尺寸的测量和检验，尤其是对锻铸件毛坯尺寸的测量和

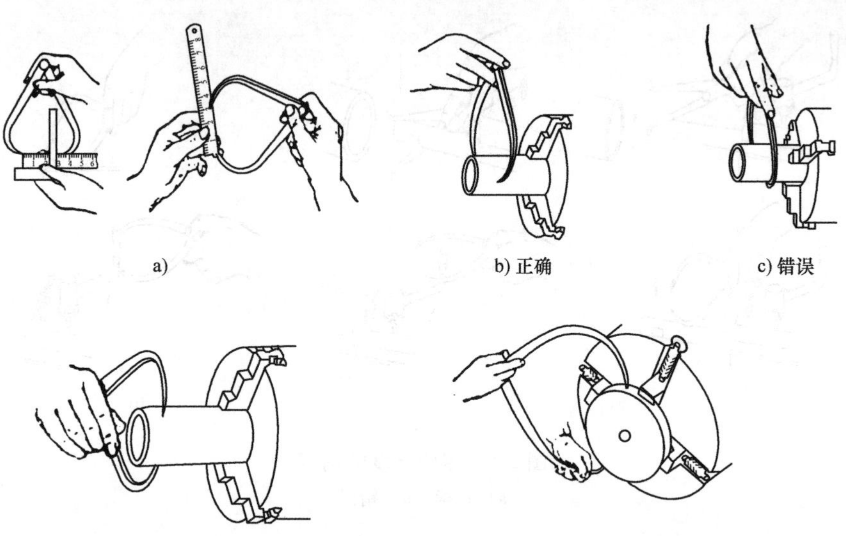

a)　b) 正确　c) 错误　d)　e)

图 2-6　外卡钳取尺寸和测量方法

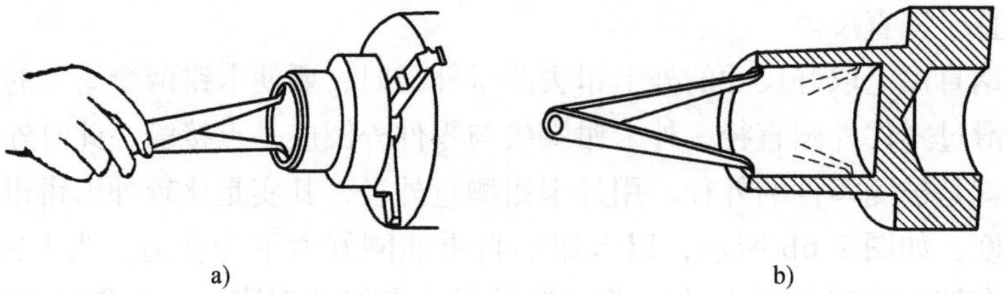

a)　b)

图 2-7　内卡钳测量方法

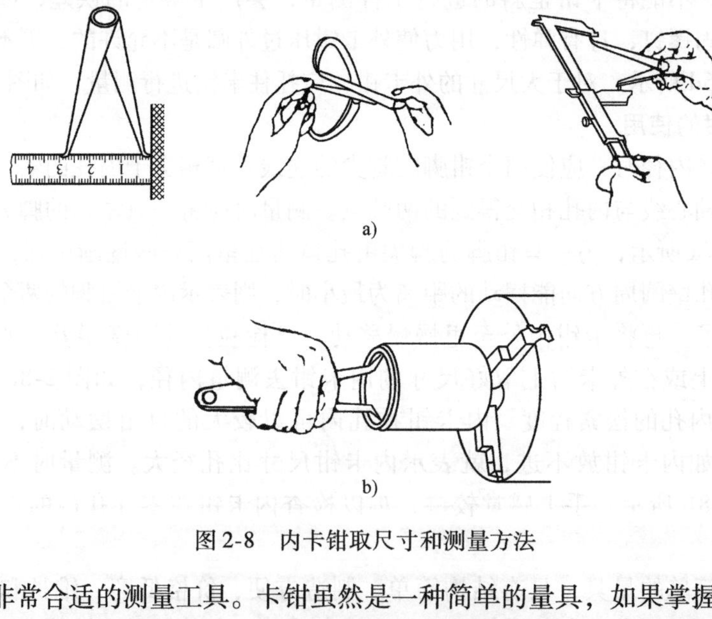

a)　b)

图 2-8　内卡钳取尺寸和测量方法

检验，卡钳是非常合适的测量工具。卡钳虽然是一种简单的量具，如果掌握得好，也可获得较高的测量精度。如用游标卡尺、外径千分尺和卡钳配合使用，也可对零件进行高精度的测量，比如内卡钳搭外径千分尺就是用内卡钳在外径千分尺上读取准确的尺寸后，对零件的内径进行测量，或内卡钳在孔内测量后，再在外径千分尺上读出具体数值，如图 2-9 所示。

三、游标卡尺及使用方法

（一）游标卡尺的结构

作为通用量具，游标卡尺是属于中等精度的量具，主要用来测量工件的外径、内径、孔径、长度、宽度、深度、孔距等尺寸。常用的游标卡尺有普通游标卡尺、深度游标卡尺、高度游标卡尺等。普通游标卡尺的结构如图 2-10 所示，它是由尺身、游标和深度尺等部分组成。常用的普通游标卡尺的规格有 0 ~ 125mm、0 ~ 200mm、0 ~ 300mm 等几种，测量精度有 0.10mm、0.05mm、0.02mm 三种，常见的是 0.02mm。深度游标卡尺的结构如图 2-11 所示。高度游标卡尺如图 2-12 所示。

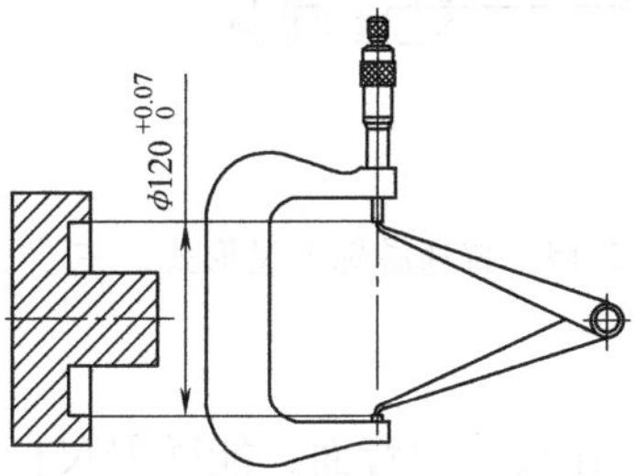

图 2-9　内卡钳搭外径千分尺配合测量

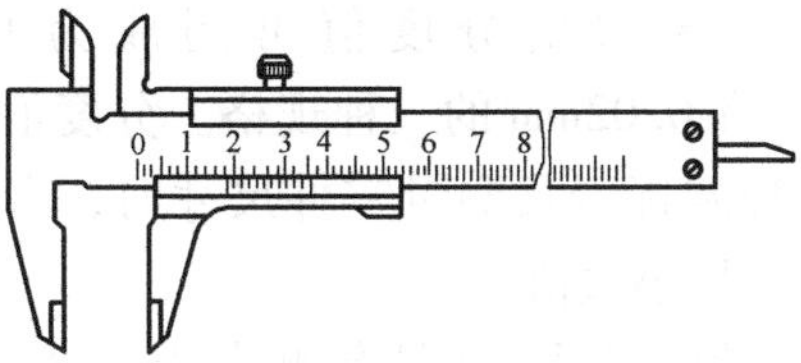

图 2-10　游标卡尺

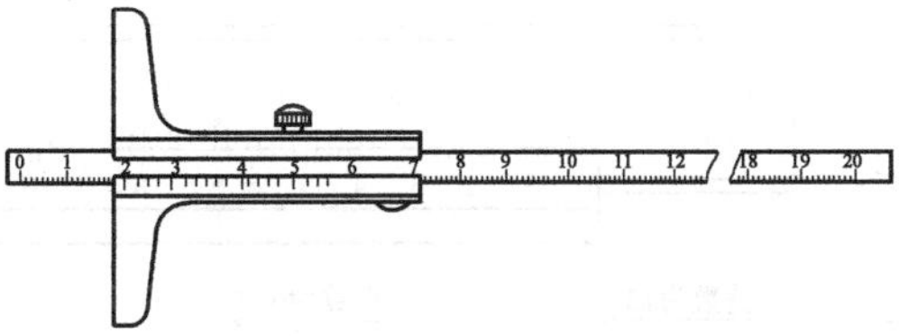

图 2-11　深度游标卡尺

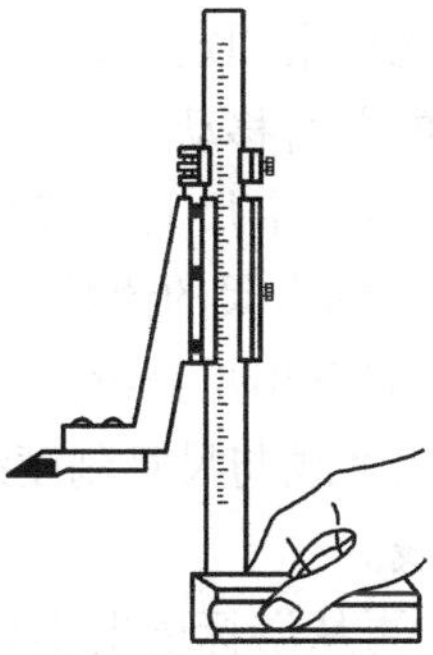

图 2-12　高度游标卡尺

普通游标卡尺有三种结构形式：

1）测量范围为 0 ~ 125mm 的游标卡尺，制成带有刀口形的上下量爪和尺身尾部带有深度尺的形式，如图 2-13 所示。

2）测量范围为 0 ~ 200mm 和 0 ~ 300mm 的游标卡尺，可制成带有内外测量面的下量爪和带有刀口形外测量面的上量爪的形式，如图 2-14 所示。

3）测量范围为 0 ~ 200mm 和 0 ~ 300mm 的游标卡尺，也可制成只带有内外测量面的下量爪的形式，如图 2-15 所示。而测量范围在 300 ~ 1000mm 的游标卡尺，只制成这种仅带有下量爪的形式。

（二）游标卡尺的组成和读数方法

1. 游标卡尺的组成

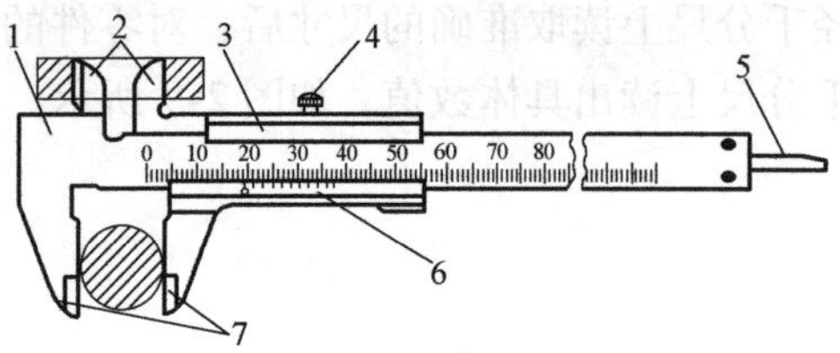

图 2-13　普通游标卡尺形式之一

1—尺身　2—内径量爪　3—尺框　4—紧固螺钉

5—深度尺　6—游标　7—外径量爪

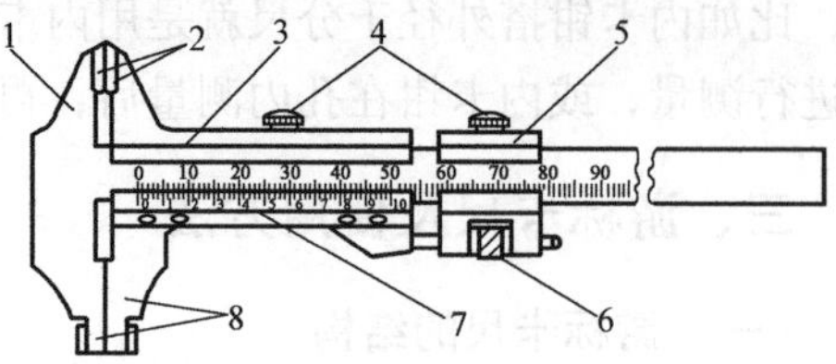

图 2-14　普通游标卡尺形式之二

1—尺身　2—上量爪　3—尺框　4—紧固螺钉　5—微动装置　6—微动螺母　7—游标　8—下量爪

1）具有固定量爪的尺身，尺身上有刻度线。尺身上的刻度线间距为 1mm。尺身的长度取决于游标卡尺的测量范围。

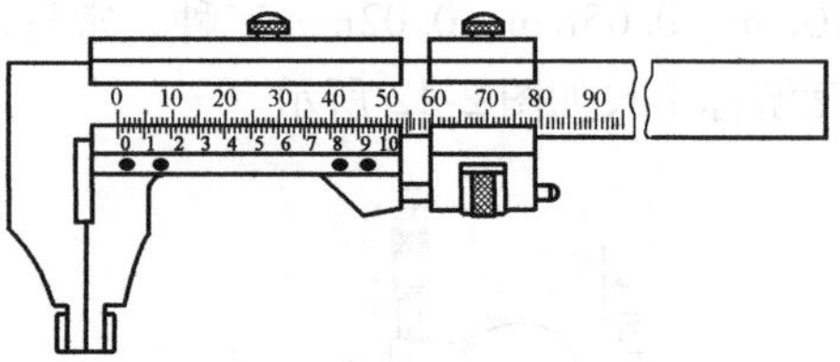

图 2-15　普通游标卡尺形式之三

2）具有活动量爪的游标，游标上有刻度线。游标卡尺的分度值可制成为 0.1mm、0.05mm 和 0.02mm 的三种规格。分度值就是指使用这种游标卡尺测量零件尺寸时，卡尺上能够读出的最小数值。

3）游标卡尺上还带有测量深度的深度尺。深度尺固定在尺框的背面，能随着尺框在尺身的导向凹槽中移动。测量深度时，应把尺身尾部的端面靠紧在零件的测量基准平面上。

4）测量范围等于和大于 200mm 的游标卡尺带有随尺框作微动调整的微动装置。使用过程中，先拧紧固定螺钉把微动装置固定在尺身上，再转动微动螺母，活动量爪就能随同游标作微量的左右移动。这样的测量方式便于微量调整，减少测量误差。

5）游标卡尺上还带有紧固螺钉，用来起固定作用。

2. 游标卡尺的读数步骤（见图 2-16）

1）先读出尺身游标刻线的整数部分，即游标 0 刻度线与尺身刻度线最靠近的靠左的一条刻度线。

2）再从游标读出小数部分，即游标刻线哪一条与尺身刻线重合。

3）将读数的整数部分与读数的小数部分相加所得值为测量的读数。

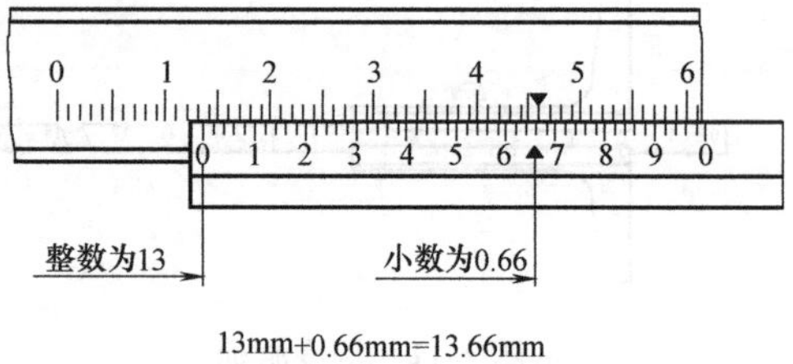

图 2-16　游标卡尺的读数方法

（三）游标卡尺的使用

游标卡尺使用得不合理将直接影响零件尺寸的测量精度，还会导致发生质量事故，对国家造成不必要的损失。所以必须重视游标卡尺的正确使用，对测量技术精益求精，获得正确的测量结果，保证产品质量。

1）测量前用软布把量爪和被测量表面擦干净，检查卡尺的两个测量面和测量刃口是否平直无损坏，检查游标卡尺各部件的相互作用，如尺框移动是否灵活，紧固螺钉能否起作用等，两个量爪夹紧并拢时，应无明显的间隙，同时游标零位刻线和尺身的零位刻线要相互对准，如没有对齐则要记取零误差。

2）移动游标时，活动要自如，不应过松或过紧，不能有晃动现象。用紧固螺钉固定游标时，卡尺的读数不能有所改变。在移动游标时，应松开紧固螺钉。

3）测量零件的外尺寸，卡尺两测量面的连线应垂直于被测量表面，不能歪斜。测量时，左手拿待测工件，右手拿住尺身，大拇指推动游标，将两量爪张开到略大于被测尺寸，再将固定量爪的测量面紧贴工件，轻推活动量爪至量爪接触工件表面为止，可轻轻摇动卡尺，放正垂直位置。测量时，游标卡尺测量面的连线要垂直于被测表面，图 2-17a 所示。量爪若在如图 2-17b 所示的错误位置上，决不可把卡尺的两个量爪调节到接近甚至小于所测尺寸，把卡尺强制地卡到零件上去。这样做会使量爪变形，或使测量面过早磨损，使卡尺失去应有的精度。

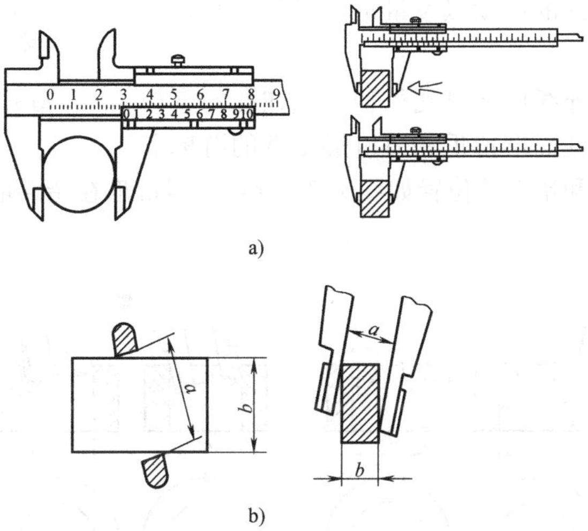

图 2-17　测量外尺寸时游标卡尺的使用

测量沟槽直径时，应用量爪的平面形测量刃进行测量，尽量避免用刀口形量爪去测量外尺寸。而对于圆弧形沟槽尺寸，则应用刀口形量爪进行测量，不应用平面形测量刃进行测量，如图 2-18 所示。

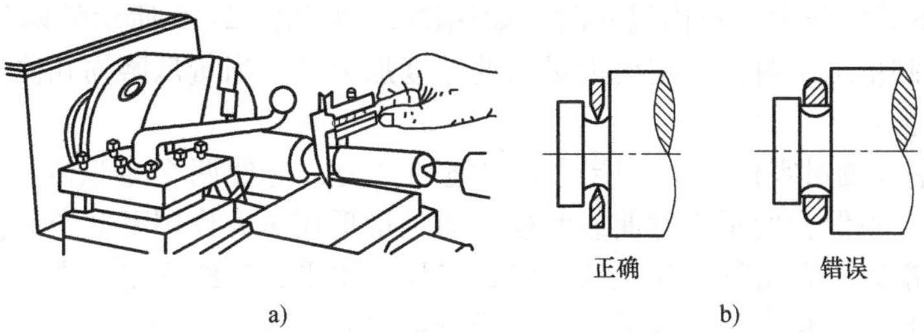

图 2-18　测量沟槽的直径

测量平面槽、沟槽宽度的时候，要放正游标卡尺的位置，应使卡尺两测量刃的连线与沟槽边垂直，不要发生歪斜，否则会使测量结果不准确，如图 2-19 所示。

4）测量零件的内尺寸的方法如图 2-20 所示。在测量时，先使量爪分开的距离小于所测零件的内径尺寸，量爪进入零件内孔后，慢慢张开并轻轻接触零件内表面，可轻轻摇动卡

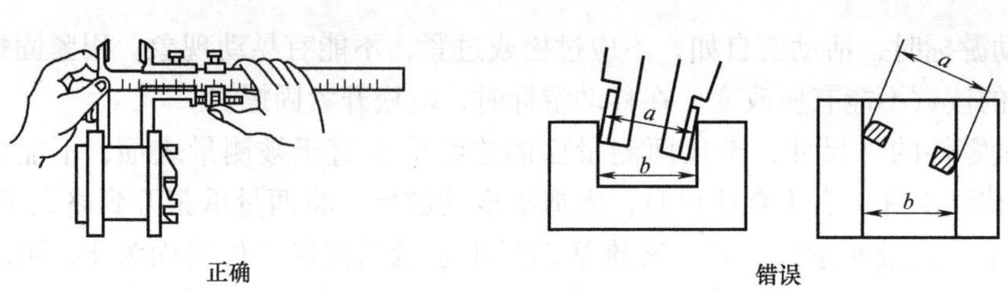

图 2-19　测量沟槽宽度

尺，放正垂直位置，游标卡尺测量面的连线要垂直于被测表面，用紧固螺钉固定游标后，轻轻取出并读数。取出量爪时，用力要均匀，并使卡尺沿着孔的中心线方向退出，不能发生偏斜，避免游标的移动以及量爪变形和不必要的磨损，使测量值不准确。

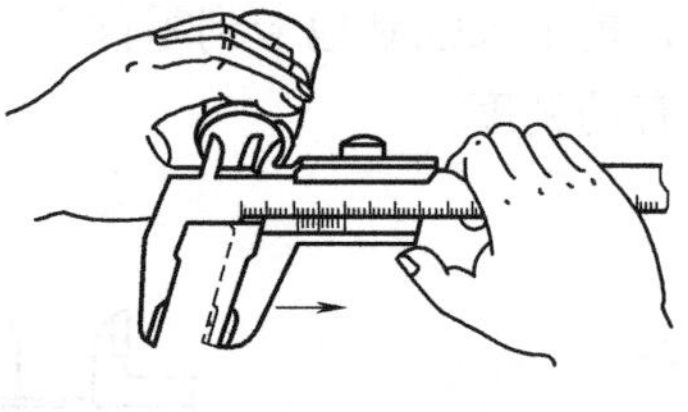

图 2-20　内尺寸的测量

游标卡尺两测量刃连线应通过孔径轴心线在孔的直径上，不能发生偏斜。圆柱面形量爪和刀口形量爪的游标卡尺，在测量内孔时正确和错误的位置如图 2-21 所示。当量爪在错误的位置时，测量结果比实际孔径 D 要小。

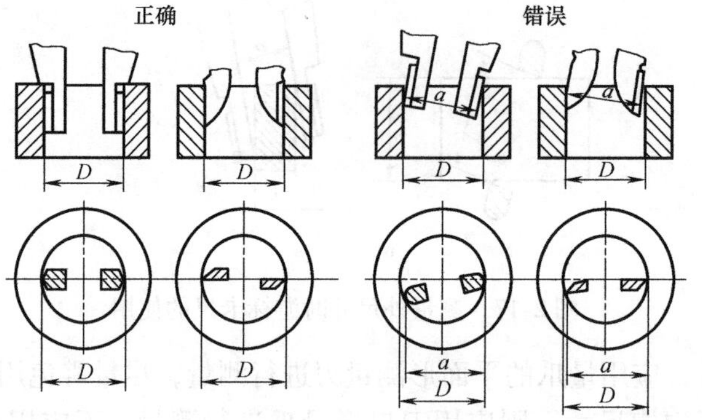

图 2-21　测量内孔时量爪的位置

5）用量爪的外测量面测量内尺寸时，如用图 2-14 和图 2-15 所示的两种游标卡尺测量内尺寸，在读取测量结果时，一定要把量爪的厚度加上去。当量爪磨损和修理后，读数时修正值也要考虑进去。

6）用游标卡尺测量零件时，不能过大的施加推力，应使两个量爪刚好接触零件表面。如果测量力过大，不但会使量爪弯曲或磨损，而且量爪在压力作用下会产生弹性变形，使测量得到的尺寸不准确。在游标卡尺上读数时，卡尺应水平，光线充足，人的视线尽可能和卡尺的刻线表面垂直，以免由于视线的歪斜造成读数误差。

7）为了获得正确的测量结果，可以多测量几次。即在零件的同一截面上的不同位置进行测量。对于较长零件，则应当在全长的各个部位进行测量，得到正确的测量结果。

四、塞尺

塞尺又称厚薄规，它是一种界限量规，如图 2-22 所示。塞尺主要用来检验机床特别紧固面和紧固面、活塞与气缸、活塞环槽和活塞环、十字头滑板和导板、进排气阀顶端和摇臂、齿轮啮合间隙等两个结合面之间的间隙大小。

塞尺是按规格组别，由厚薄不一的薄钢片组成。每把塞尺中的每片薄钢片都具有两个平行的测量平面，且都有厚度数字标记，以供组合使用。测量时，根据结合面间隙的大小，用一片或数片薄钢片组合在一起塞进间隙内。比如用一片 0.05mm 的薄钢片能插入到缝隙内，而用一片 0.06mm 的薄钢片不能插入到缝隙内，这说明该缝隙在 0.06mm 以下。检验机床尾座紧固面的间隙的方法如图 2-23 所示。

塞尺的规格见表 2-2。

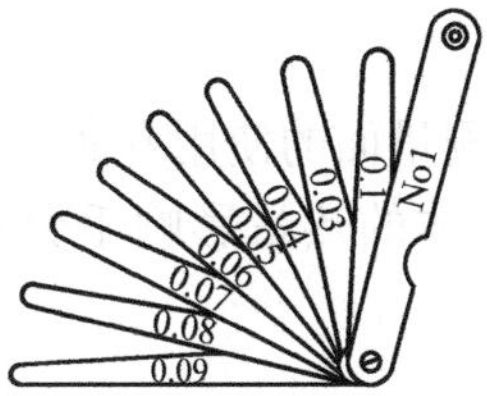

图 2-22　塞尺

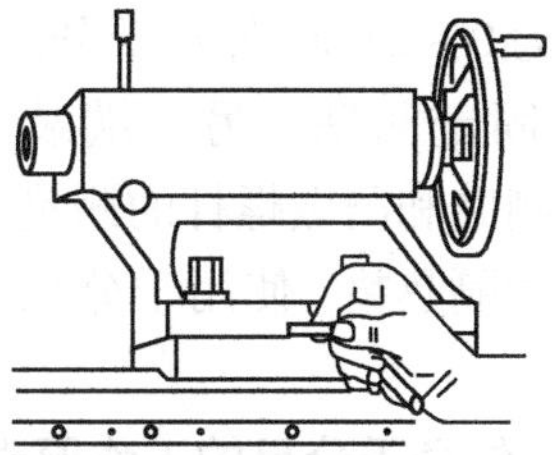

图 2-23　塞尺检验车床尾座紧固面

表 2-2　塞尺的规格

A 型	B 型	长度/mm	片数	塞尺的厚度及组装顺序
组别标记				
75A13	75B13	75	13	0.02；0.02；0.03；0.03；0.04；0.04；0.05；0.05；0.06；0.07；0.08；0.09；0.10
100A13	100B13	100		
150A13	150B13	150		
200A13	200B13	200		
300A13	300B13	300		
75A14	75B14	75	14	1.00；0.05；0.06；0.07；0.08；0.09；0.19；0.15；0.20；0.25；0.30；0.40；0.50；0.75
100A14	100B14	100		
150A14	150B14	150		
200A14	200B14	200		
300A14	300B14	300		
75A17	75B17	75	17	0.50；0.02；0.03；0.04；0.05；0.06；0.07；0.08；0.09； 0.10； 0.15； 0.20； 0.25； 0.30； 0.35；0.40；0.45
100A17	100B17	100		
150A17	150B17	150		
200A17	200B17	200		
300A17	300B17	300		

使用塞尺时必须根据结合面的间隙情况选用塞尺片数，片数越少越好；测量时不能用力太大，以免塞尺遭受弯曲和折断；不能测量温度较高的工件。

五、外径千分尺

（一）外径千分尺的结构

外径千分尺是车工生产中常用的一种精密量具，测量精度比游标卡尺高，其测量精度为

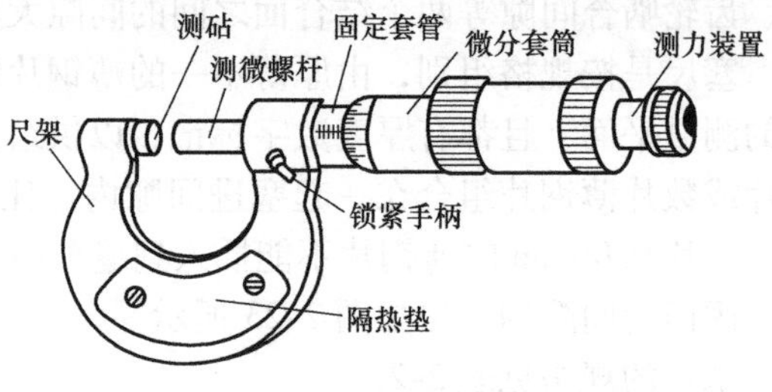

图 2-24　0 ~ 25mm 外径千分尺

0. 01mm。外径千分尺主要用来测量工件长、宽、厚和直径。其规格按测量范围可分为 0 ~ 25mm、25 ~ 50mm、50 ~ 75mm、75 ~ 100mm、100 ~ 125mm 等，制造精度分为 0 级和 1 级两种，使用时按被测工件的尺寸选取。外径千分尺由尺架、测微螺杆、测力装置和锁紧手柄等组成。如图 2-24所示为 0 ~ 25mm 外径千分尺。尺架的一端装着固定测砧，另一端装着测微螺杆。固定测砧和测微螺杆的测量面上都镶有硬质合金，以提高测量面的使用寿命。尺架的两侧面覆盖着隔热垫，使用千分尺时，手拿在绝热板上，防止人体的热量影响千分尺的测量精度。

（二）外径千分尺的工作原理

外径千分尺的工作原理是应用螺旋读数机构进行读数，它包括一对精密的螺纹——测微螺杆与螺纹轴套，以及一对读数套筒——固定套管与微分套筒。

用外径千分尺测量零件的尺寸，就是把被测零件置于千分尺的两个测量面之间。所以两测砧面之间的距离，就是零件的测量尺寸。当测微螺杆在螺纹轴套中旋转时，由于螺旋线的作用，测量螺杆就有轴向移动，使两测砧面之间的距离发生变化。如测微螺杆按顺时针的方向旋转一周，两测砧面之间的距离就缩小一个螺距。同理，若按逆时针方向旋转一周，则两测砧面的距离就增大一个螺距。常用千分尺测微螺杆的螺距为 0. 5mm。因此，当测微螺杆顺时针旋转一周时，两测砧面之间的距离就缩小 0. 5mm。当测微螺杆顺时针旋转不到一周时，缩小的距离就小于一个螺距，它的具体数值可从与测微螺杆结成一体的微分套筒的圆周刻度上读出。微分套筒的圆周上刻有 50 个等分线，当微分套筒转一周时，测微螺杆就推进或后退 0. 5mm。微分套筒转过它本身圆周刻度的一小格时，两测砧面之间的距离变化 0. 01mm，即 0. 5mm ÷ 50 = 0. 01mm。由此可知：千分尺上的螺旋读数机构，可以正确的读出 0. 01mm，也就是千分尺的读数值为 0. 01mm。

（三）外径千分尺的读数方法

外径千分尺的固定套管每一格为 0. 5mm，而微分套筒上每一格为 0. 01mm，且在固定套管上刻有轴向中线，作为微分套筒读数的基准线。另外，为了计算测微螺杆旋转的整数转，在固定套管中线的两侧，刻有两排刻线，刻线间距均为 1mm，上下两排相互错开 0. 5mm。外径千分尺的具体读数方法可分如下三步：

1）读出固定套管上露出刻线的毫米及半毫米数。

2）看微分套筒上哪一刻度线与固定套管的基准线对齐或接近重合，读出小数部分。

3）将两个读数相加，即为测得的实际尺寸。

如图 2-25 所示为外径千分尺的读数方法。

（四）外径千分尺的使用

1）测量前应将外径千分尺的测量面擦拭干净，不许粘油污等异物，转动测力装置，使两测砧面接触，若测量上限大于 25mm 时，在两测砧面之间放入标准校对量杆或相应尺寸的量块，接触面上应没有间隙和漏光现象，检查微分套筒和固定套管对准零位的准确性。

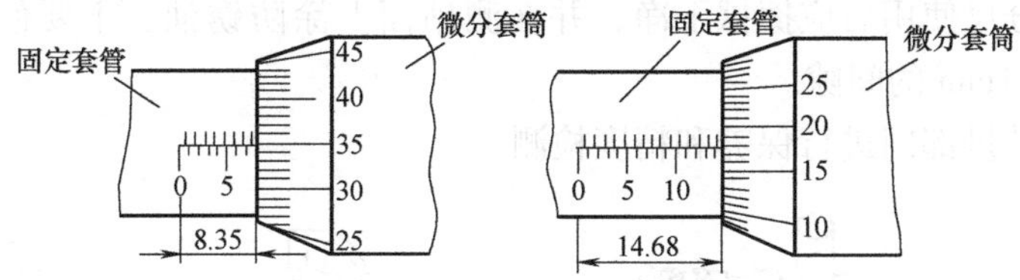

图 2-25　外径千分尺的读数方法

2）转动测力装置时，微分套筒应能自由灵活地沿着固定套管活动，没有任何不灵活的现象。

3）测量时应将工件的被测量表面擦拭干净，以免有油污脏物存在时影响测量，以保证测量正确。绝不允许用外径千分尺测量带有研磨剂的表面，以免损伤测砧面的精度。用外径千分尺测量表面粗糙的零件也是不允许的，以免测砧面过早的磨损。

4）外径千分尺一般用双手握尺对工件进行测量，为了测量的方便，也可用单手握尺，进行测量。单手测量时，旋转微分套筒的力要适当，力的大小与检查零位时的力相同；双手测量时，先转动微分套筒，当测量面即将接触工件表面时再转动测力装置，当测微螺杆的测量面接触到工件被测表面后会发出“咔咔”的响声，测力装置一般旋转 2 ~ 3 次，应停止转动测力装置，读取测量数值。

5）测量时，测微螺杆的轴线应垂直于工件被测表面，轻轻地晃动尺架，使测砧面与零件表面接触良好，如图 2-26 所示。

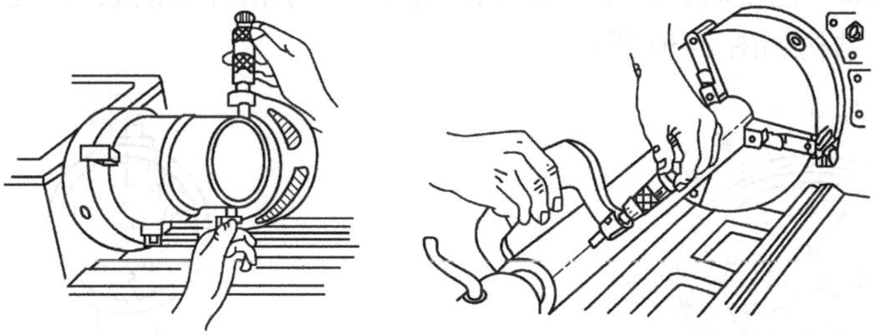

图 2-26　在车床上使用外径千分尺的方法

6）单手使用外径千分尺时，如图 2-27a 所示，可用大拇指和食指或中指捏住微分套筒，小指勾住尺架并压向手掌上，大拇指和食指转动测力装置就可测量。用双手测量时，可按图 2-27b 所示的方法进行。不能以微分套筒为轴心，对尺进行旋转，更不允许工件夹在车床上旋转时用外径千分尺进行测量，如图 2-28 所示。

7）测量平面尺寸时，一般情况下需要测量工件四个角和中间一点，共测量五点；狭长平面测量两头和中间一点，共测量三点。

8）用外径千分尺测量零件时，最好夹持在零件上进行读数，松开后取出千分尺，这样可减少测砧面的磨损。如果必须取下读数时，应用制动器锁紧测微螺杆后，再轻轻滑出零件。把千分尺当卡规使用是错误的，因为这样做不但易使测砧面过早磨损，而且会使测微螺杆或尺架发生变形而失去精度。

9）外径千分尺使用过程中，应轻拿轻放，不可与工具、刀具、工件等放在一起，用后应放入盒内。

10）外径千分尺使用后应擦拭干净，并在测砧面上涂防锈油，不要使两测砧面旋紧接触，要留出 0.5 ~1mm 的间隙。

11）定期送计量部门进行保养和精度检测。

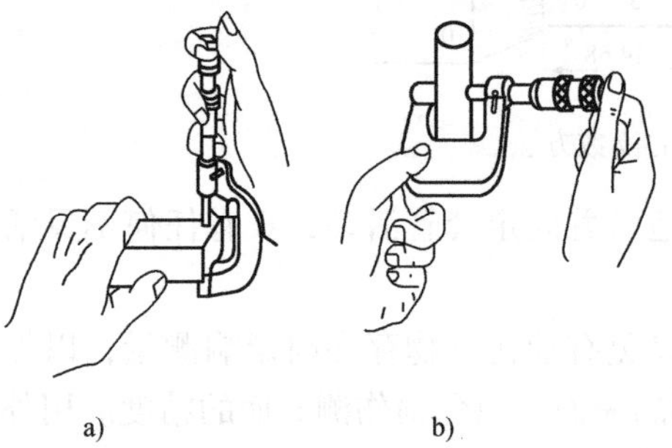

图 2-27　正确使用外径千分尺

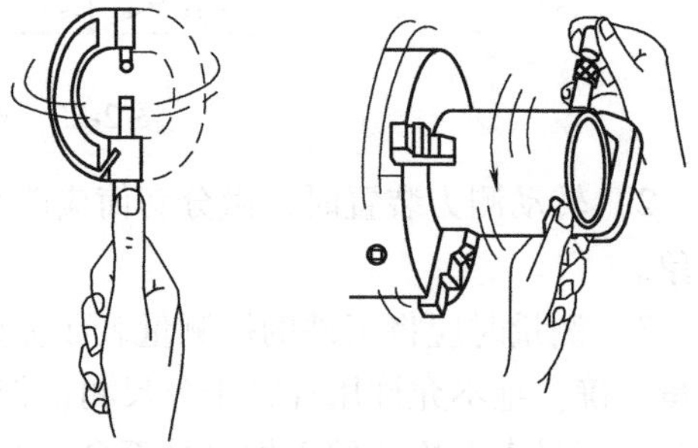

图 2-28　外径千分尺错误使用

六、百分表

（一）百分表的结构

常用的百分表有钟面式和杠杆式两种。

钟面式百分表的结构如图 2-29 所示。3 为主指针，10、11 分别为测量头和测量杆，表盘 1 上刻有 100 个等分格，其分度值为 0.01mm。钟面式百分表常见的测量范围有 0 ~3mm、0 ~5mm 和 0 ~10mm。测量时，测量头移动的距离等于小指针的读数加大指针的读数。

杠杆式百分表结构如图 2-30 所示。

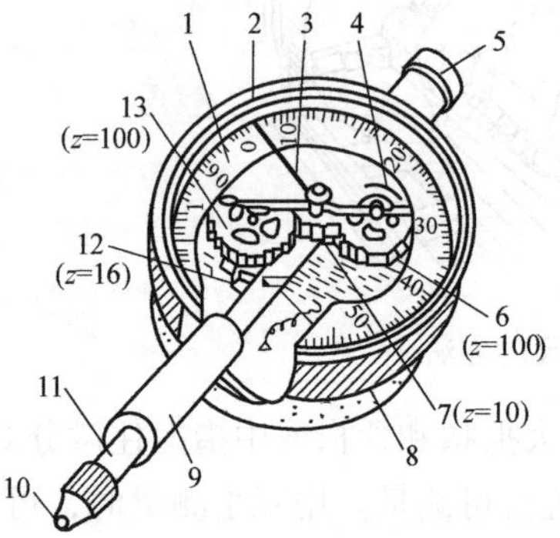

图 2-29　钟面式百分表的结构

1—表盘　2—表圈　3—主指针　4—转数指示盘　5—挡帽　6、7、12、13—齿轮　8—表体　9—轴管　10—测量头　11—测量杆

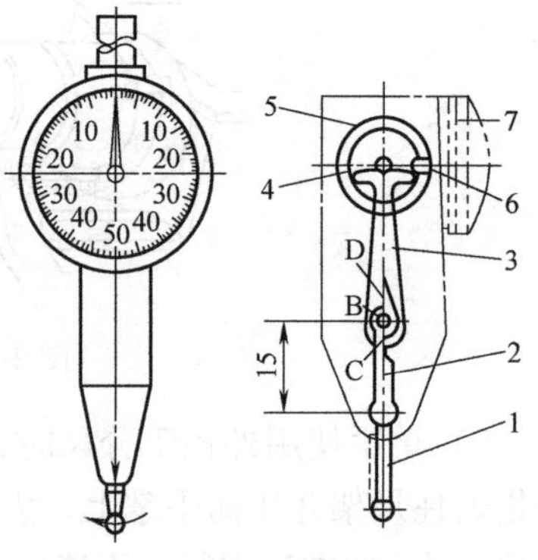

图 2-30　杠杆式百分表

1—测量杆　2—拨杆　3—扇形齿轮　4、6—小齿轮　5—端面齿轮　7—指针

（二）百分表的使用方法

百分表适用于公差精度为 IT6 ~ IT8 级零件的校正和检验。按其制造精度，可分为 0、1 和 2 级三种，0 级精度较高。百分表的安装如图 2-31 所示。

使用时，应按照零件的形状和精度要求，选用合适的百分表的精度等级和测量范围。使用百分表时，应注意以下几点：

1）使用之前，应检查测量杆活动的灵活性。轻轻拨动测量杆，放松后，指针能回复到原来的刻度位置。

2）使用百分表时，必须把它牢固的固定在支持架上，如图 2-31 所示，支持架要安放平稳。

3）用百分表测量时，测量杆必须垂直于被测量表面，否则会使测量杆触动不灵活或使测量结果不准确。

4）用百分表测量时，测量头要轻轻接触被测表面，测量头不能突然撞在零件上；避免百分表和测量头受到震动和撞击；测量杆的行程不能超过它的测量范围；不能测量表面粗糙或表面明显凸凹不平的工件。

5）用百分表校正或测量工件时，应当使测量杆有一定的初始测力。

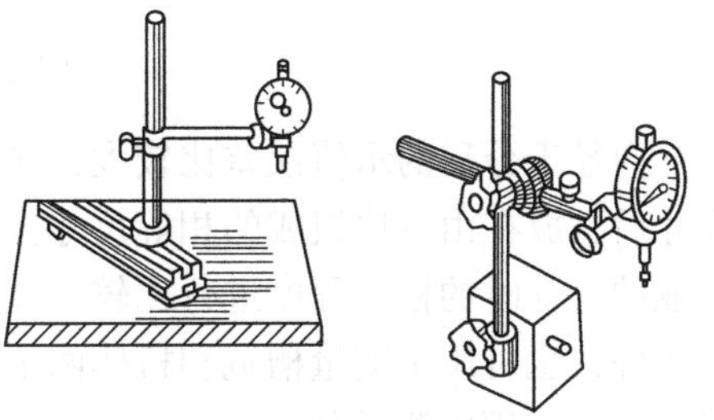

图 2-31　百分表的安装

七、内径千分尺

内径千分尺其读数方法与外径千分尺相同，如图 2-32a 所示。内径千分尺主要用于测量大孔径，可以适应不同孔径尺寸的测量，接长杆可增加测量范围，如图 2-32b 所示。连接时，只需将保护帽旋去，将具有内螺纹的接长杆右端旋入千分尺的左端即可。接长杆可以一个接一个地连接起来，测量范围最大可达到 5000mm。

内径千分尺与接长杆是成套供应的。目前，国产内径千分尺的测量范围如下：50～250mm；50～600mm；100～1225mm；100～1500mm；100～5000mm；150～1250mm；150～1400mm；150～2000mm；150～3000mm；150～4000mm；150～5000mm；250～2000mm；250～4000mm；250～5000mm；1000～3000mm；1000～4000mm；1000～5000mm；2500～5000mm，分度值为 0.01mm。

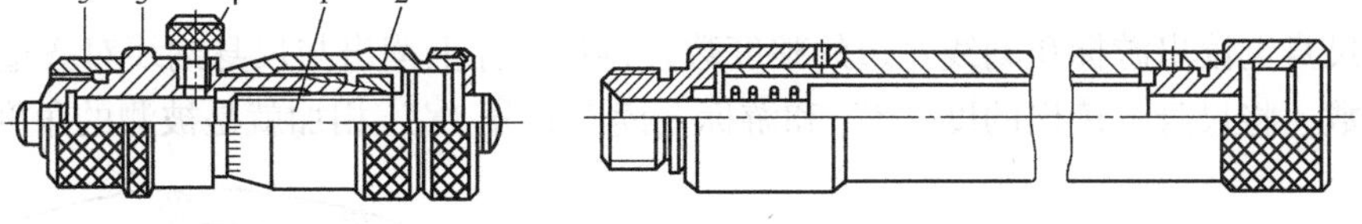

a)　　　　b)

图 2-32　内径千分尺

a）内径千分尺　b）接长杆

1—测微螺杆　2—微分筒　3—固定套筒　4—制动螺钉　5—保护螺母

内径千分尺上没有测力装置，测量压力的大小完全靠操作者手上的感觉。测量时，如图 2-33 所示，把内径千分尺调整到所测量的尺寸后，轻轻放入孔内试测其接触的松紧程度是否合适。一端不动，另一端微微作左右与前后摆动。左右摆动时，尽可能地放在被测孔的直径方向，以点接触，即测量孔径的最大尺寸处。前后摆动应在测量孔径的最小尺寸处。按照前后与左右这两个要求与孔壁轻轻接触，读出直径的数值才是正确值。测量时，不能大力的把内径千分尺压过孔径，这样会使测量面过早磨损，也会由于细长的测量杆弯曲变形后，损伤量具精度，使测量结果不准确。

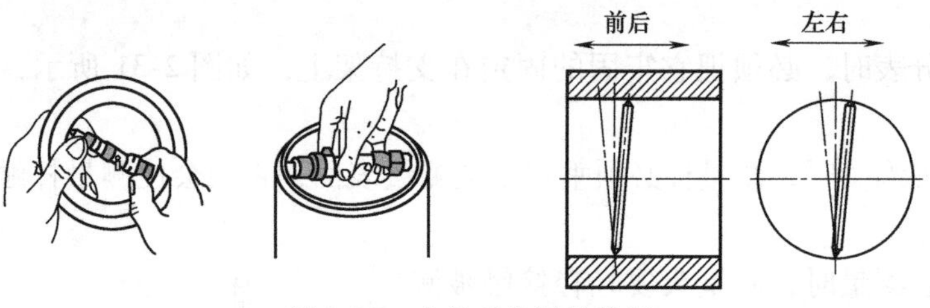

图 2-33　内径千分尺的使用

内径千分尺的示值误差比较大，在测量精度较高的内径时，应把内径千分尺调整到测量尺寸后，放在由量块组成的相等尺寸上进行校准，或把测量内尺寸时的松紧程度与测量量块组成的尺寸时的松紧程度进行比较，克服其示值误差较大的缺点。内径千分尺除可用来测量内径外，也可用来测量槽宽和机体两个内端面之间的距离等内尺寸，但 50mm 以下的尺寸不能测量，需用内测千分尺。

八、游标万能角度尺

（一）游标万能角度尺的结构

游标万能角度尺也称万能量角器、角度规和游标角度尺，是一种通用的角度测量工具，它有扇形和圆形两种形式。游标万能角度尺是用来测量工件内、外角度的量具，按游标的测量精度分为 2′和 5′两种，适用于机械加工中的内、外角度测量，其测量范围为 0°～320°外角及 40°～130°内角，钳工常用的是测量精度为 2′的游标万能角度尺，其结构如图 2-34 所示。

（二）游标万能角度尺的读数方法

游标万能角度尺的读数方法与游标卡尺相似，如图 2-35 所示，主刻线每格为 1°，游标的刻线是取尺身的 29°等分为 30 格，因此游标刻线角格为 29°/30，即尺身与游标一格的差值为 2′。

先从尺身上读出游标 0 刻线左边的整度数，再从游标上读出与尺身刻线对齐重合为一条线的刻线数，将尺身上读出的度“°”和游标上读出的分“′”相加就是被测的角度数。

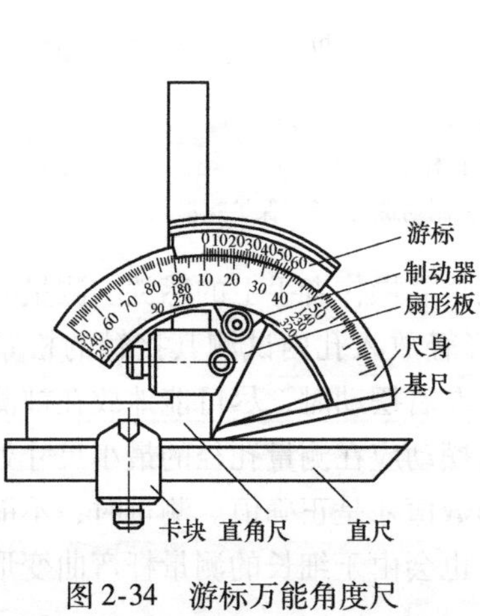

图 2-34　游标万能角度尺

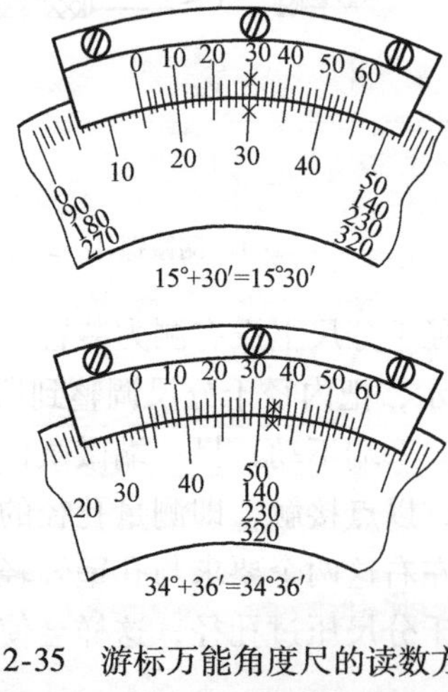

图 2-35　游标万能角度尺的读数方法

（三）游标万能角度尺的测量范围

游标万能角度尺的测量范围如图 2-36 所示，应用游标万能角度尺测量工件时，根据所测角度，通过直角尺和直尺的组合，可以测量 0° ~320°的任何角度。

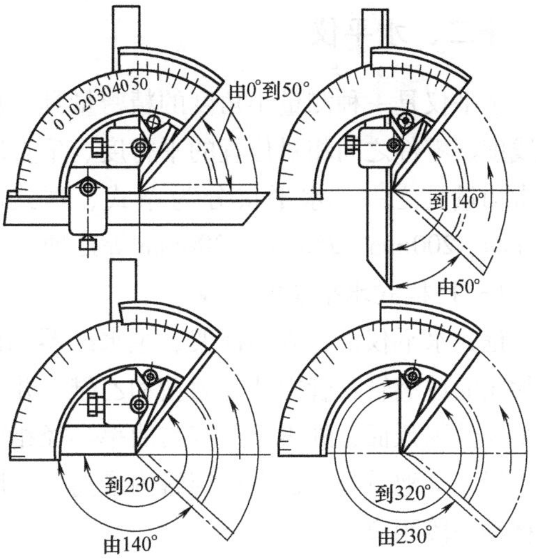

图 2-36　游标万能角度尺的应用

九、内测千分尺

内测千分尺用来测量小尺寸内径和内侧面槽的宽度。其特点是容易找正内孔直径，测量方便。国产内测千分尺的分度值为 0. 01mm，测量范围有 5 ~ 30mm 和 25 ~ 50mm 的两种。5 ~ 30mm 的内测千分尺如图 2-37 所示。内测千分尺的读数方法与外径千分尺相同，只是套筒上的刻线尺寸与外径千分尺相反，另外它的测量方向和读数方向也都与外径千分尺相反。

十、公法线长度千分尺

公法线长度千分尺主要用于测量外啮合圆柱齿轮的两个不同齿面之间的公法线长度，也可以在检验切齿机床精度时，按被切齿轮的公法线检查其原始外形尺寸。它的结构与外径千分尺相同，所不同的是在测量面上装有两个带精确平面的量钳来代替原来的测砧面，如图 2-38 所示。

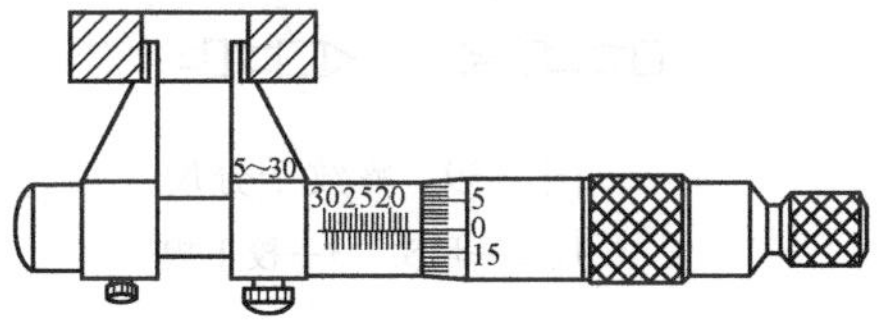

图 2-37　内测千分尺

公法线长度千分尺的测量范围有 0 ~ 25mm、25 ~ 50mm、50 ~ 75mm、75 ~ 100mm、100 ~ 125mm、125 ~ 150mm。分度值为 0. 01mm，测量模数 $m \geqslant 1$mm。

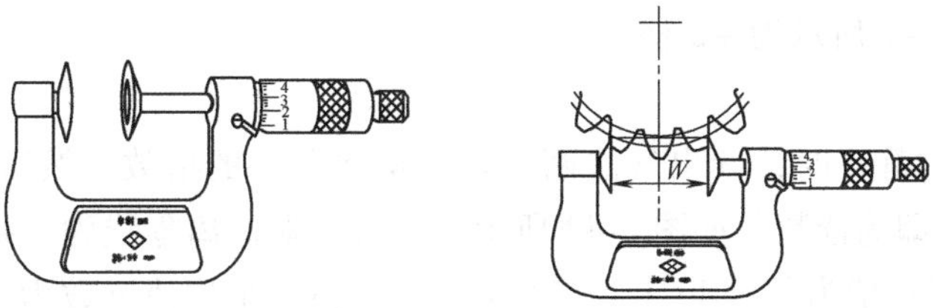

图 2-38　公法线长度测量

十一、螺纹千分尺

螺纹千分尺如图 2-39 所示，主要用于测量普通螺纹的中径。螺纹千分尺的结构与外径千分尺相似，所不同的是它有两个特殊的可调换的量头 1 和 2，其角度与螺纹牙型角相同。

十二、水平仪

水平仪是一种测量小角度的精密量具。水平仪主要用来检验机床或各种设备的平面度和直线度、零件之间相对位置的平行度、垂直度等。水平仪是机械设备安装、调试和精度检验的常用量具之一。水平仪分为条式、框式、光学合像、电子等多种，其规格有100mm、150mm、200mm、250mm、300mm等几种。

（一）框式水平仪的结构

框式水平仪由正方形框架、主水准器和调整水准器组成，如图2-40所示。水准器是一个封闭的玻璃管，管内装有酒精和乙醚，并留有一定长度的气泡。玻璃管内表面制成一定曲率半径的圆弧面，外表面刻有与曲率半径相对应的刻线。因为水准器内的液面始终保持在水平位置，气泡总是停留在玻璃管内最高处，所以当水平仪倾斜一个角度时，气泡将相对于刻线移动一段距离。

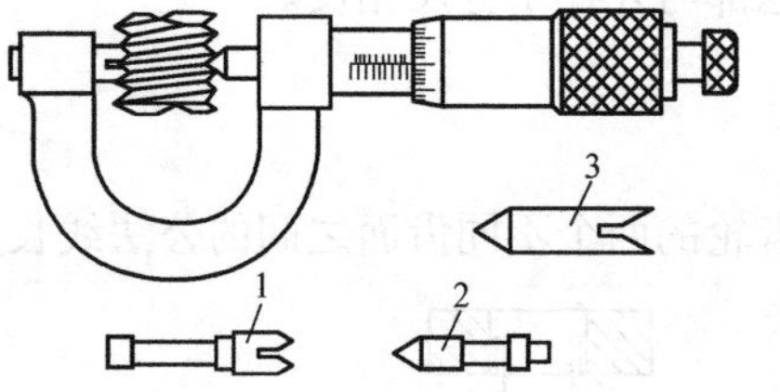

图2-39　螺纹千分尺

1、2—量头　3—校正规

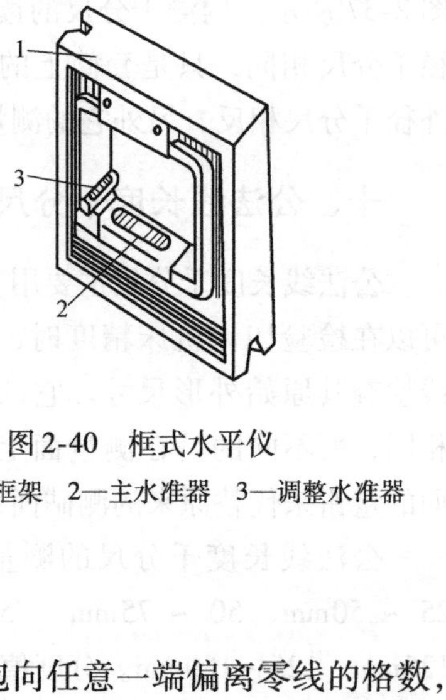

图2-40　框式水平仪

1—正方形框架　2—主水准器　3—调整水准器

（二）水平仪的读数方法

1. 直接读数法

水准器气泡在中间位置时读作零。以零刻线为基准，气泡向任意一端偏离零线的格数，就是实际偏差的格数。通常都把偏离起端向上的格数作为"+"，而把偏离起端向下的格数作为"-"，如图2-41所示为+2格。

2. 平均值读数法

当水准器的气泡静止时，读出气泡两端各自偏离零线的格数。然后将两格数相加除以2，所得到的平均值即为读数。如图2-42所示，气泡右端偏离零线为+4格，气泡左端偏离零线为+3格，其平均值为[(+4)+(+3)]/2=3.5格，平均值读数为+3.5格，右端比左端高3.5格。平均值的读数方法不受环境温度的影响，读数值准确，精度高。

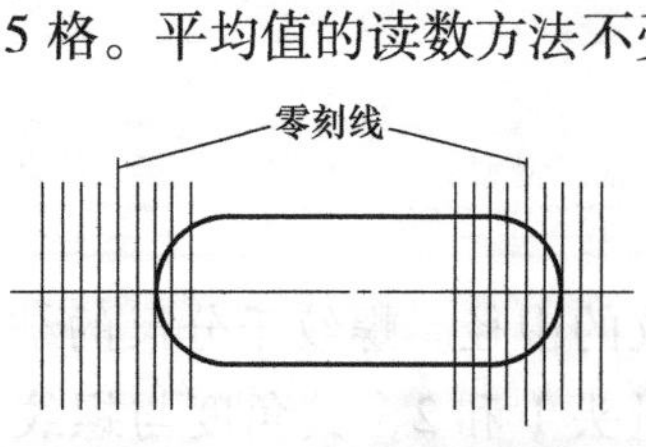

图2-41　直接读数法

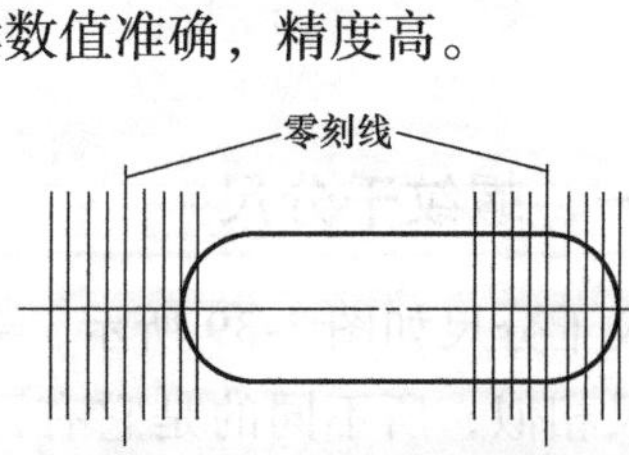

图2-42　平均值读数法

（三）水平仪的注意事项

1）零值的调整方法：将水平仪的工作底面与检验平台或被测表面接触，读取第一次读数，在原处旋转水平仪 180°，读取第二次读数，两次读数的代数差的 1/2 为水平仪零值误差。

2）普通水平仪的气泡在中间位置，表明零值正确。

3）测量过程中，等气泡稳定后再读数。

4）读数时，使用平均值读数法，它不受环境温度的影响，读数值准确。

（四）水平仪的测量方法

用框式水平仪测量垂直度时，如果有水平基面，应将水平仪基面调到水平位置，或测得基面水平误差，然后将框式水平仪的侧工作面紧贴在被测面，并使横向水准器处于水平位置，再从主水平器上读出被测面相对于基面的垂直度误差。

【练习与思考】

1. 钢直尺长度规格有哪几种？
2. 外卡钳测量工件时应注意哪些方面？
3. 使用游标卡尺时需要注意哪些事项？
4. 使用外径千分尺时需要注意哪些事项？
5. 内径千分尺和内测千分尺有哪些区别？

第三章　车　　刀

课题一　车刀简介

【学习目标】

1. 了解车刀的组成。
2. 了解刀具的种类。
3. 了解车刀的材料。
4. 会选用车刀。

【相关知识】

在车床加工中，车刀是完成车削加工所必需的刀具，用来直接改变毛坯的形状。车刀性能的好坏对车削加工的产品质量和生产率有直接的影响。根据使用要求的不同，车刀有不同的结构和材料。

一、车刀的组成

车刀由刀头和刀杆两个部分组成。刀杆是车刀上的夹持部分，用碳素结构钢制成，刀头是车刀参与切削的部分，也是车刀上最重要的部分，它由以下几部分组成，如图3-1所示。

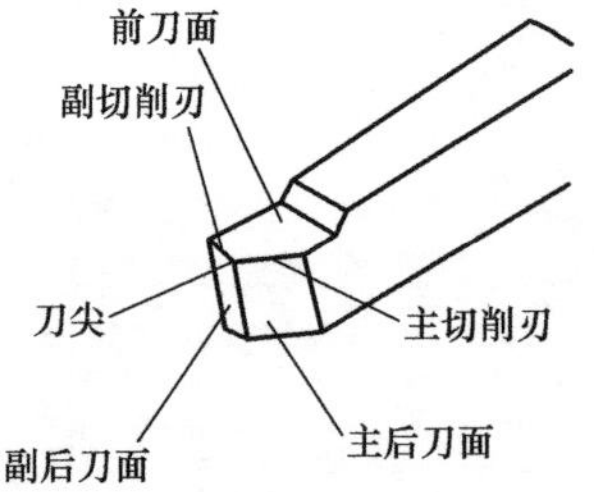

图3-1　车刀切削部分的组成

1）前刀面：又称前面，是切屑流出、刀头与切屑相接触的刀面。

2）主后刀面：又称主后面，切削时刀头与工件加工表面相对的刀面。

3）副后刀面：又称副后面，切削时刀头与工件已加工面相对的刀面。

4）主切削刃：又称主刀刃，是前刀面与主后刀面的交线，它担负着主要的切削工作。

5）副切削刃：又称副刀刃，是前刀面与副后刀面的交线，也起切削作用，配合主切削刃完成切削工作，担任少量切削工作。

6）刀尖：是主切削刃与副切削刃之间的尖角部分。

任何车刀都由以上几个部分组成，数目可能不完全相同，如切断车刀包含有两个副切削刃和两个刀尖组成。

二、车刀的种类

（一）按车刀用途分类

车刀可分为外圆车刀、端面车刀、切断和切槽刀、内孔车刀、螺纹车刀及成形车刀等。

1）外圆车刀：外圆车刀用于车削工件的圆柱和圆锥的外表面，如图3-2a、b所示。外圆车刀按照走刀方向还可分为右偏刀和左偏刀。

2）端面车刀：端面车刀用来车削端面和台阶，如图 3-2c 所示。车削时横向进给，为保证端面质量，必须具有合适的负偏角。

3）切断和切槽刀：切断和切槽刀用来在工件表面上切沟槽和将工件切断，如图 3-2d 所示。

4）内孔车刀：内孔车刀用来车削工件的圆柱孔和圆锥孔，如图 3-2e 所示。

5）螺纹车刀：螺纹车刀用来车削内、外螺纹，如图 3-2f 所示。

6）成形车刀：成形车刀是用于车削成形回转表面的专用刀具，如图 3-2g 所示。

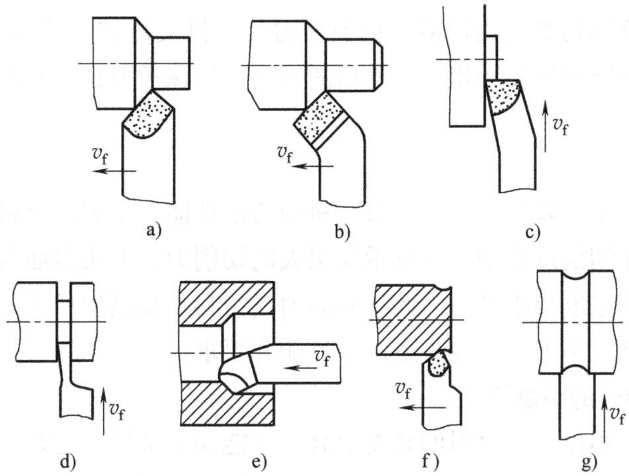

图 3-2　常用车刀的分类

a）直头车刀　b）弯头车刀　c）端面车刀　d）切断车刀　e）内孔车刀　f）螺纹车刀　g）成形车刀

（二）按车刀结构分类

根据车刀的刀头和刀体的连接方式不同，车刀按车刀结构一般可分为以下几类：

1）整体式车刀：其刀头和刀体制成一个整体，通常用高速钢制成，如图 3-3a 所示。刀头根据加工需要，经过刃磨得到所需形状和几何角度。作为整体结构形式，贵重材料消耗较大。

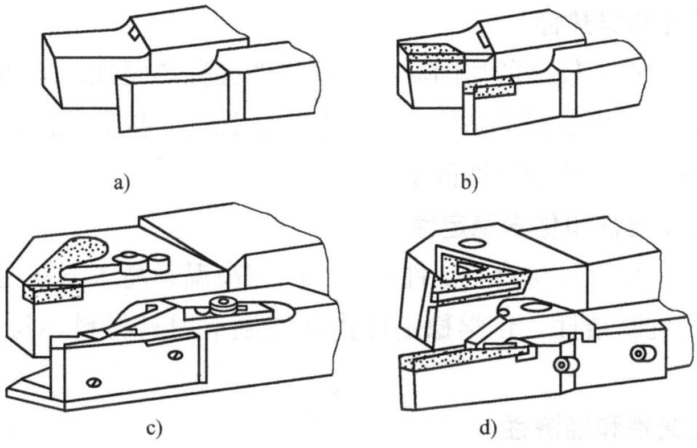

图 3-3　车刀结构

a）整体式　b）焊接式　c）机夹式　d）机夹可转位式

2）焊接式车刀：焊接式车刀是用钎料将硬质合金刀片焊在按刀具几何角度要求开出刀槽的刀杆上的车刀。焊接式车刀的优点是结构简单、制造方便、使用灵活，并且可以根据需要进行刃磨，硬质合金的利用也比较充分。焊接式车刀的形式如图 3-3b 所示。

3）机夹式车刀：机夹式车刀是用机械夹固的方法将刀片固定在刀杆上的车刀。其刀片可以从刀杆上拆下来，刀杆可多次使用，避免了焊接产生的应力、裂纹等缺陷。机夹式车刀的形式如图 3-3c 所示。

4）机夹可转位式车刀：机夹可转位式车刀是用机械夹固的方法将多边切削刃的标准硬质合金刀片固定在刀杆上的车刀。当一个切削刃磨钝后，松开夹紧元件，将刀片转位并夹紧后便可继续使用。当全部切削刃用钝后，更换新刀片。机夹可转位式车刀的形式如图 3-3d 所示。有的车刀刀片下装有优质碳素工具钢做的刀垫，以保护刀杆，延长刀杆的使用寿命。

三、车刀的材料

车刀的使用寿命和生产效率取决于车刀材料的切削性能。车刀的材料指的是车刀刀头担任切削部分的材料。在切削过程中，刀具承受很大的切削力，刀头表面与工件还产生强烈的挤压和摩擦，所以切削温度也很高。因此，好的刀具材料是提高生产率、降低刀具消耗、保证零件质量的重要因素。车刀材料应具备以下性能和要求：

（一）高的硬度和好的耐磨性

刀具材料的硬度必须比工件材料的硬度要高，才能切下金属，这是刀具材料应具备的最基本特性。一般刀具材料的硬度在 60HRC 以上。耐磨性表示抵抗磨损的能力。由于刀具材料在切削过程中与工件材料产生强烈的摩擦，因此，要求刀具材料具有较高的耐磨性。刀具材料的硬度越高，其耐磨性就越好。

（二）足够的强度和冲击韧性

足够的强度是指刀具在切削力的作用下，不发生崩碎和折断所具备的性能。冲击韧性是指刀具材料受到冲击的条件下，不致发生崩刃的能力。在切削过程中，刀具承受很大的切削抗力和很大的冲击载荷，为了不发生脆性破坏和塑性变形，刀具材料应具有足够的强度和韧性。

（三）高的耐热性和导热性

刀具在切削时，会产生较高的切削温度。耐热性又称热硬性，是衡量刀具材料的主要指标，是刀具材料在高温下仍能保持高硬度、耐磨性、强度、抗氧化的性能。好的导热性是为了将切削加工过程中产生的热量迅速散走。

（四）良好的抗黏结性和化学稳定性

在加工过程中，防止刀具材料与工件材料之间在高温、高压下互相吸附产生黏结，要求刀具材料具有良好的抗黏结性。化学稳定性指在高温下刀具材料不易和周围介质发生化学反应。

（五）良好的工艺性和经济性

工艺性包括高温塑性变形性能、锻造性能、焊接性能、可磨削性能和热处理性能等。经济性是指刀具材料应结合实际情况，降低生产成本。

四、车刀材料的种类

常用的车刀切削部分的材料主要有高速钢和硬质合金两类。

（一）高速钢

高速钢是以钨、铬、钼、钒等为主要合金元素的高合金含量的工具钢。车刀常用的高速钢材料有 W18Cr4V 和 W9Cr4V2。高速钢的热硬性较差，约能耐 500～650℃高温，不宜用于高速切削。高速钢刀具制造简单，其工艺性能好，热处理变形小，刃磨方便，能磨出锋利的刃口，坚韧性较好，能承受较大的冲击力。高速钢按用途不同，分普通高速钢和高性能高速钢两大类；按化学成分可分为钨系、钨钼系和钼系等；按制造工艺不同，分为熔炼高速钢和粉末冶金高速钢。

普通高速钢：最常见的普通高速钢有 W9Mo3Cr4V、W6Mo5Cr4V2、W18Cr4V，碳的质量分数为 0.7%～0.9%，硬度为 63～66.5HRC，不适于高速和硬材料切削。高性能高速钢：是指在普通高速钢中增加钒元素含量或加入钴、铝等元素，使其具有高硬度、高耐热性、高耐磨性的一种新型高速钢。常见的牌号有 W12Cr4V4Mo、W6Mo5Cr4V2Co8、W6Mo5Cr4V2Al 等。

（二）硬质合金

硬质合金又称钨钢，是用高硬度、难熔材料的碳化钨、碳化铁的粉末与钴的粉末等在高压下成型，经过 1350～1560℃的高温烧结而成的粉末冶金制品。硬质合金具有极高的硬度、高的熔点、热稳定性好和稳定的化学性能。硬质合金的常温硬度在 89～93HRA，相当于 78～82HRC，允许的切削温度高达 800～1000℃。硬质合金的硬度仅次于金刚石和陶瓷，但其抗弯强度低、韧性差、脆性大、承受冲击和抗振性能较低。硬质合金的切削性能比高速钢高得多，在相同耐用度情况下，其切削速度是高速钢的 4～10 倍。硬质合金是目前主要刀具材料之一，被广泛应用。

常用的硬质合金有钨钴类合金和钨钛钴类合金。

1）钨钴类合金由碳化钨和钴组成的，代号用 YG 表示。此类硬质合金硬度高，常温硬度为 75～80HRC，能承受较大的冲击力，其韧性较好，高温下硬度和耐磨性较差。其主要用于加工黑色金属及有色金属和非金属材料。钨钴合金按钴含量不同，又可分成 YG3、YG3X、YG6、YG8 等多种牌号，牌号后面的数字表示钴含量的高低，钴含量越高，韧性越好，适合粗加工；含钴量少，适用于精加工。

2）钨钛钴类合金由碳化钨、钴和 5% 到 30% 的碳化钛所组成，代号用 YT 表示。常温硬度为 75～81.5HRC。此类硬质合金硬度、耐磨性、耐热性都明显提高，但韧性和抗冲击性较差，主要用于加工钢材，不宜加工铸铁类的脆性材料。钨钛钴合金按碳化钛含量不同，又可分为 YT5、YT14、YT15、YT30 等牌号，牌号后面的数字表示碳化钛含量的高低，数字越大，碳化钛含量越高，热硬性越好；碳化钛含量越少，韧性越差。

【练习与思考】

1. 车刀的种类有哪些？
2. 简述车刀常用的材料。
3. 简述车刀切削部分的组成。

课题二　车刀的几何参数

【学习目标】

1. 了解车刀的几何参数。

2. 了解车刀的几何角度。

【相关知识】

一、车刀的辅助基准面

为了确定和测量车刀的几何角度，必须把刀具放在一个确定的参考系中，选择几个辅助平面作为基准面，如图 3-4 所示。

（一）切削平面

通过切削刃选定点，与切削刃上该点切削速度方向垂直的平面。

（二）基面

通过切削刃选定点，与工件过渡表面相切，且垂直于切削平面的平面。对于车削而言，基面一般通过工件轴线。

（三）正交平面

通过切削刃选定点并同时垂直于基面和切削平面的平面。

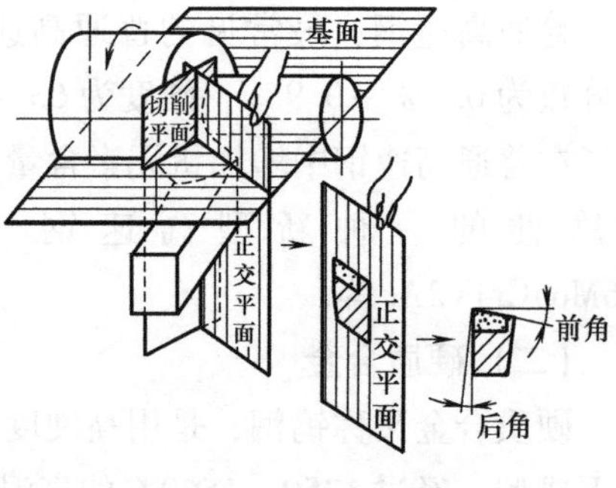

图 3-4　车刀的基准面

二、车刀的几何角度

车刀的几何角度有两种：一是标注角度，是设计、刃磨和测量刀具的角度，也称为静止角度；二是刀具安装在机床上进行切削时的角度，称为工作角度。通常所说的角度，是指标注角度。

车刀的切削角度共有以下七项，如图 3-5 所示。

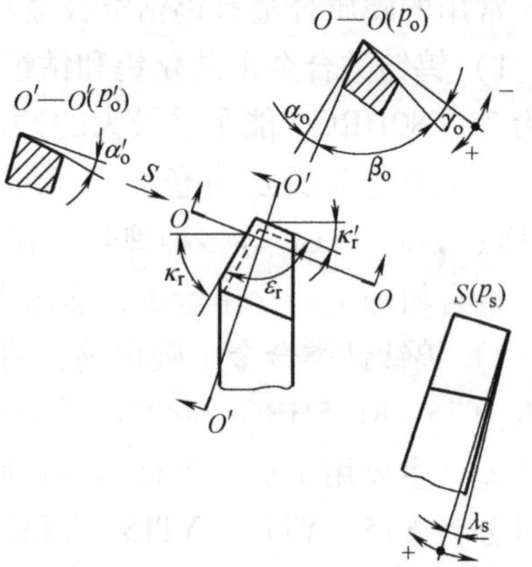

图 3-5　车刀的几何角度

（1）前角（γ_o）　车刀前刀面与基面之间在正交平面投影的角度。前角是切削部分的主要工作角度，直接影响主切削刃口的锋利程度和强度，影响切削变形和切削力。增大前角能使车刀刃口锋利，减小切削变形和摩擦，减小切削力和切削热，使切削省力，并使切屑容易排出。前角过大将削弱刀尖强度，散热能力降低，刀具的寿命降低。

（2）主后角（α_o）　车刀主后刀面与切削平面之间在正交平面投影的角度。其主要作用是减少车刀主后刀面与工件之间的摩擦，主后角过大过小都会使刀具的寿命降低。

（3）副后角（α'_o）　副切削平面在副截面内的夹角。副后角的主要作用是减少车刀副后刀面与工件之间的摩擦，与主后角作用相似。

(4) 主偏角 (κ_r) 主切削刃与进给方向在基面上的投影之间的角度。主偏角的作用是改变主切削刃和刀头的受力情况和散热情况，影响主切削刃参与工作的长度。主偏角减小，刀尖部分的强度增加，散热条件较好；反之，刀尖强度降低，散热条件变差。主偏角还影响断屑效果。

(5) 副偏角 (κ_r') 副切削刃与进给方向在基面上的投影的夹角。副偏角的主要作用是减少副切削刃与工件已加工表面之间的摩擦。

(6) 刀尖角 (ε_r) 主切削刃与副切削刃在基面上投影的夹角。刀尖角的大小影响已加工表面的粗糙度及副切削刃参与工作的长度。

(7) 刃倾角 (λ_s) 主切削刃与基面之间的夹角。刃倾角的主要作用是控制切屑的排出方向和刀尖承受冲击的能力，刃倾角有正值、负值和零度3种情况。

刃倾角等于零度时，切削过程中，切屑基本上沿前刀面卷曲流出或呈直线状流出，如图3-6a所示。以刀杆底面为基准，当刀尖是主切削刃的最高点时，刃倾角是正值。切削过程中，切屑流向工件待加工表面，切屑不会擦伤已加工表面，加工表面质量较高，如图3-6b所示。采用正刃倾角的车刀刀尖强度较差，受到冲击时，刀尖容易损坏。当刀尖是主切削刃的最低点时，刃倾角是负值。切削过程中，切屑排向工件已加工表面，容易擦伤已加工表面，如图3-6c所示。采用负刃倾角的车刀远离刀尖的切削刃处先接触工件，避免了刀尖受冲击，加强了刀尖强度，改善了刀尖处散热条件，有利于提高刀具寿命。

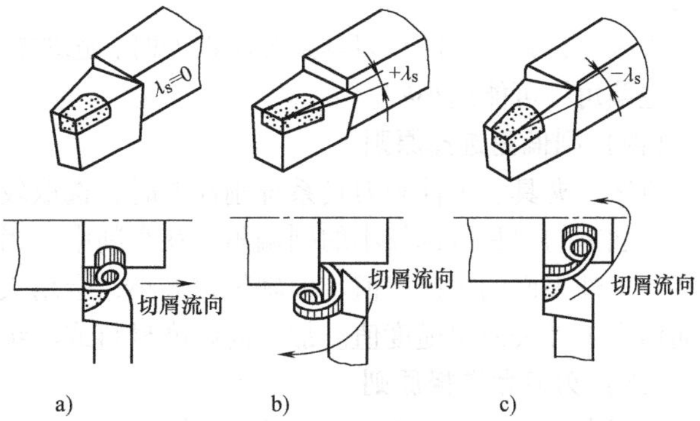

图3-6 刃倾角

a) 零度 b) 正值 c) 负值

三、车刀几何角度的选择

确定车刀的切削角度必须综合考虑工件材料、加工性质、工件形状及精度要求等因素。车刀较理想的角度应该是在生产实践中，根据各种因素在实践中总结得出。

合理地选择车刀几何角度可保证零件的加工精度和表面粗糙度、增大切削用量、减小刃口磨损、提高刀具寿命、提高效率并降低成本。

(一) 前角选择原则

加工脆性的材料与强度、硬度高的材料时，应选用较小的前角；加工弹塑性材料与强度、硬度低的材料时，前角应取较大值。

粗加工时，选取较小的前角，可以增加车刀的强度，使其能够承受粗车时较大的切削冲击力；精加工时，选取较大的前角，可以保证产品的精度及表面粗糙度，可以使车刀锋利而有利于切削。

刀具材料坚韧性好时，应选取较大的前角；刀具材料坚韧性差时，应选取较小的前角。

机床、夹具、工件和刀具系统刚性差时，应选取较大的前角。

（二）后角选择原则

加工硬度高、机械强度大及脆性材料时，选取较小的后角；加工硬度低、机械强度小及弹塑性材料时，选取较大的后角。

粗加工时，选取较小的后角可以增强车刀强度；精加工时，选取较大的后角可以减小摩擦，有利于减小工件的表面粗糙度值。采用负前角车刀时，后角应选大些。

车刀与工件的刚性差时，选取较小的后角，因为减小后角可以增大车刀后面与工件表面的接触面积，有利于减小振动。

高速车削时应选较小的后角。

（三）主偏角选择原则

工件材料硬，应选取较小的主偏角，这样可以减小切削力并增强车刀强度，提高车刀的耐用度。

机床、夹具、工件和刀具系统刚性差时，选取较大的主偏角，可以减小径向切削力；反之，主偏角尽可能选小些。

（四）副偏角选择原则

机床、夹具、工件和刀具系统刚性差时，选取较大的副偏角；反之，选较小副偏角。

精加工的刀具应选较小的副偏角。在车削中，当吃刀量和进给量不变时，减小副偏角可以减小工件表面的粗糙度值。但副偏角太小，会增大车刀副后面与工件已加工表面的摩擦，从而增大工件表面粗糙度值。加工高硬度材料或断续切削，应选用较小的副偏角。

（五）刃倾角选择原则

根据车刀刃倾角的正、负值性能不同的特点，一般粗车时选取稍微偏于负值的刃倾角为宜；在精车时，选取负值的刃倾角；大力车削时，选取较大负值的刃倾角；加工高硬度的材料和冲击载荷大的断续车削加工，应选取更大些负值的刃倾角。

【练习与思考】

1. 车刀角度的辅助基准面有哪几个?
2. 简述车刀的几何角度，各角度的作用。
3. 简述车刀几何角度的选择原则。

课题三　车刀的刃磨和安装

【学习目标】

1. 掌握刃磨车刀的步骤和方法。
2. 了解刃磨车刀时的注意事项。
3. 掌握车刀的安装。

【相关知识】

车刀的刃磨方法一般有机械刃磨和手工刃磨两种。机械刃磨一般使用工具磨床，效率高、质量好、操作方便；手工刃磨灵活，对设备要求低，目前仍普遍采用。刃磨车刀是车工必须掌握的基本功之一。

一、砂轮的选用

车刀的手工刃磨常用的砂轮有氧化铝砂轮和碳化硅砂轮两种。氧化铝砂轮的砂粒韧性好、较锋利、硬度稍低，适用于刃磨碳素工具钢、高速钢车刀和磨削硬质合金车刀的刀杆部分。氧化硅砂轮的砂粒硬度高、切削性能好、比较脆，适用于刃磨硬质合金车刀。砂轮有软硬粗细之分，硬度分为软、中软、中、中硬、硬等级别；粗细以粒度表示，分为 F36、F60、F80、F120 等级别。粒度的数字越大，则表示砂轮越细；反之则越粗。粗磨车刀为尽快地将多余部分磨去，应选用 F36 ~ F60 较粗的软砂轮，精磨车刀应选用 F80 ~ F120 较细的硬砂轮。

二、硬质合金车刀刃磨的步骤

硬质合金车刀一般是由 45 钢制成的刀杆和硬质合金刀片组焊而成的。现以 90°主偏角钢件车刀（刀片 YT15）为例介绍手工刃磨步骤，其切削部分的主要几何参数如图 3-7 所示。

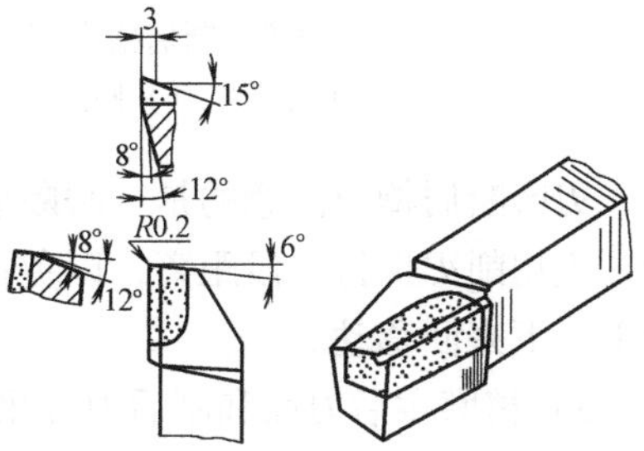

图 3-7 硬质合金车刀

1）磨前准备工作。硬质合金车刀因刀片与刀柄材料不一样，一般先用氧化铝砂轮粗磨，然后再在碳化硅砂轮上精磨。修整砂轮表面，砂轮的外圆和平面必须符合平整的要求。调整砂轮托架的角度和托架与砂轮间的间隙。检查刀具毛坯，硬质合金车刀在刃磨前应检查焊接处是否有脱焊，刀片是否有裂纹等缺陷。如有焊渣和飞边，应采用氧化铝砂轮把车刀前刀面、主后刀面和副后刀面上的焊渣、飞边磨去，并磨平车刀的底平面。

2）采用氧化铝砂轮粗磨出主后刀面、副后刀面的刀杆部分，其后角应比刀片所要求的后角大 2° ~3°。

3）用粗粒度（F36 ~ F60）的绿色碳化硅砂轮粗磨刀片上主后刀面、副后刀面和前刀面，在刃磨过程中，不能磨去太多，一般是主切削刃、副切削刃刚好磨出即可。粗磨出来的主后角、副后角应比所要求的后角大 2°左右，如图 3-8 所示。

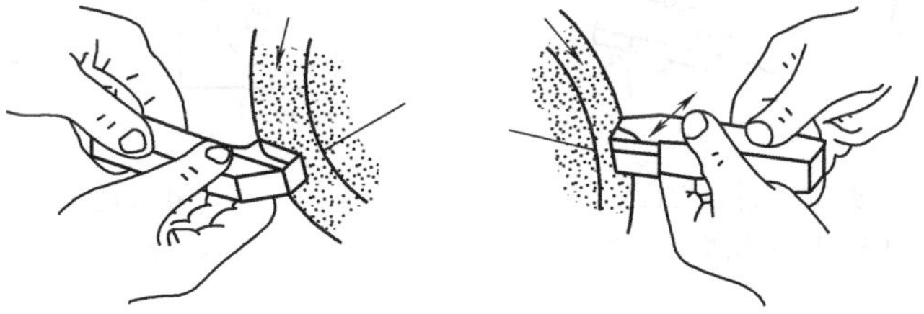
a) b)

图 3-8 粗磨主、副后刀面

a）粗磨主后刀面 b）粗磨副后刀面

4）精磨前刀面及断屑槽。断屑槽的槽型一般有两种类型：即圆弧形和直线形，如图 3-9所示。磨断屑槽的方法如图 3-10 所示。不同的槽型对砂轮的外形有不同的要求，刃磨圆弧形断屑槽，必须先把砂轮的外圆跟平面的交接处用金刚石笔或硬砂条修整成相应的圆弧。刃磨直线形断屑槽，砂轮的外圆跟平面的交接处必须修整得尖锐。刃磨时刀尖向下磨或向上磨均可。

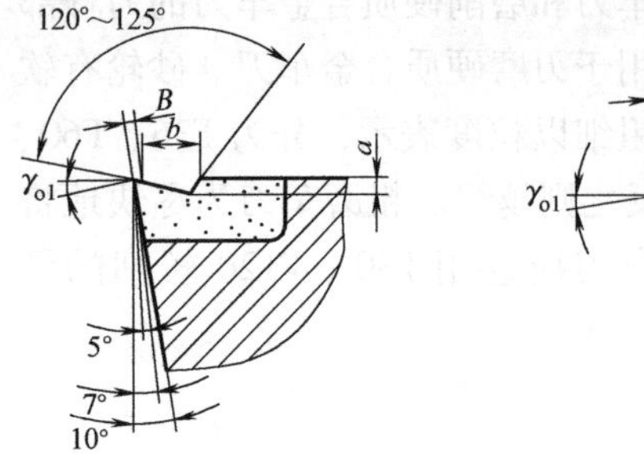

a)　　b)

图 3-9　断屑槽类型

a）直线形　b）圆弧形

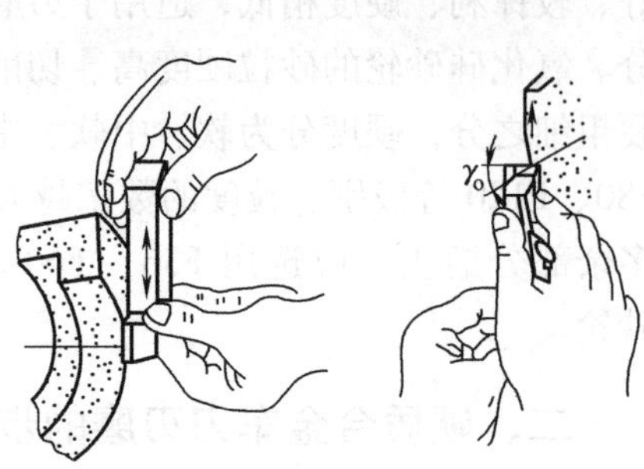

a)　　b)

图 3-10　刃磨断屑槽

a）向下磨　b）向上磨

刃磨断屑槽应注意的是：磨断屑槽砂轮的交接处应保持尖锐；刃磨时的起点位置应跟刀尖、主切削刃保持一段距离，以免把刀尖和刃口磨坏；刃磨时，用力不要过大，应沿刀杆方向上、下来回移动。

5）精磨主后刀面和副后刀面采用细粒度的绿色碳化硅砂轮。刃磨时，托架的角度调整到6°～8°，将车刀底平面靠在调整好角度的托架上，没有托架时，手应捏紧刀柄形成一定的角度，使切削刃轻轻靠在砂轮的端面上进行刃磨，车刀应左右慢慢移动，如图 3-11 所示。

6）磨负倒棱采用绿色碳化硅砂轮。刃磨时，用力要轻，车刀要沿主切削刃的后端向刀尖方向摆动。磨削时可以采用直磨法和横磨法，如图 3-12 所示。一般采用直磨法。负倒棱的宽度与进给量 f 有关，一般为（0.5～0.8）f。

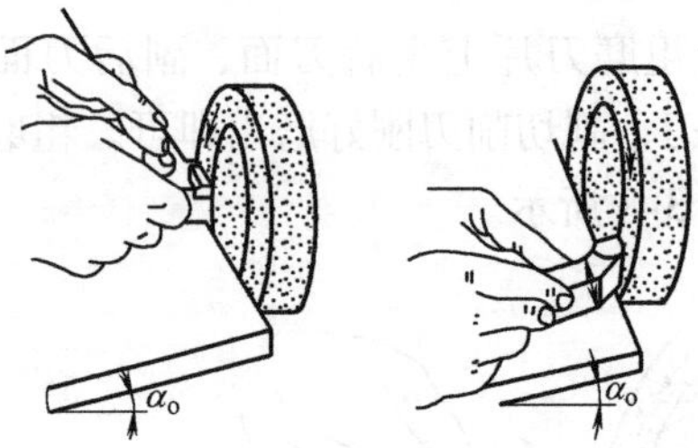

a)　　b)

图 3-11　精磨主、副后刀面

a）精磨主后刀面　b）精磨副后刀面

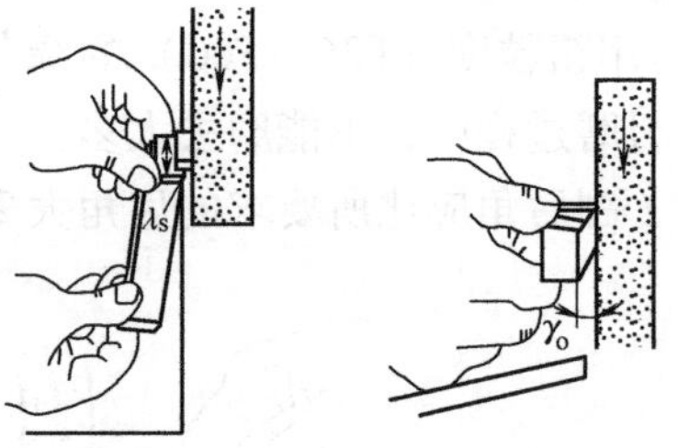

a)　　b)

图 3-12　磨负倒棱

a）直磨法　b）横磨法

7）磨过渡刃采用绿色碳化硅砂轮。过渡刃有直线形和圆弧形两种，如图 3-13 所示。对于车削较硬材料的车刀，也可在过渡刃上磨出负倒棱；对于大进给量刀车，可用相同的方法在副切削刃上磨出修光刃，如图 3-14 所示。

8）车刀的研磨。刃磨后的切削刃一般还不够平滑光洁，可发现刃口上出现细微的凹、凸不平，刃口呈锯齿状。加工工件时，这样的切削刃会直接影响工件表面粗糙度，也会降低车刀的使用寿命。为避免这样的情况，可采用金刚石砂轮对车刀做精磨，但金刚石砂轮较为昂贵，目前没有普及。所以手工刃磨后的车刀必须用油石进行研磨。用油石研磨车刀时，在研磨表面加少许润滑油，手要平稳，油石要贴平需要研磨的表面，作上下或左右平稳移动，如图 3-15 所示。研磨后的车刀应消除刃磨的残留痕迹。

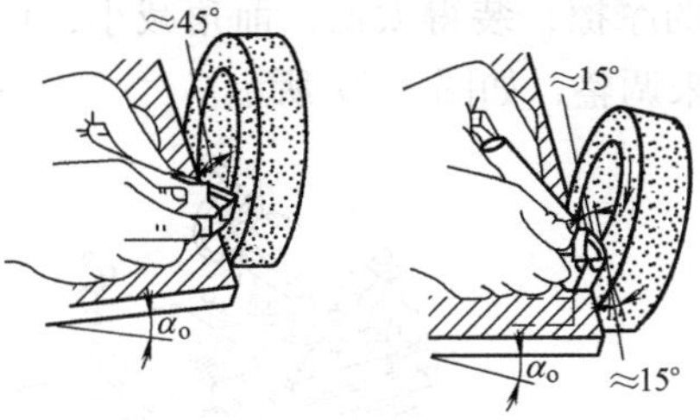

a)　　　　b)

图 3-13　磨过渡刃

a）直线形　b）圆弧形

图 3-14　磨修光刃

三、磨车刀时的注意事项

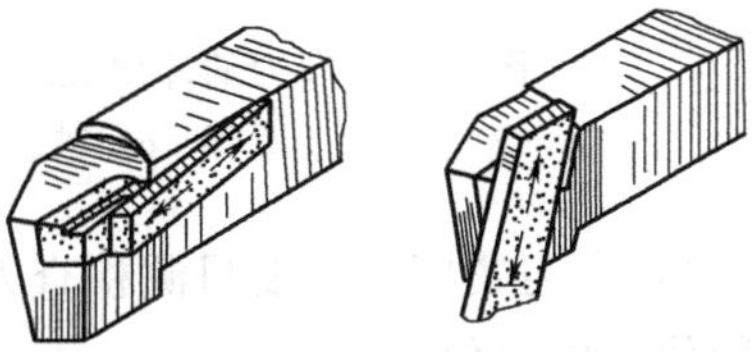

图 3-15　油石研磨车刀

在高速旋转的砂轮前刃磨车刀时，注意力必须集中，不可疏忽大意，不然很容易发生事故。同时还必须正确的使用砂轮，尽量减少砂轮的损耗。

1）新安装的砂轮必须要经过严格的检查。确保没有裂纹，并经过运转平稳实验后方可使用。操作者在刃磨时，应尽量避免正对砂轮，应该站在砂轮的侧面，这样可以防止砂粒飞入眼内或万一砂轮破碎飞出伤人。

2）操作者在磨车刀时，双手应握稳车刀，在车刀与砂轮接触时用力要均匀，压力不能太大，更不得用车刀撞击砂轮。

3）刃磨车刀应尽可能运用砂轮的圆周面，并连续左右移动，使砂轮磨损均匀，避免使砂轮表面出现凹槽。禁止在砂轮两侧面用力粗磨车刀，以免砂轮侧面受力而发生偏摆跳动。

4）不允许在磨车刀的砂轮上磨有色金属或非金属材料，这些材料的颗粒会粘嵌到砂轮表面。

5）刃磨车刀时，不能过热，应随时用水冷却。刃磨硬质合金车刀时，不可把刀头部分浸入水中冷却，可把刀柄部分浸入水中冷却。

6）刃磨车刀时不能戴手套。

7）砂轮磨削表面应平整，平整砂轮时一般可用砂轮刀在砂轮上来回修整。

8）刃磨车刀时应根据车刀材料选择砂轮的种类。

9）刃磨车刀完毕后应随手关闭砂轮机电源。

四、车刀的安装

车刀必须正确牢固的安装在刀架上。车刀的安装是否正确会影响切削的顺利进行和工件的加工质量。安装车刀时应注意以下几点：

1）车刀安装在刀架上，刀头不宜伸出太长，否则在切削时，容易产生振动，影响工件的加工精度，使工件表面粗糙度增大。车刀刀头伸出的长度一般不超过刀杆厚度的 1.5 倍，如图 3-16 所示。

2）车刀刀尖应与工件中心线等高。装刀时，一般先目测高度将车刀刀尖大致调整到中心线附近后，再利用尾座顶尖高度或用测量刀尖高度法将车刀装至准确位置。车刀装得太高，后角减小，车刀的主后面会与工件产生强烈的摩擦；装得太低，前角减小，切削不顺，会使刀尖崩碎。刀尖的高低可根据尾座顶尖高度来调整，如图 3-17 所示。

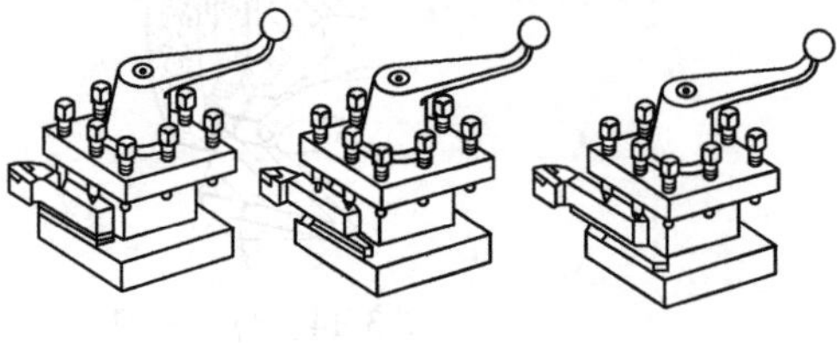

a)　b)　c)

图 3-16　车刀的伸出长度

a）正确　b）错误　c）错误

图 3-17　根据尾座顶尖来调整车刀安装位置

3）车刀紧固前，要目测检查刀杆中心线应与工件轴线垂直，否则会使主偏角和副偏角的数值发生变化。

4）安装车刀时，车刀底面的垫片要平整，尽可能少的选用垫片的数量，调整好刀尖高低后，至少要用两个螺钉交替将车刀压紧。

【练习与思考】

1. 简述车刀刃磨的方法和步骤。

2. 车刀的安装需注意哪些问题？

第四章　车外圆柱面

课题一　车外圆和端面

【学习目标】

1. 掌握外圆车刀、工件的装夹。
2. 了解粗、精车的概念。
3. 掌握大滑板、中滑板、小滑板的刻度盘的应用。
4. 掌握车削外圆、端面的方法。
5. 遵守操作规程，文明生产、安全生产。

【相关知识】

一、工件的装夹

装夹工件时，应使被加工表面的回转中心和车床主轴的回转中心重合，保证工件的正确位置，选择工件平直的表面进行装夹，以确保装夹紧固和牢靠。定位夹紧不正确，会影响零件的加工精度。对于一般较短的回转体类工件，较适用于用自定心卡盘装夹，但对于较长的回转体类工件，用此方法则刚性较差。所以，对一般较长的工件，一端用自定心卡盘夹住，另一端用尾座顶尖顶住。这种装夹方法能承受较大的轴向切削力，使较长工件的刚性大大提高。

自定心卡盘通过转动卡盘扳手，使三个爪同步向心移动或退出，以夹紧或松开工件，适用于装夹圆形和棱边数能被三整除的多棱柱。它的特点是对中性好，自动定心精度可达到0.05～0.15mm。可以装夹直径较小的工件。当装夹直径较大的外圆工件时，可用三个反爪进行夹紧。但自定心卡盘由于夹紧力不大，一般只适宜于重量较轻的工件。当对重量较重、夹紧力要求大和不规则的工件进行装夹时，宜用单动卡盘或花盘和角铁装夹。

自定心卡盘装夹工件的步骤：

1）把工件放置在卡盘三个卡爪之间，用卡盘扳手夹紧。

2）低速旋转主轴，观察工件有无偏摆，停车后进行纠正，再紧固卡盘。

3）紧固完毕，需随手取下卡盘扳手，以保证安全。

4）还需检查卡盘与刀架是否碰撞。

总之，装夹工件应正确、牢固、快速、安全。

二、45°外圆车刀的安装和应用

45°外圆车刀俗称弯头刀，分左、右两种，常用于车削工件的端面和进行45°倒角，如图4-1所示。车刀安装时，刀尖必须严格对准工件旋转中心，否则在车削到端面中心时会留有凸头，如图4-2所示，此时若使用硬质合金车刀，车到端面中心处会造成刀尖崩碎。

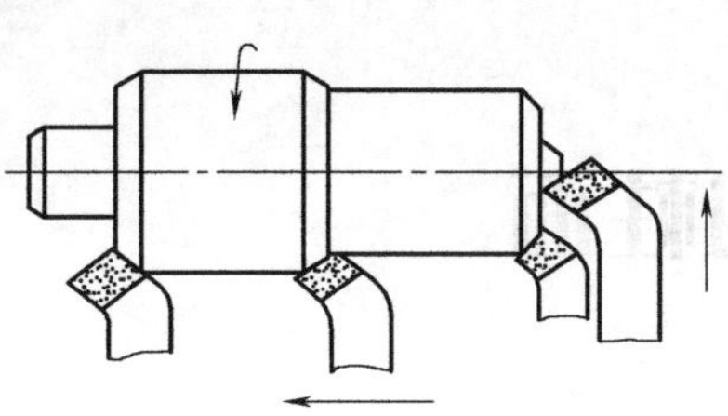

图 4-1　45°外圆车刀的使用

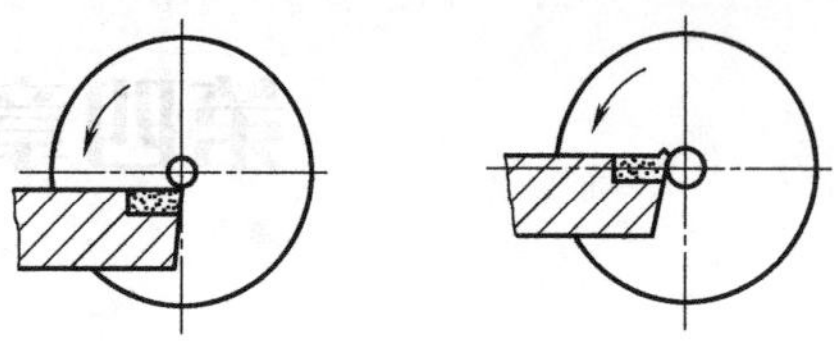

图 4-2　车刀刀尖不对中心的情况

三、粗车与精车

车削工件，一般分粗车和精车。

（一）粗车

在车床动力条件许可时，粗车通常采用的进给量较大，转速不宜过快，力求以合理时间尽快把工件余量车削掉。因为粗车对切削表面没有严格要求，所以只需留有一定的精车余量即可。由于粗车切削力较大，工件装夹必须牢靠。粗车的另一作用是可及时发现毛坯材料内部的缺陷，如夹渣、砂眼、裂纹等，也能消除毛坯工件内部残存的应力和防止热变形等。

（二）精车

精车是车削的末道加工。为了使工件获得准确的尺寸和规定的表面粗糙度，操作者在精车时，通常把车刀修磨得锋利些，车床转速选得高一些，进给量选得小一些。

粗车与精车的目的不同，所选用的车刀要求也不同。粗车刀适应切削深度深和进给量大，精车刀要求达到工件尺寸精度和小的表面粗糙度，只切去较少金属。

四、手动进给车削端面、外圆和倒角

（一）车端面的方法

开动车床使主轴带动工件旋转，移动小滑板或床鞍控制进刀深度，然后锁紧床鞍，摇动中滑板径向进给，由工件外圆向工件中心或由工件中心向外圆车削，如图 4-3 所示。

（二）车外圆的方法

1）移动床鞍至工件右端，用中滑板控制进刀深度，摇动小滑板丝杠或床鞍作纵向移动车削外圆柱面，如图 4-4 所示，一次进给车削完毕后，横向退出车刀，再纵向移动刀架滑板或床鞍至工件右端进行第二、第三次进给车削，直至达到图样要求。

2）在车削外圆柱面时，一般要进行试切削和试测量。具体步骤是：根据工件直径余量

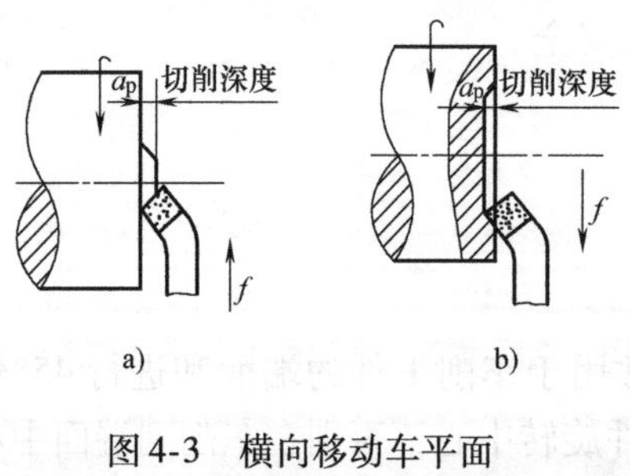

图 4-3　横向移动车平面

a）由工件外圆向中心切削　b）由工件中心向外圆切削

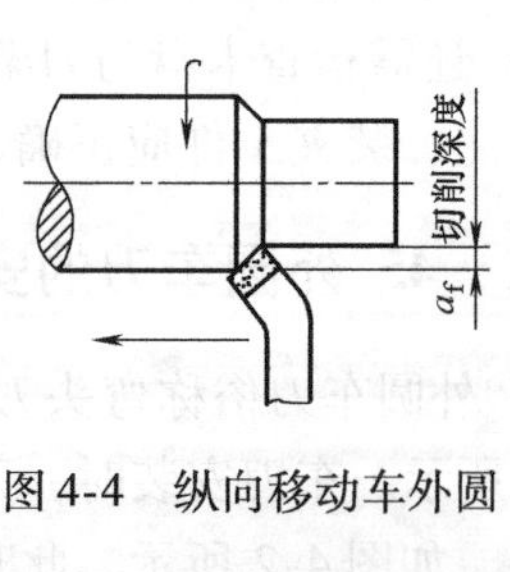

图 4-4　纵向移动车外圆

的1/2作横向进刀，当车刀在纵向外圆上移动至2mm左右时，纵向快速退出车刀（横向不动），然后停车并测量，如图4-5所示，如尺寸已符合要求，就可继续切削。若不符合要求，则可以按上述方法继续进行试切削和试测量，直至符合要求。

3）为了确保外圆的车削长度，通常先采用刻线痕法，后采用测量法进行，如图4-6所示。在车削之前根据要求的长度，用钢直尺、样板、卡钳及刀尖在工件表面上刻出线痕，然后根据线痕来进行车削。当车削完毕后，再用钢直尺或其他量具进行复测。

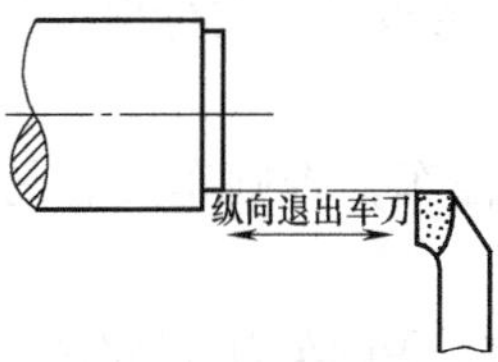

图4-5　试切削外圆

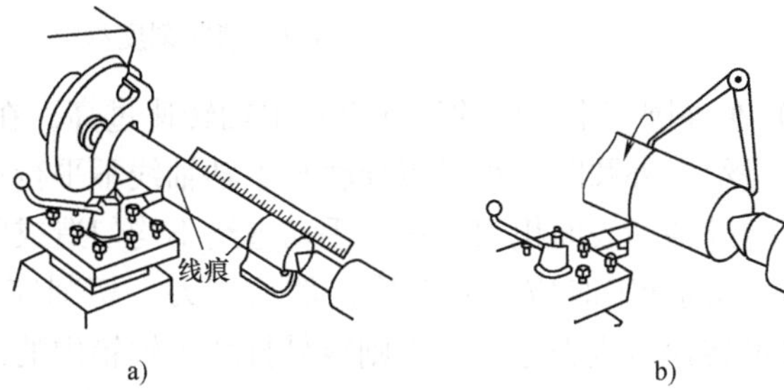

图4-6　刻线痕确定车削长度

a）用钢直尺和样板刻线痕　b）用内卡钳在工件上刻线痕

（三）倒角

工件的端面和外圆车削完毕后，移动刀架，使车刀的切削刃与工件外圆成45°夹角，如果用的是45°外圆刀，不用调整角度，本身已和外圆成45°夹角，再移动床鞍至工件外圆柱面和端面相交处进行倒角。技术要求中的1.5×45°（$C1.5$），是指倒角在外圆上的轴向长度为1.5mm。

五、刻度盘的应用

在进行车削加工时，为正确和迅速地掌握进刀深度，常利用中滑板或小滑板上的刻度盘进行操纵，以此作为进刀的参考依据，如图4-7a所示。中滑板的刻度盘安装在横向进给的丝杠上，用手转动横向进给丝杠旋转一圈时，刻度盘随之也旋转了一圈，同时固定在中滑板上的螺母就带动中滑板、刀架及刀架上的车刀移动一个导程。如果横向进给丝杠导程为5mm，刻度盘上分为100小格，转动进给丝杠一整周时，中滑板就会随即移动5mm，当刻度盘转过一格时，中滑板移动量为5mm÷100=0.05mm。

由于丝杠和螺母之间往往存在配合间隙，这样会造成在转动中滑移手柄时产生空行程。为避免此情况，要反向转动适当角度，消除配合间隙，再慢慢转动手柄到所需要的格数，不能直接退回到需要的格数，如图4-7b所示。当转动手柄超过所需要的格数时，必须向相反方向退回全部空行程，然后再转到需要的格数，如图4-7c所示。必须注意，中滑板刻度的进给量应是工件余量尺寸的1/2。

六、容易产生的问题和注意事项

1）车端面时，工件端面中心留有小凸头，其原因是刀尖没有对准中心，偏高或偏低。端面不平有凹、凸产生，其原因是进给量过深、车刀磨损、滑板移动、刀架和车刀紧固过松。

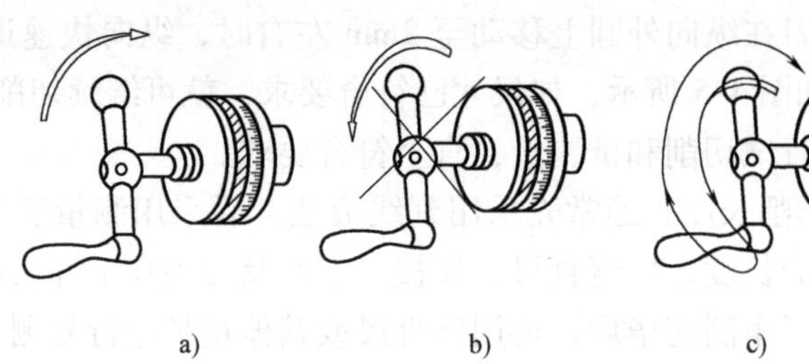

图 4-7　消除刻度盘空行程的方法

2）车外圆产生锥度的情况有：主轴转速过高，在切削过程中车刀磨损严重；使用小滑板手动进给车外圆时，小滑板导轨与主轴轴线不平行；切削时转动中滑板时，空行程没有消除。工件外圆柱表面粗细不一是手动进给不均匀造成的。

3）车削加工时应先开车床，然后进刀，切削完毕时先退刀后停车，否则车刀容易损坏。变换转速时应先停车，否则容易打坏主轴箱内的齿轮。

4）车削铸铁毛坯件时，其表面氧化皮较硬，应尽可能一次走刀车去，否则车刀容易磨损。

5）用手动进给车削时，应把有关进给手柄放在空挡位置。

6）车削时，调头装夹工件，应垫铜皮，防止夹坏工件。

7）使用游标卡尺测量工件时，松紧程度要适当。车床上的工件未停稳，不能使用游标卡尺或千分尺等量具测量工件。

8）车削前应仔细检查滑板位置是否正确，工件装夹是否牢固可靠，卡盘扳手是否取下。

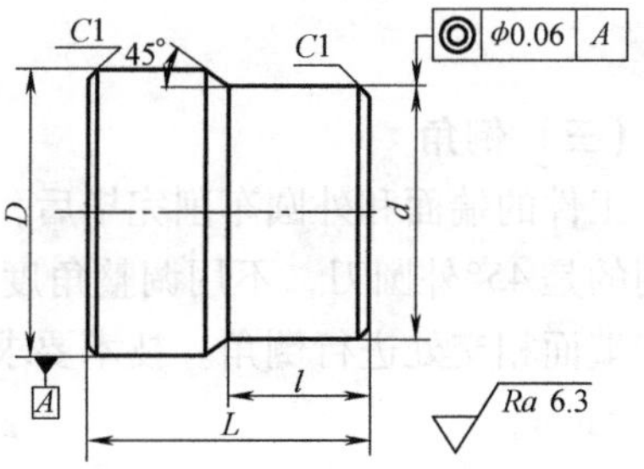

技术要求：未注公差尺寸按照IT12 加工和检验。

图 4-8　车外圆、端面和倒角

【技能训练】

手动进给车外圆、端面和倒角，如图 4-8 所示，材料：45。

（单位：mm）

次数	D	d	L	l
1	$\phi38 \pm 0.15$	$\phi36 \pm 0.15$	54	25
2	$\phi36 \pm 0.15$	$\phi34 \pm 0.15$	53	25
3	$\phi34 \pm 0.1$	$\phi32 \pm 0.1$	52	25
4	$\phi32 \pm 0.1$	$\phi30 \pm 0.1$	51	25

加工步骤：

1）安装工件，用自定心卡盘夹紧工件。

2）安装车刀。粗、精车端面，外圆 D 粗车至 $\phi38^{+0.6}_{+0.2}$mm。

3）精车外圆 D 至 $\phi38 \pm 0.15$mm，表面粗糙度 $Ra6.3\mu m$，倒角 $C1$。

4）调头夹外圆并找正。粗、精车端面并保证总长 54mm，外圆 d 粗车至 $\phi36^{+0.6}_{+0.2}$mm，长 25mm。

5）精车外圆 d 至 $\phi36\pm0.15$mm，表面粗糙度 $Ra6.3\mu m$，两处倒角达到图样要求。

6）其余各次车削步骤同上。

7）检查外径、长度和同轴度达到要求后取下工件。

【练习与思考】

1. 以45°外圆车刀为例，叙述其安装要求。
2. 简述粗、精车的概念。
3. 如何消除中滑板的空行程？
4. 车外圆产生锥度的原因有哪些？

课题二　机动进给车削外圆、端面及调头接刀

【学习目标】

1. 掌握机动进给车削外圆和端面。
2. 掌握划针盘找正工件。
3. 掌握接刀车削外圆。

【相关知识】

一、机动进给车削外圆和端面的过程

机动进给比手动进给劳动强度低，进给均匀，加工后工件表面粗糙度值小。使用机动进给车削工件的过程如下：

起动车床带动工件旋转——试切削——机动进给——纵向车外圆/横向车平面——快到位时停止进给——改手动进给车到位——退刀——停车。

二、接刀工件的装夹找正和车削方法

工件来料长度余量较少或一次装夹不能完成切削的光轴，通常采用调头装夹，再用接刀法车削。接刀时为了方便找正，一般采用单动卡盘装夹。调头接刀车削的工件，表面一般会有接刀痕迹，对工件质量和美观有一定影响。

接刀工件装夹时，找正必须严格要求，不然会造成工件外圆表面接刀偏差，直接影响工件的质量。为了保证工件外圆的接刀质量，一般要求在车削工件的第一头时，车得长一些，调头装夹时两点间的找正距离应大一些，如图4-9所示。调头装夹后，选择外圆上距离大一些的两个点位，先找正靠近卡盘处的第一个点位的外圆，再找正第二点位的外圆。找正第一点位的外圆时，应调整卡爪；找正第二点位的外圆时，用锤子或铜棒轻轻敲击，如图4-10所示。一般要经过几次的反复，才能将工件的轴线找正。接刀车外圆时，找正的误差越小，外圆接头的偏差就会越小。找正时一般先用划针盘进行粗找正，再用百分表进行精确找正，如图4-11所示。

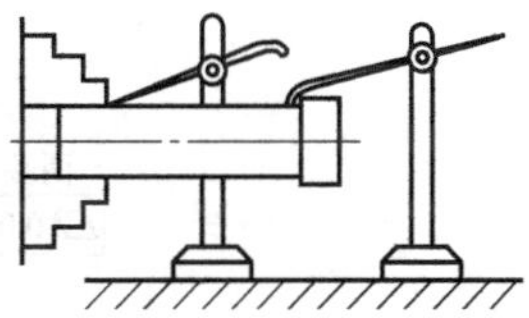
图4-9　工件调头找正位置示意图

接刀车外圆时，在工件的第一头精车至最后一刀时，车刀不能直接碰到台阶，以防车刀碰到台阶后突然增加切削量，产生扎刀现象。在调头精车时，车刀要锋利，最后一刀的精车余量要少，否则工件上容易产生凹痕。

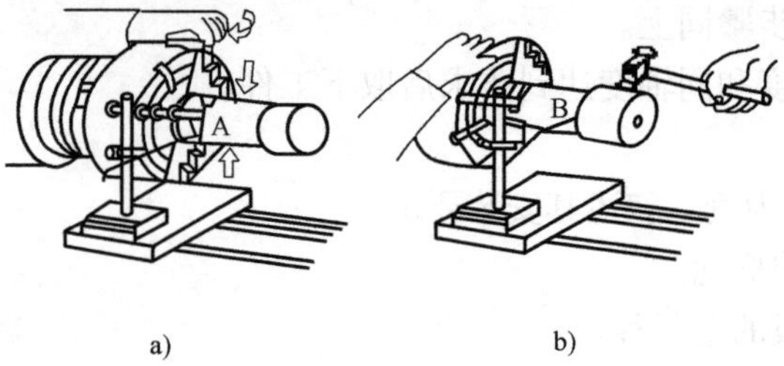

图 4-10　用划针盘进行粗找正

a）找正第一点的外圆　b）找正第二点的外圆

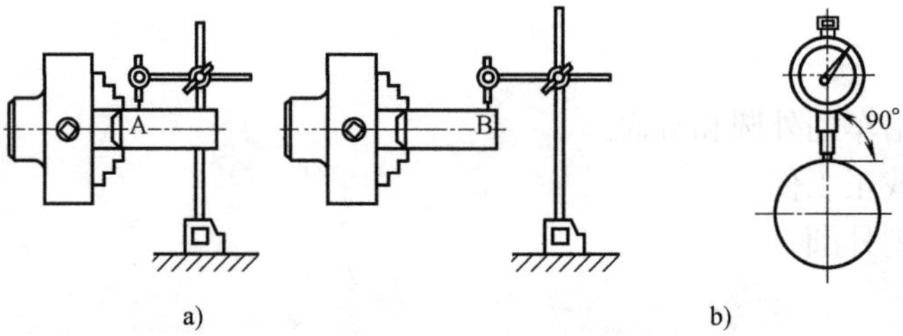

图 4-11　用百分表进行精确找正

a）百分表精确找正示意图　b）百分表的测量位置

三、容易产生的问题和注意事项

1）使用机动进给车削，集中注意力，防止滑板等发生碰撞。

2）调头后粗车时切削力比较大，工件易发生移位，在精车接刀前可进行一次复查。精车的最后一次进给，可由床头向尾座方向进刀。

3）车削较大直径的工件时，端面易产生凹凸不平，应停机用钢直尺检查。

4）为了保证工件质量，调头装夹时要在工件已加工表面和卡爪之间垫铜片。

5）使用自动进给车至距离刻线痕 2 ~ 5mm 时，应改为手动进给车至所需长度。

【技能训练】

接刀车外圆，如图 4-12 所示，材料：45。

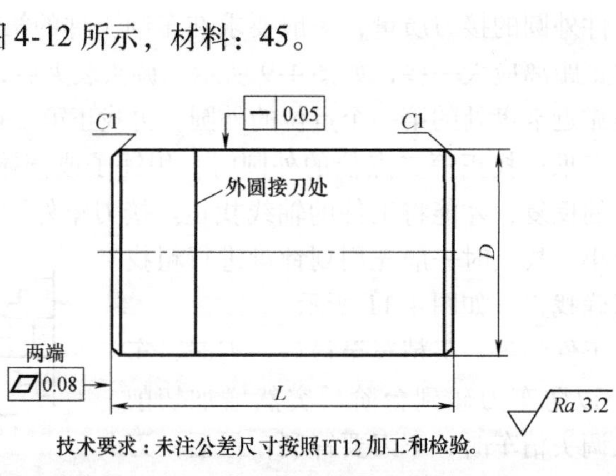

图 4-12　接刀车外圆

（单位：mm）

次数	D	按线校正	两端外圆直径公差	L
1	$\phi37\pm0.1$	0.04	0.04	65
2	$\phi35\pm0.08$	0.04	0.03	63
3	$\phi32\pm0.06$	0.03	0.03	60
4	$\phi30\pm0.05$	0.03	0.03	58

加工步骤：

1）用自定心卡盘夹住工件外圆，找正夹紧，粗、精车端面及外圆，使外圆尺寸符号要求。

2）倒角 $C1$。

3）调头夹外圆并找正，找正误差小于0.04mm 。

4）粗、精车端面，使总长达到尺寸要求；粗、精车外圆至接刀处，使外圆尺寸符合要求，并倒角 $C1$。

5）其余各次车削步骤同上。

6）检查平面度、直线度及尺寸，合格后取下工件。

【练习与思考】

1. 简述机动进给车削工件的过程。
2. 简述接刀工件的装夹找正。

课题三 车削台阶

【学习目标】

1. 掌握车削台阶工件的方法。
2. 掌握台阶的测量方法。
3. 了解车台阶时容易产生的问题。

【相关知识】

台阶工件的车削实际上就是外圆车削和平面车削的组合加工。由几个直径大小不同的圆柱体轴向连接在一起的工件就称为台阶工件。其加工方法与车外圆没有什么太大区别，但是在车削过程中，须兼顾外圆的尺寸精度和台阶长度两个尺寸的要求。

台阶工件通常与其他零件结合使用，其技术要求一般有：各台阶外圆之间的同轴度公差；外圆和台阶端面的垂直度公差；台阶端面的平面度公差；外圆和台阶端面相交处的清角。

一、台阶长度的测量

确定台阶的车削长度，常用的方法有两种：一种是刻线痕法；另一种是床鞍刻度盘控制法。两种方法都有一定误差。

刻线痕法：以已加工表面为基础，车削前用钢直尺量出台阶长度，开车后用刀尖在工件表面相应位置刻线痕，然后按线痕进行粗车。当粗车完毕时，台阶长度已基本符合要求。在精车外圆的同时，把台阶长度尺寸车到位，如图 4-13a 所示。

床鞍刻度盘控制法：移动床鞍和中滑板，使刀尖靠近工件端面，开动车床，移动小滑板，使刀尖与工件端面相擦，车刀横向快速退出，将床鞍刻度调整到零位。车削时可利用刻度值来控制台阶的车削长度，如图 4-13b 所示。

测量方法：通常粗车用钢直尺检查。精度要求较高时，可用样板，深度游标卡尺、内卡钳等测量，如图 4-14 所示。

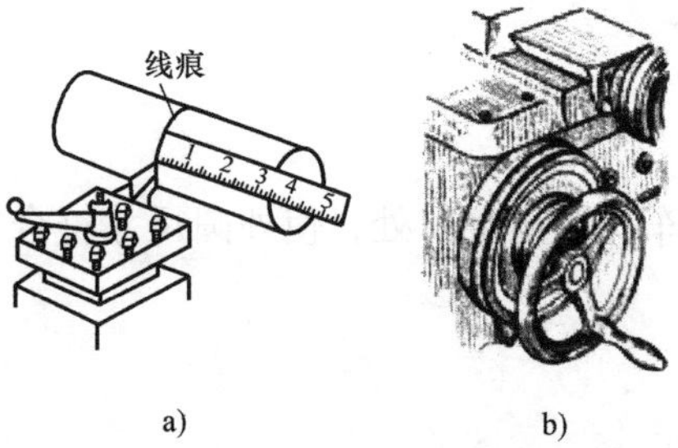

图 4-13　确定台阶长度

a）刻线痕法　b）床鞍刻度盘控制法

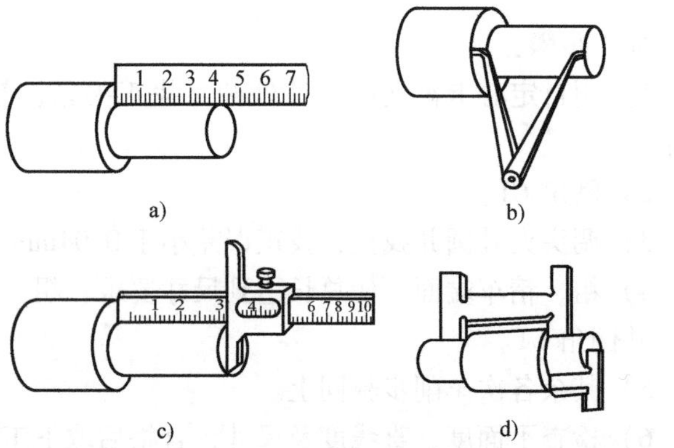

图 4-14　测量台阶长度

a）用钢直尺　b）用内卡钳　c）用深度游标卡尺　d）用样板

二、车刀的选择和装夹

车削台阶工件一般使用 90°外圆右偏刀。车刀的装夹应根据粗、精车和余量的多少来加以区别。在粗车时余量较多，为了增加切削深度，减少刀尖的压力，车刀装夹可取主偏角小于 90°，一般取 85° ~90°，如图 4-15a 所示。精车时为了保证台阶平面和轴心线的垂直，车刀装夹应取主偏角大于 90°，一般为 93°左右，如图 4-15b 所示。

三、车削台阶工件的方法

车削台阶工件一般分粗、精车进行。

粗车时，为了留精车余量，第一台阶长度略短些，其余各台阶可车至给定长度。精车台阶工件时，通常在机动进给精车外圆至近台阶处后，以手动进给代替机动进给。当车至端面时，移动中滑板由里向外慢慢精车台阶端面，变纵向进给为横向进给，以确保台阶端面与轴线垂直。

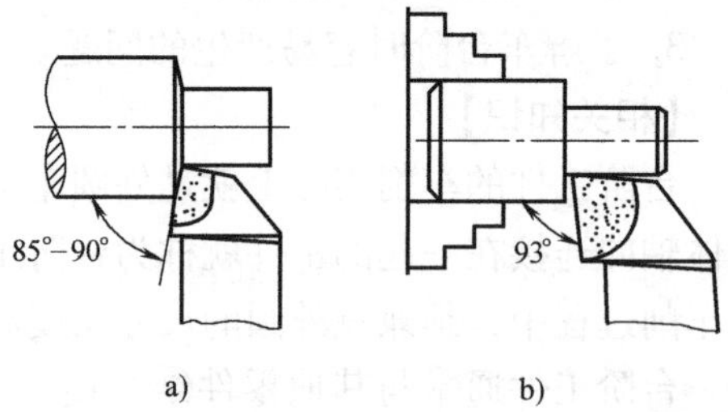

图 4-15　车刀的装夹

a）粗车时车刀的装夹　b）精车时车刀的装夹

当工件需要调头后车削时，根据常用的找正方法，找正后才能进行车削。当粗车完毕时，应进行一次复查，防止粗车时工件发生移位。

四、容易产生的问题和注意事项

1）台阶端面不平，主要原因是车刀没有从里到外横向切削或车刀安装时主偏角小于 90°，如图 4-16 所示。台阶端面不平也可能与刀架、车刀、滑板等发生移位有关。

2）台阶端面和外圆相交处不是清角，出现圆弧或小台阶，如图 4-17 所示。造成这种情况的主要原因是刀尖圆弧太大或刀尖磨损，也可能是车外圆或台阶时，没有车到根部。

3）台阶直角处车成凹形。造成这种情况的原因是当采用大于 90°主偏角的车刀车削时，中滑板没有从里向外的横向进给，如图 4-18 所示。

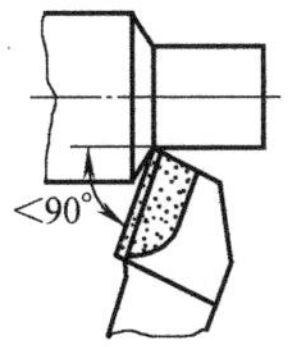

图 4-16　台阶平面车成凸形

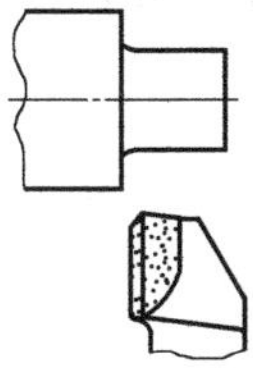

图 4-17　台阶平面和外圆相交处不是清角

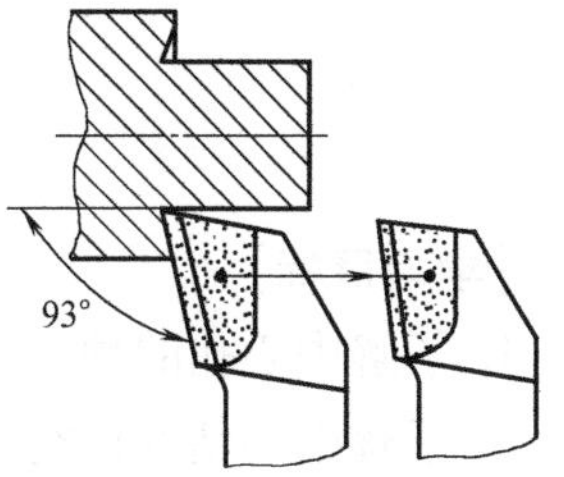

图 4-18　台阶面车成凹形

4）多台阶工件的长度测量不正确。避免这种情况应从一个基面量起，以防累积误差。

5）车削件表面粗糙度较差的原因是车刀磨损，不锋利；手动走刀不均匀或太快；自动走刀切削用量选择不当。

【技能训练】

车台阶工件，材料：45，如图 4-19 所示。

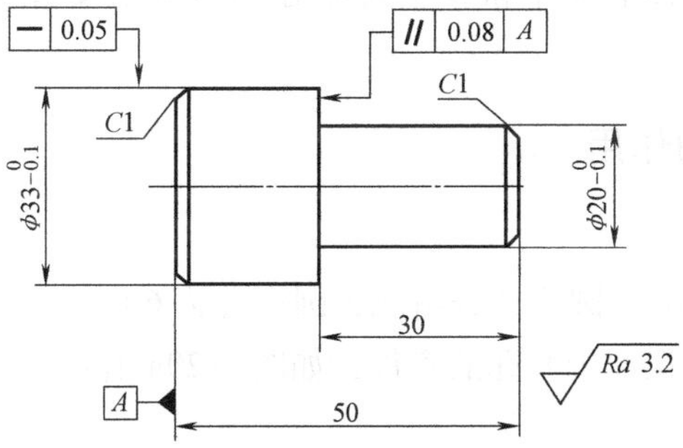

图 4-19　台阶工件

加工步骤：

1）用自定心卡盘夹住工件外圆长 15mm 左右。

2）粗车端面及外圆 ϕ33mm 和 ϕ20mm，长 30mm，留精车余量（单边：0.2mm）。

3）精车端面及外圆 $\phi 20^{\ 0}_{-0.1}$ mm，长 30mm 至尺寸，并在端面倒角 $C1$，表面粗糙度 $Ra3.2\mu m$。

4）调头垫铜皮夹持 ϕ20mm 外圆，找正卡爪处外圆和阶台及端面，粗、精车端面及外圆 $\phi 33^{\ 0}_{-0.1}$ mm 至尺寸，并控制平行度误差，使总长达到要求。表面粗糙度 $Ra3.2\mu m$。

5）倒角 $C1$。

6）检查直线度、平行度误差及尺寸，合格后取下工件。

【练习与思考】

1. 简述台阶的测量和控制方法。

2. 简述车台阶工件车刀的选择和装夹。

3. 简述车台阶时容易产生的问题和注意事项。

课题四　钻中心孔

【学习目标】

1. 了解中心孔的种类及其作用。

2. 了解中心钻的种类。

3. 掌握中心钻的装夹及其钻削方法。

4. 了解中心钻的折断原因和预防方法。

【相关知识】

在车削过程中，往往需要多次装夹才能完成车削工作的轴类工件有台阶轴、齿轮轴、丝杠等，为保证该类工件定心准确和便于装卸一般先在工件两端钻中心孔，采用两顶尖装夹。

一、中心孔的种类

国家标准 GB/T 145—2001 规定了中心孔的型式和尺寸，中心孔按型式可分为四种。A 型、B 型、C 型和 R 型。其中 A 型和 B 型为常用的中心孔；C 型为特殊中心孔，R 型为带圆弧形中心孔。

二、各类中心孔的作用

（一）A 型中心孔

A 型中心孔由圆柱部分和圆锥部分组成，圆锥孔为 60°。其一般适用于精度要求不高的零件、不需多次安装和不保留中心孔的零件，如图 4-20a 所示。

（二）B 型中心孔

B 型中心孔在 A 型中心孔的端部多一个 120° 的圆锥孔，目的是保护 60° 锥孔，不使其敲毛碰伤。其一般适用于精度要求较高、工序较多的轴类零件，及需多次安装的零件，如图 4-20b 所示。

（三）C 型中心孔

C 型中心孔的外端形似 B 型中心孔的外端，里端有一个内螺纹。其一般是需要把其他零件轴向固定在轴上或者对于重型轴类零件作吊运时使用，如图 4-20c 所示。

（四）R 型中心孔

R 型中心孔将 A 型中心孔的圆锥素线改为了圆弧线，以减少中心孔与顶尖的接触面积，使之与顶尖锥面的配合变成线接触。在轴类零件装夹时，R 型中心孔能自动纠正少量的位置偏差，减小摩擦力。其适用于定位精度要求高的轴类零件，如图 4-20d 所示。

以上四种中心孔内的圆柱部分作用是：储存油脂，保护顶尖，使顶尖与锥孔 60° 配合贴切。圆柱部分的直径，用于选取中心钻的公称尺寸。

三、中心钻

中心孔通常用中心钻钻出。为适应各种标准中心孔加工的需要，中心钻有三类：不带护锥中心钻（A 型）、带护锥中心钻（B 型）、弧形中心钻（R 型），如图 4-21 所示。制造中心钻的材料一般为高速钢。

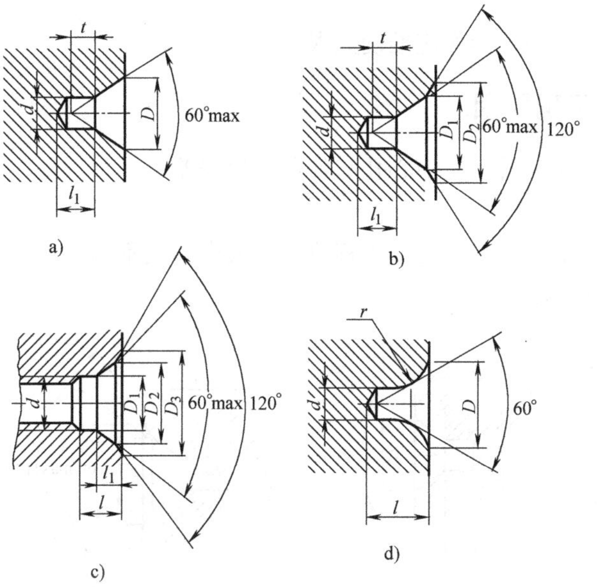

图 4-20 中心孔的类型

a）A 型 b）B 型 c）C 型 d）R 型

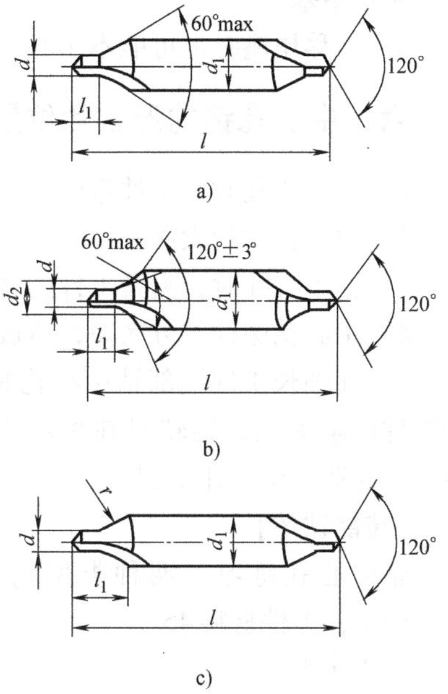

图 4-21 中心钻的三种类型

a）不带护锥中心钻（A 型） b）带护锥中心钻（B 型） c）弧形中心钻（R 型）

四、钻中心孔的方法

1）擦净钻夹头柄部和尾座锥孔，再将钻夹头用力插入尾座锥孔内。

2）中心钻在钻夹头上装夹时，用钻夹头扳手逆时针方向旋转钻夹头的外套，使钻夹头的三爪张开，把中心钻安装在钻夹头上，然后用钻夹头扳手以顺时针方向转动钻夹头的外套，把中心钻夹紧。

3）找正尾座中心，起动车床使工件旋转，推动尾座使中心钻接近工件端面，观察中心钻头部是否与工件旋转中心一致，并找正，然后紧固尾座。

4）转速的选择和钻削：由于中心孔直径小，钻削时应取较高的转速，进给量应小而均匀。当中心钻钻入工件时，加切削液，促使其钻削顺利。钻削完毕时，中心钻在孔内应稍作停留，然后再退出，这样可使中心孔表面质量好、形状精度高。

五、中心钻折断的原因及预防方法

1）工件端面中心处留有小凸头，使中心钻不能准确的定心，使中心钻偏斜而折断。钻中心孔前，必须保证端面车平。

2）中心钻轴线未对准工件旋转中心将使中心钻受到附加力而折断。钻孔前应严格找正中心钻的位置。

3）中心钻磨损后强行钻入工件时将使中心钻折断。中心钻磨损后应及时修磨或更换。

4）切削用量选择不当，转速太低，进给太大，会使中心钻折断。应选用较高的工件转速，手动进给时不应太快。

5）钻孔时，铁屑阻塞在中心孔内将挤断中心钻。应充分地浇注切削液，及时清除切屑，防止堵塞。

6）推移尾座时也可能不小心撞断中心钻。操作应准确无误。

六、中心孔钻的形状和位置不正确原因。

1）钻中心孔时，工件弯曲未找正，加工后，使中心孔与外圆产生偏差。

2）中心孔钻的太深。

3）钻中心孔时，夹紧工件的紧固力不足，工件发生了移位，造成中心孔不圆。

4）中心钻圆柱部分太短，造成圆柱孔浅。

5）在细长工件端部钻中心孔时，由于工件伸出太长，旋转时在离心力的作用下，易造成中心孔不圆。

【技能训练】

钻中心孔练习（两种类型），如图4-22所示，工件材料45。

加工步骤：

1）用自定心卡盘夹住外圆，伸出工件长40mm左右，并找正夹紧。

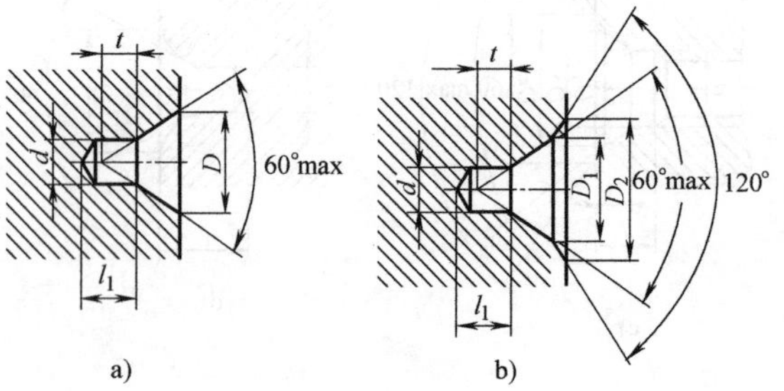

图4-22　钻中心孔

a）A型　b）B型

2）车平端面后，再钻中心孔。

3）以车出的端面为基准，用钢直尺、卡钳或划针在工件上刻线痕取总长。

4）以划线为基准，车平另一端面，车总长至尺寸，并钻另一中心孔。

【练习与思考】

1. 简述各类中心孔的作用与适用范围。
2. 简述中心钻折断的原因及预防方法。
3. 简述钻中心孔的方法。

课题五　用两顶尖装夹车削轴类零件

【学习目标】

1. 了解顶尖的种类、作用。
2. 了解鸡心夹头、对分夹头的使用知识。
3. 掌握使用两顶尖装夹加工轴类零件的方法。
4. 了解使用两顶尖装夹车外圆时容易产生的问题及原因。

【相关知识】

对于加工较长或必须经过多次装夹才能加工好的轴类零件，或当车削后还要进行磨削和铣削的工件，为了保证维持装夹时的精度，可用两顶尖装夹工件。车削工件时使用两顶尖装夹，其优点是定心正确可靠，安装方便，装夹精度高，是在车工加工中，广泛采用的方法之一。用两顶尖装夹工件，必须在工件两端面钻出中心孔，然后把工件安装在前、后顶尖上。

一、顶尖

顶尖的作用是定中心、承受工件的重量和切削时的切削力。顶尖分前顶尖和后顶尖两类。

（一）前顶尖

前顶尖随同工件一起旋转，与中心孔无相对运动，因而不产生摩擦。前顶尖的类型有两种，一种是插入主轴锥孔内的前顶尖，如图 4-23a 所示。使用时需卸下卡盘，换上拨盘来带动工件旋转，这种顶尖安装牢靠，适宜于批量生产。拆下顶尖时，可用一根棒料从主轴孔后稍用力顶出，每次安装前必须把主轴孔和顶尖锥柄擦拭干净。另一种是夹在卡盘上的前顶尖，如图 4-23b 所示，用一般钢棒料，一端车一个台阶与卡爪平面贴平夹紧，一端车 60°作顶尖来代替前顶尖。这种顶尖拆下后，再使用时必须将锥面重车一刀，以保证 60°圆锥轴线与主轴旋转轴线同轴。其优点是制造安装方便，定心准确，缺点是顶尖硬度不够，容易磨损，车削过程中如受冲击，易发生移位，适宜于小批量生产。

（二）后顶尖

插入尾座套筒锥孔中的顶尖叫后顶尖。后顶尖又分固定顶尖和回转顶尖两种。

1. 固定顶尖

固定顶尖刚性好、定心准确，切削时不易产生振动。使用时固定顶尖不转动，中心孔与顶尖因滑动摩擦而容易产生磨损或冷焊现象，易发生高热，常会把中心孔或顶尖烧坏，如图 4-24a 所示。目前固定顶尖大多是镶硬质合金制作的。这种顶尖在高速旋转下不易损坏，但摩擦后产生高热的情况仍然存在，会使工件发生热变形，如图 4-24b 所示。使用固定顶尖时，需在中心孔内加润滑脂，一般适宜于低速车削精度高的工件。

2. 回转顶尖

回转顶尖内部装有轴承，是与工件中心孔一起转动的，所以减小了后顶尖与工件之间的摩擦，目前大多采用回转顶尖支顶，如图 4-24c 所示。回转顶尖以回转顶尖内部的滚动摩擦代替了顶尖与工件中心孔的滑动摩擦。这样既能在很高的转速下正常工作，又可消除滑动摩擦产生的高热，是目前比较理想的顶尖。其缺点是定心精度和刚性稍差，当滚动轴承磨损后，会使顶尖产生径向圆跳动，从而影响被加工工件的精度，因此回转顶尖适于加工精度要求一般的工件。

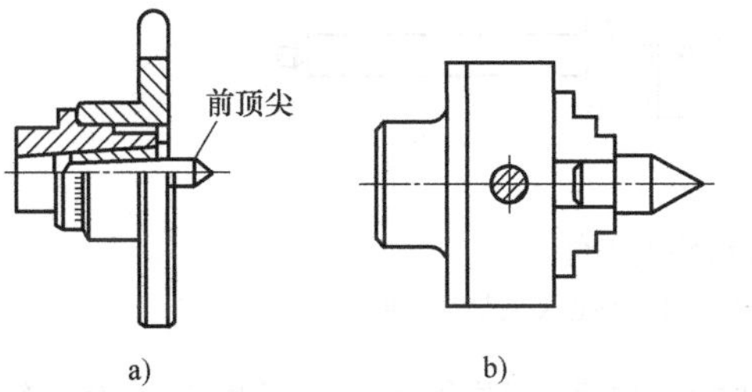

图 4-23　前顶尖

a）专用前顶尖　b）车出 60°顶尖代替前顶尖

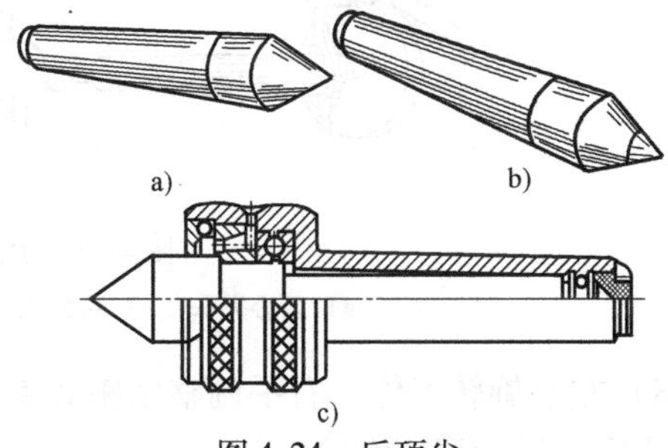

图 4-24　后顶尖

a）普通固定顶尖　b）硬质合金固定顶尖　c）回转顶尖

二、两顶尖装夹工件与车削

1）前顶尖安装在一个专用锥套内，再将锥套插入车床主轴锥孔中，安装前必须把主轴孔和顶尖锥柄擦拭干净。

2）后顶尖安装前应先擦净顶尖锥柄和尾座锥孔，然后用进给力把顶尖装紧，接着向床头方向移动尾座，前、后顶尖对中心，如图4-25所示。

3）移动小滑板，使小滑板上下导轨齐平，以防止车削时鸡心夹头与小滑板导轨碰撞。

4）根据工件长度，调整尾座距离，套筒尽可能伸出短些，接近工件长度距离时，紧固尾座。

5）按工件直径选用夹头，夹头分为对分夹头和鸡心夹头，如图4-26所示。

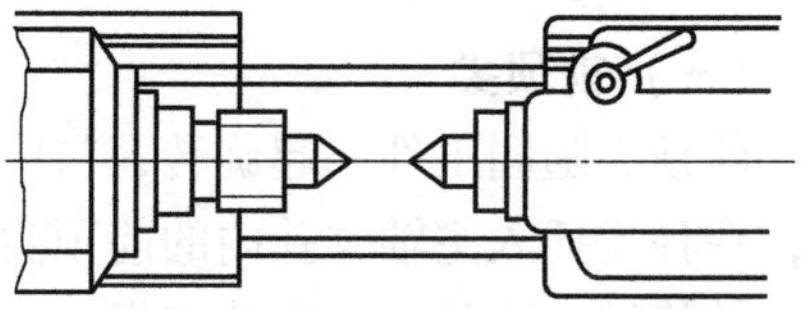

图4-25　尾座与主轴对中心

6）在工件一端外圆上，装上合适的鸡心夹头，并用手将固定螺钉拧紧。如果后顶尖用固定顶尖，应在中心孔内加润滑脂。将有鸡心夹头的一端装在前顶尖上，左手握稳工件尾端，右手旋转尾座手轮，当工件中心孔与后顶尖靠近时，要使工件中心孔对准后顶尖后再摇动手轮，使顶尖进入中心孔将工件顶住，如图4-27所示。因两顶尖对工件只起定心和支承作用，必须通过对分夹头或鸡心夹头的拨杆来带动工件旋转。

7）移动床鞍，使车刀刀尖离工件端面约10mm左右，如果中滑板碰到尾座，则应松开尾座，重新调整套筒的伸出长度。

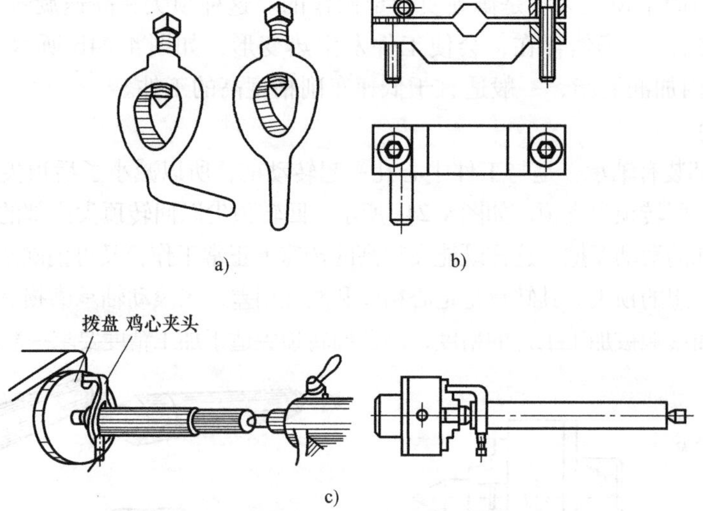

图4-26　用鸡心夹头装夹工件

a）鸡心夹头　b）对分夹头　c）用拨盘和鸡心夹头带动工件

8）左手旋转工件，右手调整尾座套筒，工件的顶紧程度要合适，松紧程度以没有轴向窜动为宜，锁紧尾座套筒。

9）紧固鸡心夹头的固定螺钉，如果装夹的是已加工过的圆柱面，要在工件与螺钉之间垫上铜片来防止夹伤工件表面。

10）粗车外圆、测量并逐步找正外圆锥度。两顶尖装夹车削时，如后顶尖不在主轴中心线上，会使车出的工件外圆产生锥度，如图4-28所示，因此在车削之前必须找正尾座的中心位置。粗车外圆，测量两端工件直径来调整尾座的横向偏移量。如果工件右端的直径大，左端的直径小，尾座的调整，应向操作者方向移动。如果工件右端的直径小，左端的直径大，尾座的移动方向则与之相反。

找正尾座中心常用的两种方法：一是车两端外圆找正法，如图4-29所示；二是用试棒、百分表找正法，如图4-30所示。车两端外圆找正法是先将工件中间车凹，当然中间车凹处的外径不能小于图样要求。车削两端外圆，可以使用外径千分尺测量，并逐步测量找正。

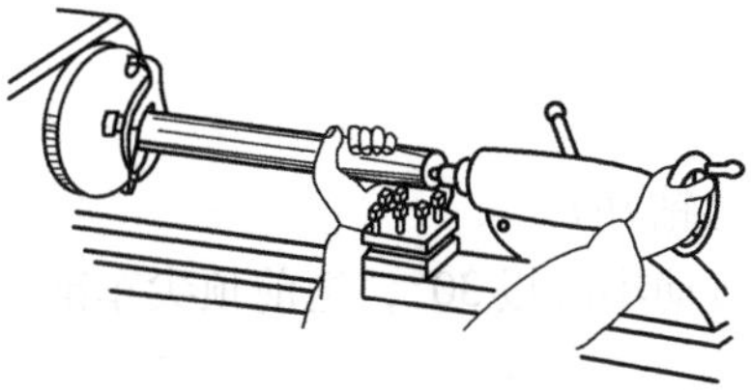

图4-27　工件在两顶尖上安装

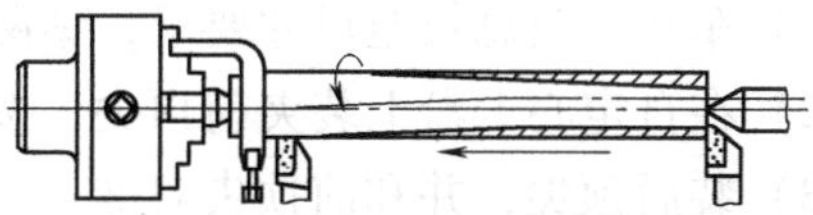

图4-28　后顶尖不在主轴轴线上

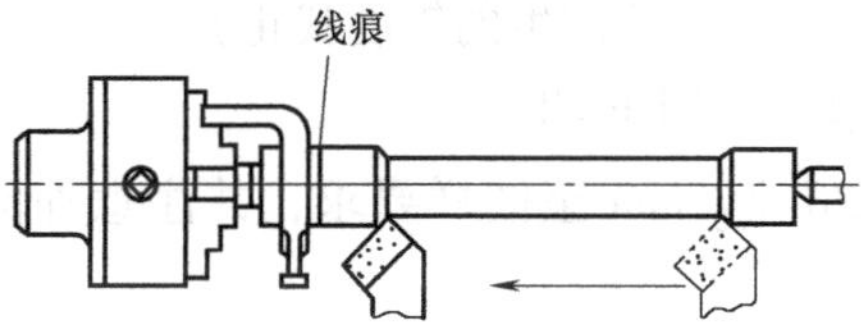

图4-29　车两端外圆来找正尾座中心

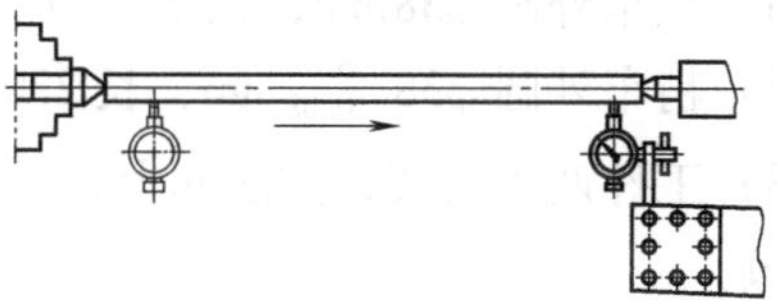

图4-30　用试棒和百分表找正尾座中心

三、两顶尖车外圆时容易产生的问题和原因

1）车出的外圆呈圆锥体是因为前顶尖的轴线没有与主轴轴线重合。

2）在车削过程中，工件产生振动是因为切削时的刚性不足，尾座套筒伸出过长；在切削过程中，工件在两顶尖间太松，应及时加以调整；车刀的磨损以及刀尖圆弧过大；回转顶尖的轴承间隙过大或中、小滑板的间隙太大。

3）接头不平整是因为对分夹头的拨杆与卡盘平面碰撞而破坏了顶尖的定心作用；工件在顶尖上安装时，中心孔不清洁或碰伤；前顶尖跳动或回转顶尖的轴承磨损而产生圆跳动；接头外圆尺寸车小了。

4）中心孔严重磨损或咬毛是因为固定顶尖支顶太紧，工件发热，变形，烧坏顶尖和中心孔；鸡心夹头或对分夹头没有牢靠地夹住工件，切削时发生移动、打滑、工件停止转动。

5）切削前，床鞍应左右移动全行程，观察床鞍有无碰撞现象。注意安全，防止衣袖、切屑被对分夹头或鸡心夹头卷入伤人。应及时使用专用铁屑勾清除铁屑。

【技能训练】

用双顶尖装夹车光轴，材料：45，直径 D 为38mm，如图4-31所示。

加工步骤：

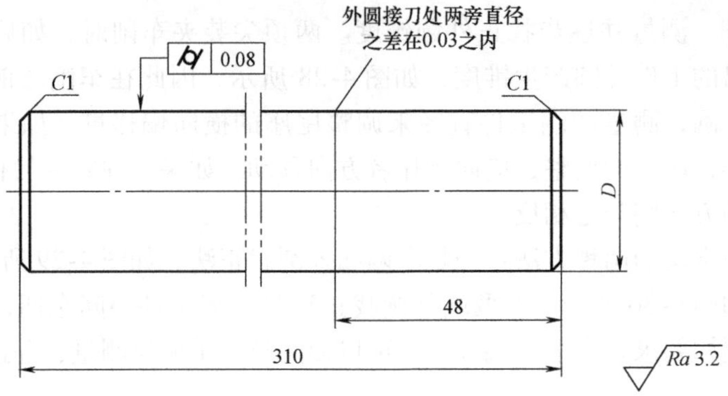

图 4-31　使用双顶尖装夹车光轴

1）车端面及总长至尺寸要求，钻两头中心孔（已钻好）。

2）在自定心卡盘上装夹前顶尖，按逆时针方向转动小滑板 30°，把前顶尖车准。

3）装后顶尖，并和前顶尖对准。

4）根据工件长度，调整尾座距离、并紧固。

5）在两顶尖上安装工件，并把尾座套筒锁紧。

6）粗车外圆 ϕ38mm，长 280mm（留精车余量，并把工件产生的锥度找正）。

7）精车外圆 $\phi 38_{-0.08}^{\ 0}$mm，长 280mm 至图样要求，并倒角 $C1$。

8）工件调头安装，方法同上，粗、精车外圆 $\phi 38_{-0.08}^{\ 0}$ mm 至图样要求，并注意外圆接刀痕迹。

9）倒角 $C1$。

10）检查、取下工件。

【练习与思考】

1. 前后顶尖的优缺点有哪些。

2. 简述用两顶尖装夹车削，其工件的安装和车削方法。

3. 简述用两顶尖装夹车削轴类零件容易产生的问题和原因。

课题六　用一夹一顶车削轴类零件

【学习目标】

1. 掌握一夹一顶装夹工件和车削工件。

2. 掌握中心架和跟刀架的应用。

【相关知识】

一、一夹一顶装夹轴类工件

用两顶尖装夹来车削轴类工件的优点很多，但其刚性较差，装夹时的稳定性不够，不能进行大力切削，因此通常选用一夹一顶的安装方法。一夹一顶装夹轴类工件是车削加工中常用的方法之一，其特点是装夹刚性好，但同轴度有一定的误差，常用于轴类工件的粗加工或半精加工，如图 4-32 所示。

轴类工件在车床上采用一夹一顶的装夹方式是指用卡盘装夹工件的一端外圆表面，用尾座顶尖顶紧另一端的中心孔。为了防止工件轴向窜动，通常在卡盘内装一个轴向限位支承，如图 4-33a 所示；或在工件的被夹部位车一个 10 ~ 15mm 长的台阶，作为轴向限位支承，如图 4-33b 所示。其装夹方法比较安全、可靠，能承受较大的轴向切削力。但这种方法的缺点是对于有相互位置精度要求的工件，调头车削时找正比较困难。

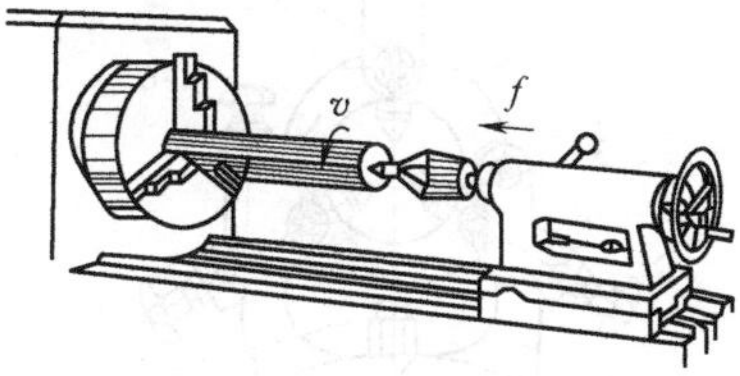

图 4-32　车床上采用一夹一顶装夹轴类工件

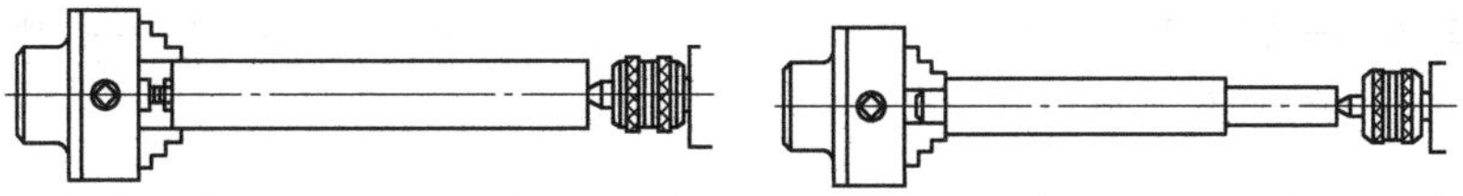

图 4-33　一夹一顶装夹工件

a）用专用限位支承限位　b）用工件台阶限位

装夹时顶尖不能过紧或过松，要求开动车床转动工件时，回转顶尖随之一起转动，用右手拇指和食指捏住回转顶尖转动部分，如图 4-34 所示，顶尖缓慢停止转动，再松开两手指，顶尖恢复转动，这说明顶尖顶的松紧合适。当顶尖采用固定顶尖时，在调整顶尖顶力时，可用手握住被安装轴来回转动，根据转动松紧来判断其顶力大小。

二、中心架和跟刀架的应用

（一）中心架的应用

1）车削长轴时，把中心架直接安放在工件中间，可以提高轴的刚性，如图 4-35 所示。中心架安装在工件上之前，必须在毛坯中间车一段安放中心架支撑爪的沟槽，沟槽的直径比工件最后直径略大些，留下精车余量，沟槽的宽度比支撑爪宽些。在调整中心架上三个支撑爪中心位置时，应先调整下面两个爪，调整好后，把盖子盖好并固定好，再来调整上面一个爪，如图 4-36 所示。在车削过程中，支撑爪与工件接触的地方要经常的加润滑油，注意松紧，防止工件摩擦发热与拉毛。使用中心架车削中段不需要加工的长轴类工件时，不宜车沟槽。毛坯表面不规则的工件加工，可采用调整套筒与中心架配合使用，如图 4-37 所示。

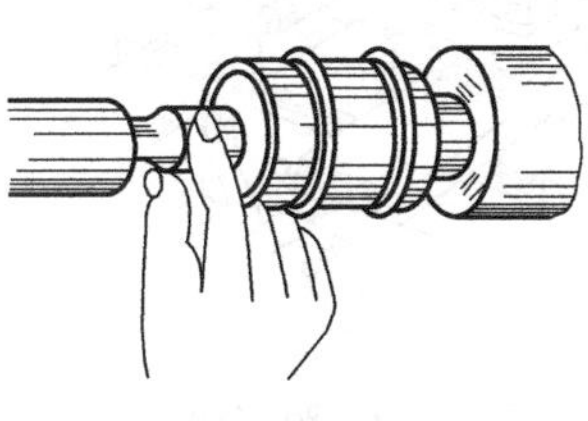
图 4-34　判断回转顶尖顶力大小

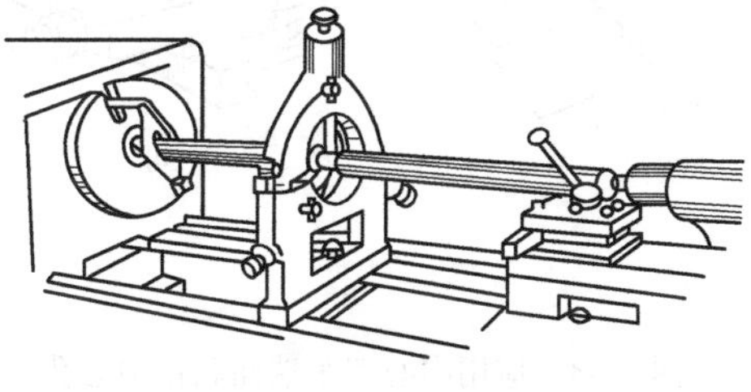
图 4-35　用中心架车长轴

2）车端面和钻中心孔的装夹形式如图 4-38 所示。对于细长轴来说，用卡盘夹住，在车床上车端面和钻中心孔是达不到精度要求的，必须用尾端架中心架的方法。在调整三个支

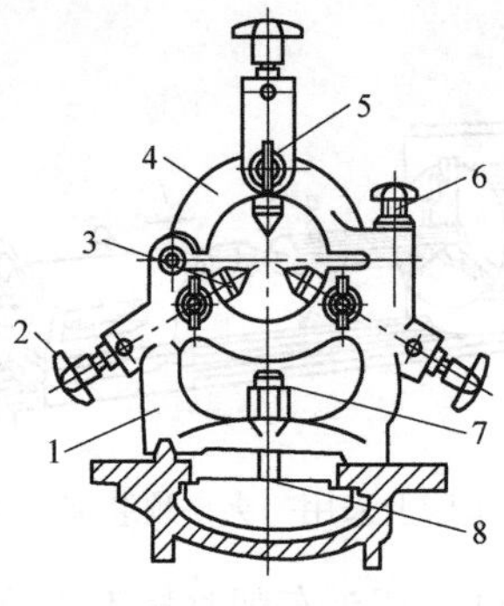

图 4-36　中心架

1—主体　2、6、7—螺母　3—支撑爪
4—上盖　5—螺钉　8—压板

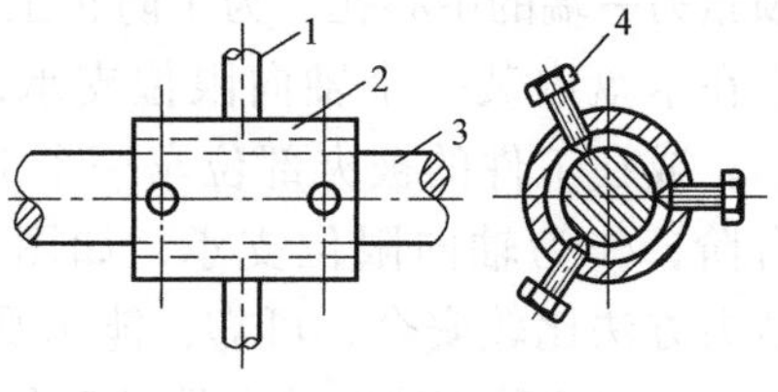

图 4-37　调整套筒

1—中心架　2—调整套筒　3—工件　4—调整螺钉

撑爪之前，应先把工件的旋转轴线校正到与车床主轴旋转轴线一致，不然在车端面或钻中心孔时，会发生中心钻折断等情况，严重时工件会从卡盘上脱落下来。

3）车孔或钻孔，车削较长套类工件的内孔或螺纹时也普遍使用中心架。

（二）跟刀架的应用

跟刀架固定在车床大滑板上，如图 4-39 所示，跟着车刀一起移动，有两爪和三爪之分，常见的有两个支撑爪，另一个支撑爪被车刀所代替。使用跟刀架是为了防止由于径向切削力使工件弯曲变形。跟刀架主要用来车削不允许接刀的细长工件。使用跟刀架时，先要在工件的端部车一段安装跟刀架卡爪的外圆。调整跟刀架卡爪的压力时，接触工件表面的松紧要适当，避免车削时产生振动，以免使工件车成螺纹、竹节等形状。

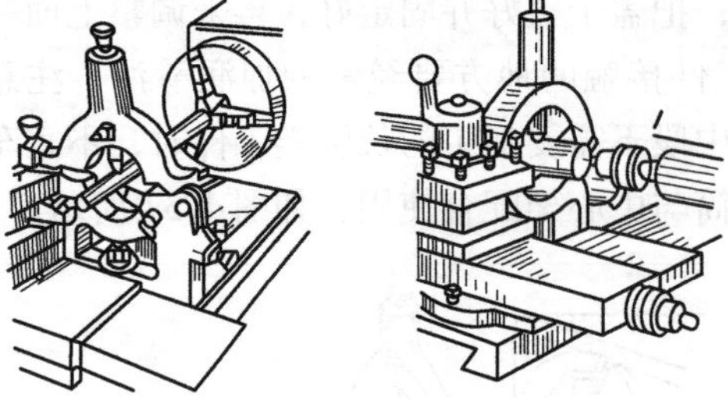

图 4-38　应用中心架车端面和钻中心孔

a）应用中心架车端面　b）应用中心架钻中心孔

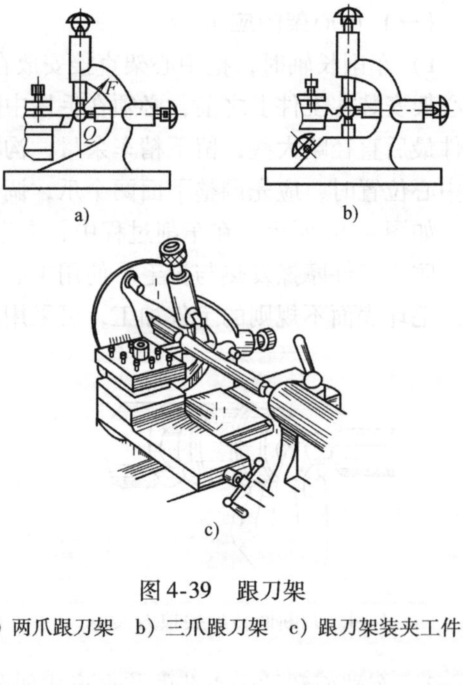

图 4-39　跟刀架

a）两爪跟刀架　b）三爪跟刀架　c）跟刀架装夹工件

【技能训练】

用一夹一顶装夹车光轴，材料：45，如图 4-40 所示。

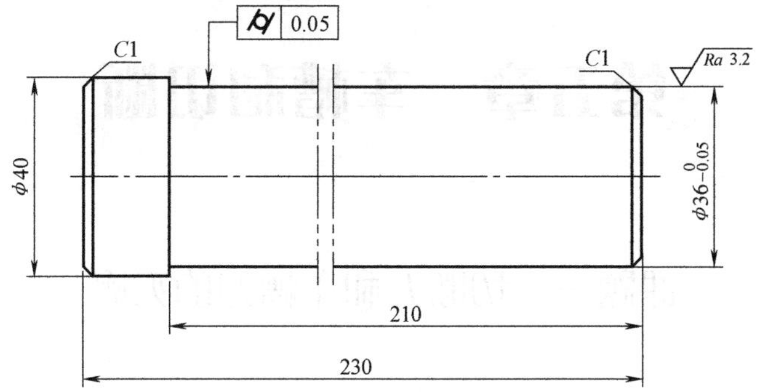

图 4-40　一夹一顶车光轴

加工步骤：

1）车平面和钻中心孔（已完成）。

2）用自定心卡盘夹住毛坯一端外圆长 10mm 左右，另一端中心孔用顶尖支顶。

3）粗车外圆 ϕ36mm 长 220mm（留精车余量并把产生的锥度找正）。

4）精车外圆 $\phi 36\,_{-0.05}^{\ 0}$mm 长 220mm 至尺寸要求，并倒角 $C1$。

5）检查质量合格后取下工件。

【练习与思考】

1. 简述中心架和跟刀架的应用。

2. 简述一夹一顶车削轴类零件容易产生的问题。

3. 比较用两顶尖装夹和用一夹一顶装夹的优缺点。

第五章　车槽和切断

课题一　切断刀和车槽刀的刃磨

【学习目标】

1. 了解切断刀的种类和选用。
2. 了解切断刀的角度、长度和宽度的选择。
3. 掌握切断刀和车槽刀的刃磨方法。

【相关知识】

在切削加工中，当零件的毛坯是整根棒料而且很长时，需要将其切断，然后进行车削；或者是在车削完毕后将工件从原料上切下来，这样的加工方法叫做切断。

在工件的外圆面上或端面上切出各种形状的沟槽称为车外沟槽。

直形车槽刀和切断刀的几何形状基本相似，刃磨方法也基本相同，只是刀头部分的宽度和长度有些区别，有时也通用。切断刀和车槽刀的刃磨要比外圆车刀的刃磨难度大一些。

一、切断刀的种类及选用

常用的切断刀有高速钢切断刀、硬质合金切断刀和弹性切断刀，如图 5-1 所示。切断直径较小的工件一般选用高速钢切断刀或弹性切断刀，硬质合金切断刀适用于切割直径较大工件或进行高速的切削。

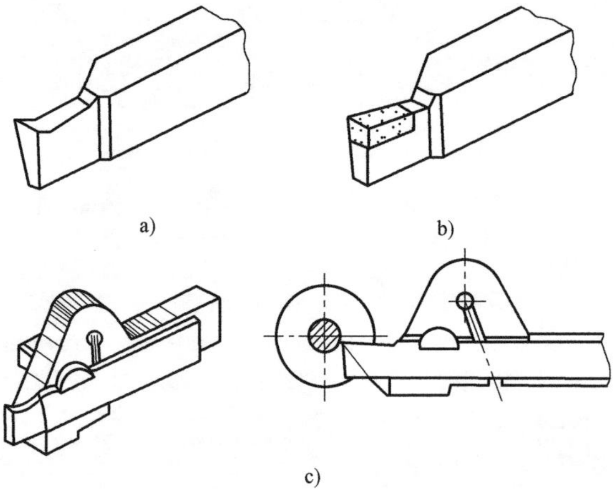

图 5-1　切断刀

a）高速钢切断刀　b）硬质合金切断刀　c）弹性切断刀

二、切断刀的几何角度

（一）高速钢切断刀的几何角度

切断刀的前角、主后角、两个副后角、主偏角和两个副偏角，如图 5-2 所示。

（二）切断刀和车槽刀的长度和宽度的选择

主切削刃宽度与被切直径大小有关，切断刀刀头宽度的经验计算公式如下：

$$a \approx 0.5 \sim 0.6\sqrt{D}$$

式中　a——主切削刃宽度，mm；

D——被切断工件的直径，mm。

切断刀的刀头窄而长，刚性就较差，加工过程中容易被折断。在选择切断刀宽度时，在材料长度余量允许的情况下，一般尽可能取大值。

切断刀的刀头的长度与切入的深度有关。对于实心棒料工件，切断刀的切入深度等于工件半径。对于空心棒料工件，切断刀的切入深度等于内、外直径之差的 1/2。切刀的刀头长度应大于切入深度，如图 5-3 所示。

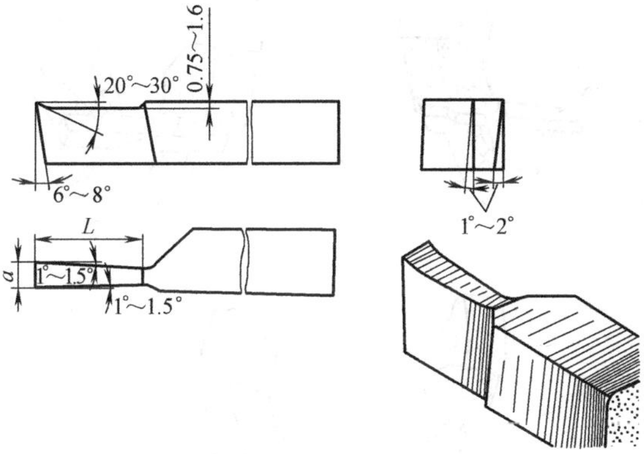

图 5-2　高速钢切断刀

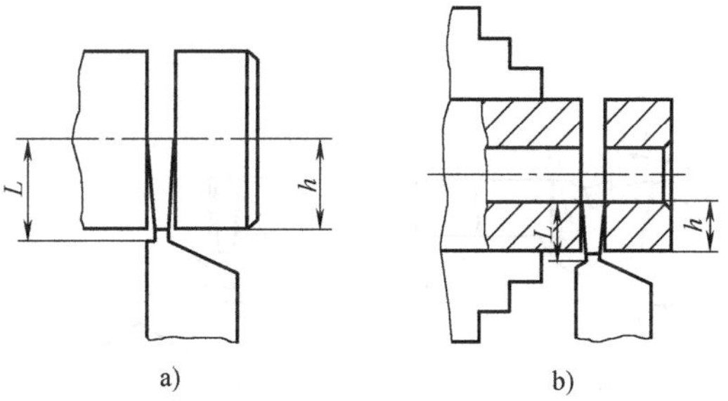

图 5-3　切断刀的刀头长度

a）切实心工件　b）切空心工件

刀头部分的长度 L 可用下式计算：

$$L = h + (2 \sim 3)\,\text{mm}$$

式中　L——刀头长度，mm；

h——切入深度，mm。

（1）切断实心材料时，$L = D/2 + (2 \sim 3)$ mm。

（2）切断空心材料时，L = 内、外直径之差的 $1/2 + (2 \sim 3)$ mm。

（3）车槽刀的长度 L 为槽深 $+ (2 \sim 3)$ mm。刀宽根据需要进行刃磨。

三、硬质合金切断刀

为了增加刀尖的强度，且使排屑顺利，可将主切削刃磨成人字形，其主切削刃的宽度不能太宽，如图 5-4 所示。

四、高速钢切断刀的刃磨方法

刃磨左侧副后面：两手握刀，车刀前面向上，车刀与外圆水平方向倾斜1°～1.5°，磨出副偏角，垂直方向倾斜1°～2°，磨出副后角，如图5-5a所示。刃磨时前后来回移动，移动量即为刀头的长度L。切断刀的刀头要求偏向刀柄左边，所以左侧面以磨出为准，多余余量均在右侧磨去。

刃磨右侧副后面：两手握刀，车刀前面向上，按相应的角度和长度要求刃磨，如图5-5b所示。刃磨完成后用直角尺检查副后角和副偏角，如图5-6所示。

刃磨主后面：主切削刃与砂轮外圆平行，刀体与砂轮倾斜6°～8°，左、右慢慢来回移动，磨出主后角如图5-5c所示。将车刀放在平板上，用样板检查角度是否正确，如图5-7所示。

刃磨前面：车刀前面对着砂轮磨削表面，使车刀前刀面与砂轮水平倾斜20°～30°，磨出前角，然后前后平行移动，磨出0.75～1mm平面，使之与斜面相接，如图5-5d所示。

精磨主后面和过渡切削刃：在两刀尖处各磨0.2～0.3mm长的过渡切削刃。

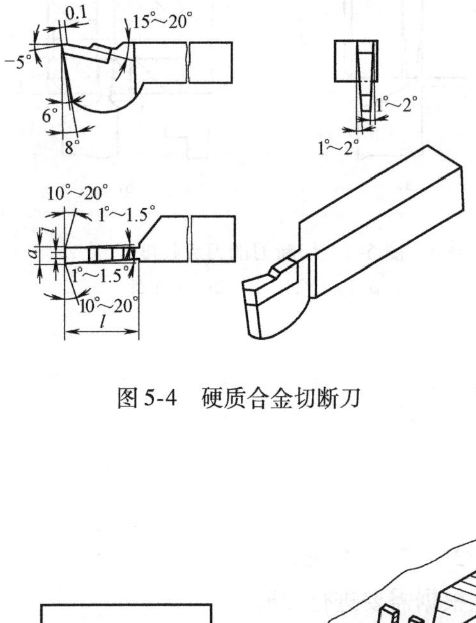

图5-4　硬质合金切断刀

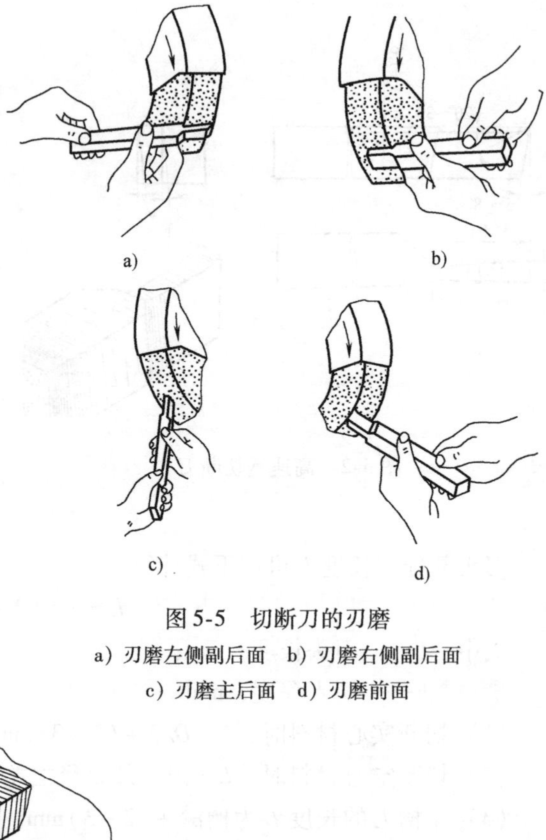

图5-5　切断刀的刃磨

a）刃磨左侧副后面　b）刃磨右侧副后面

c）刃磨主后面　d）刃磨前面

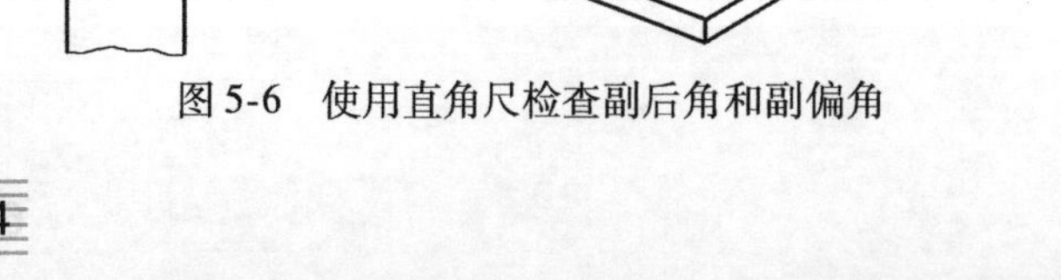

图5-6　使用直角尺检查副后角和副偏角

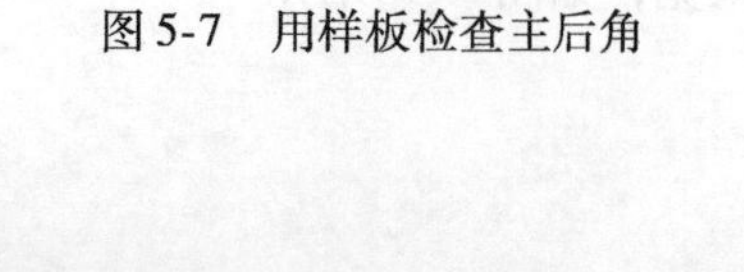

图5-7　用样板检查主后角

五、刃磨高速钢切断刀的注意事项

1）高速钢车刀刃磨时，要不断加水冷却，以防刀头退火。硬质合金刀刃磨时不能在水中冷却，以防刀片碎裂。

2）切断刀的卷屑槽不能磨得太深，一般为0.75～1.5mm，如图5-8a所示。如果卷屑槽刃磨得太深，刀头强度会较差，容易发生崩碎和折断，如图5-8b所示。同时，也不能把前面磨低或磨成台阶形，如图5-8c所示，这样会使切削不顺利、排屑困难、切削负荷增大，刀头容易损坏。

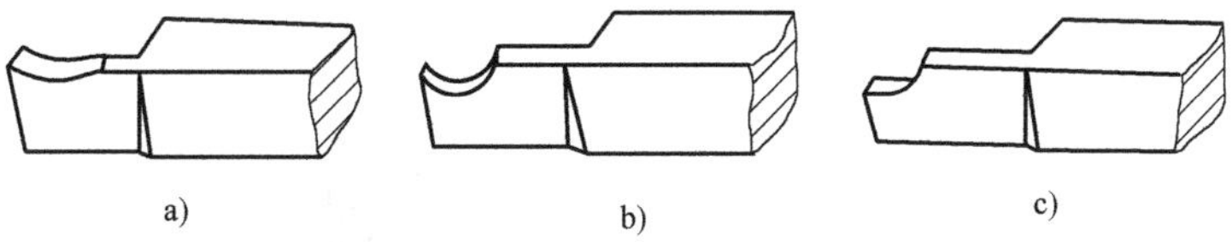

图5-8　卷屑槽的正确与错误示意图

a）正确　b）错误　c）错误

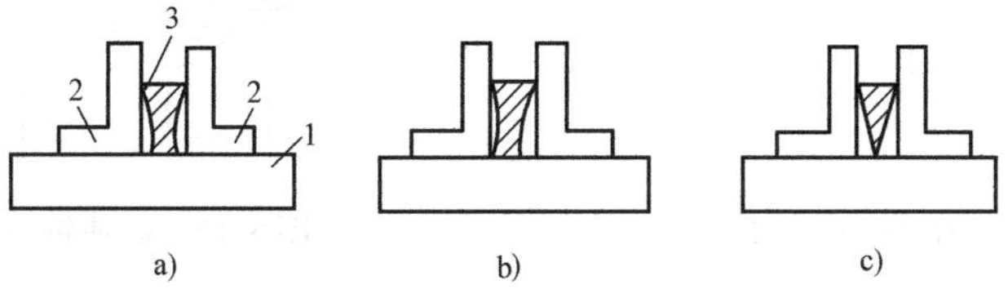

图5-9　直角尺检查切断刀的副后角

a）正确　b）错误　c）错误

1—平板　2—直角尺　3—切断刀

3）刃磨切断刀和车槽刀的两侧副后角时，以车刀的底面为基准，用钢直尺或直角尺检查，如图5-9a所示。如图5-9b所示，副后角一侧有负值，切断时会与工件侧面发生摩擦。如图5-9c所示，两侧副后角的角度太大，刀头强度很差，切削时容易崩碎和折断。

4）刃磨切断刀和车槽刀的副偏角时，要防止下列情况产生：如图5-10a所示，副偏角太大，刀头刚性降低、强度变差，容易发生折断；如图5-10b所示，副偏角为负值，不能用直进法切削，造成前窄后宽；如图5-10c所示，副切削刃不平直，会造成三面切削，很难切入，同时会引起振动，造成扎刀或刀头折断；如图5-10d所示，车刀左侧磨去太多，不能在靠近卡盘的最近处切断；如图5-10e所示，副偏角刃磨不正确，造成主切削刃与进给方向不垂直，在刀头刚性较差的情况下，使切断面产生凹凸不平。

5）硬质合金切断车刀刃磨时，不能用力过猛，避免刀片烧结处产生高热脱焊，使刀片脱落。

6）刃磨切断刀时，通常以左侧副后面磨出为准，刀宽的余量应放在车刀右侧磨去，主切削刃宽度应比计算宽度宽

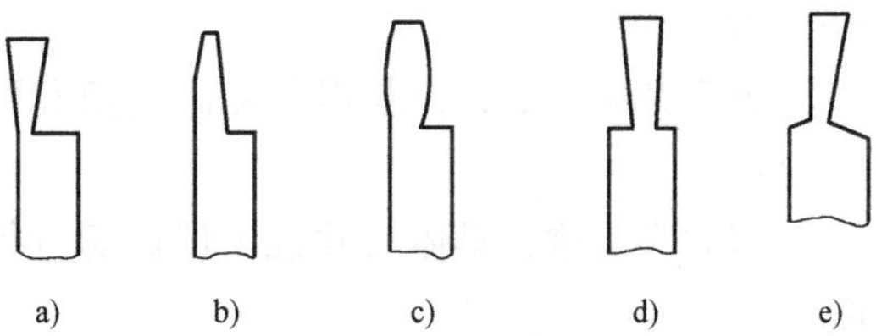

a)　b)　c)　d)　e)

图5-10　切断刀副偏角的几种错误磨法

0.5mm，因为两刀尖处磨过渡刃后会使主切削刃长度减短。

7）主切削刃与两侧副切削刃之间应对称和平直。

8）在刃磨切断刀副切削刃时，刀侧与砂轮表面的接触点应放在砂轮的边缘处，仔细观察和修整副切削刃，使其平直。

9）小圆头车刀刃磨和直形车槽刀相似，只是在刃磨主切削刃圆弧时有区别。刃磨其圆头的方法是：以左手握车刀前端为支点，用右手转动车刀尾，如图5-11所示。

【技能训练】

一、高速钢切断刀几何参数及刃磨训练，如图5-12所示。

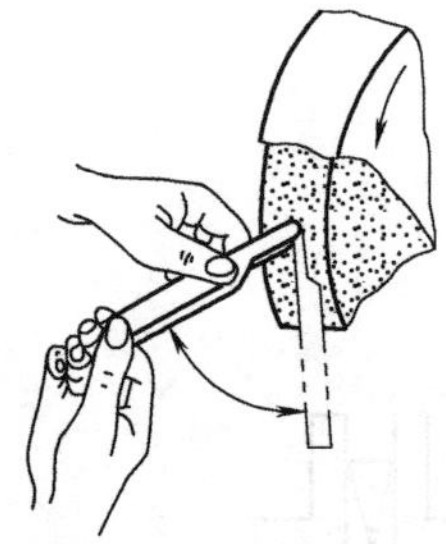

图5-11　圆头车刀刃磨示意图

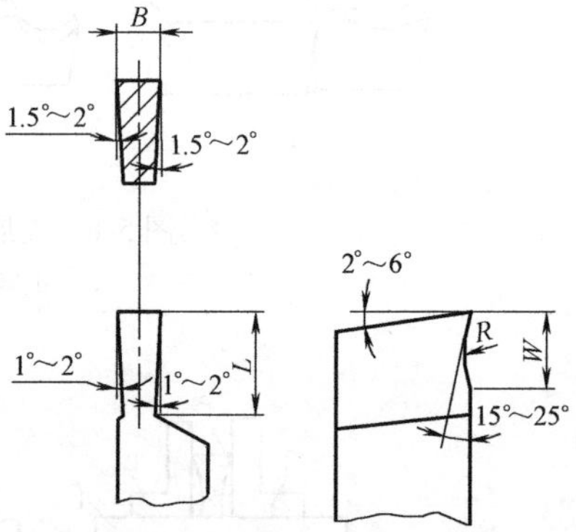

图5-12　高速钢切断刀刃磨

刃磨要求及步骤：

1）刃磨主后面，达到主切削刃平直，后角通常取 $\alpha_o=2°\sim6°$。

2）刃磨两副后面，以获得两侧副偏角和两侧副后角，高速钢的副后角通常取 $\alpha_o'=1°30'\sim2°$；硬质合金的副后角通常取 $\alpha_o'=2°30'\sim3°30'$。高速钢的副偏角通常取 $\kappa_r'=1°\sim2°$；硬质合金的副偏角通常取 $\kappa_r'=1°30'\sim3°$。

3）保证刀头宽度 $B\approx0.6\sqrt{D}$mm 和刀体长度 $L=h+2\sim3$mm。

4）刃磨卷屑槽，圆弧半径 R 和卷屑槽宽度 B 的具体尺寸视被切工件直径而定。

5）为防止切断的工件端面留下小凸台，可把主切削刃磨成左低右高的形状。

二、高速钢圆弧沟槽车刀几何参数及刃磨训练，如图5-13所示。

刃磨步骤（前三个刃磨步骤与刃磨切断刀相同）：

1）刃磨主后面，达到后角要求，后角可取 $\alpha_o=6°\sim8°$。

2）刃磨两副后面，以获得两侧副偏角和两侧副后角。

3）刃磨卷屑槽，具体尺寸视工件被切直径而定。

4）刃磨圆弧形状切削刃，注意圆弧对称。

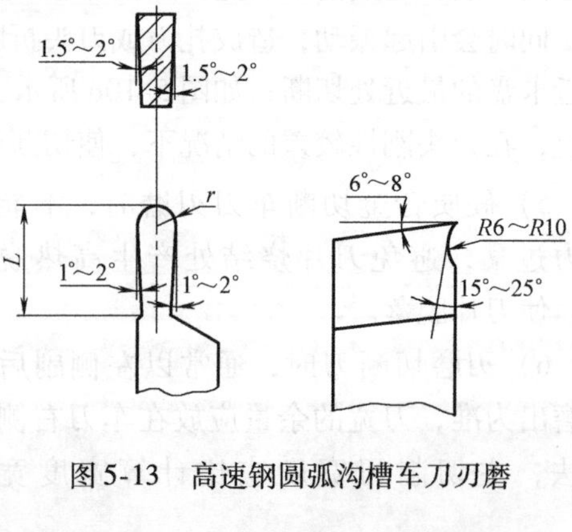

图5-13　高速钢圆弧沟槽车刀刃磨

【练习与思考】

1. 简述切断刀的刃磨方法。

2. 切断刀的卷屑槽刃磨太深会产生什么问题?

3. 刃磨切断刀的副偏角时要防止什么情况产生?

课题二　车矩形槽和圆弧形槽

【学习目标】

1. 了解沟槽的种类和作用。

2. 掌握矩形槽和圆弧形槽的车削方法。

3. 了解车削沟槽时注意事项。

【相关知识】

用车削的方法在工件上车各种形状的槽称为车沟槽。工件外圆平面上的沟槽叫外沟槽，工件内孔中的沟槽叫内沟槽。

一、沟槽的种类和作用

沟槽的形状和种类较多，常见的外沟槽有外圆沟槽、45°外斜沟槽和平面沟槽，如图5-14所示。沟槽的形状有矩形槽、圆弧形槽、梯形槽等，如图5-15所示。矩形槽的作用通常是使所装配的零件有正确的轴向位置，在磨削、车螺纹、插齿等加工过程中便于退刀。

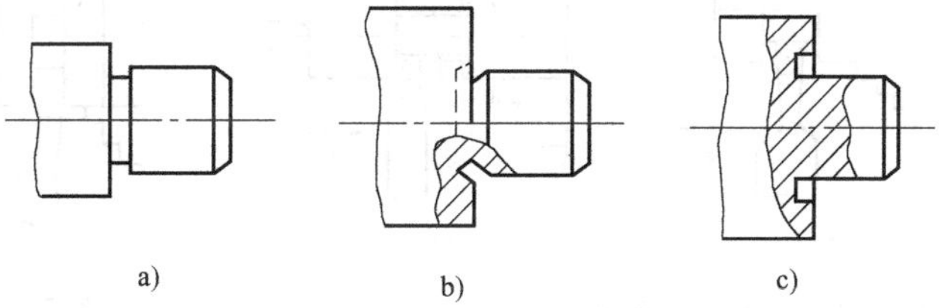

a)　b)　c)

图5-14　常见的外沟槽

a）外圆沟槽　b）45°外斜沟槽　c）平面沟槽

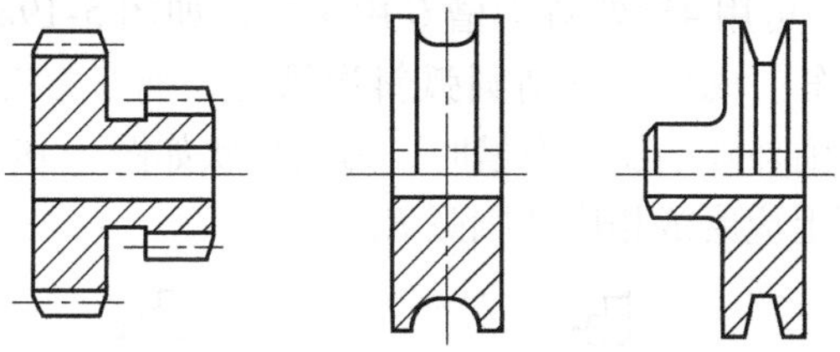

a)　b)　c)

图5-15　沟槽的形状

a）矩形槽　b）圆弧形槽　c）梯形槽

二、车槽刀的装夹与车槽方法

车槽刀装夹是否正确，对车槽的质量有直接影响。如矩形槽车刀的装夹，要求垂直于工件轴心线，如图5-16所示，否则车出的槽壁会不平直。装夹车刀时，可用直角尺检查车槽刀的副偏角。

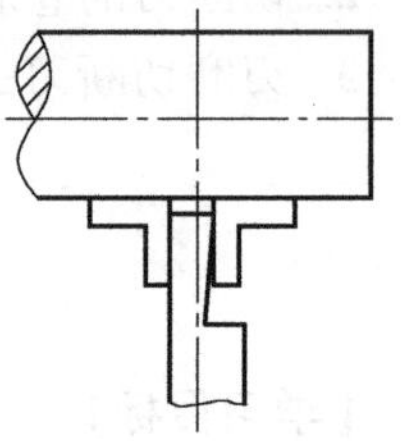

图5-16 用直角尺检查车槽刀装夹质量

各种外沟槽的车削方法为：

（一）直沟槽的车削

车削精度不高的或宽度较窄的矩形沟槽，可以用刀宽等于槽宽的车槽刀，采用直进法一次进给车出，如图5-17a所示。车削较宽的或精度要求较高的沟槽，一般分为两次进给车削。第一次用刀头宽度小于槽宽的切断刀粗车，槽壁两侧留精车余量，第二次进给时用精车刀精车修整至尺寸，如图5-17b所示。

车削较宽的沟槽可以采用多次直进法切割，如图5-17c所示，并在槽壁两侧留一定的精车余量，然后根据槽深、槽宽精车至尺寸。

（二）圆弧形沟槽的车削

车削较小的圆弧形槽，一般用成形刀一次车出。较大的圆弧形槽，可用双手联动车削，用样板进行检查和修整。

（三）梯形槽的车削

车削较小的梯形槽，一般用成形刀车削完成。较大的梯形槽，通常先车直槽，后用梯形刀采用直进法或左右切削法完成，如图5-18所示。

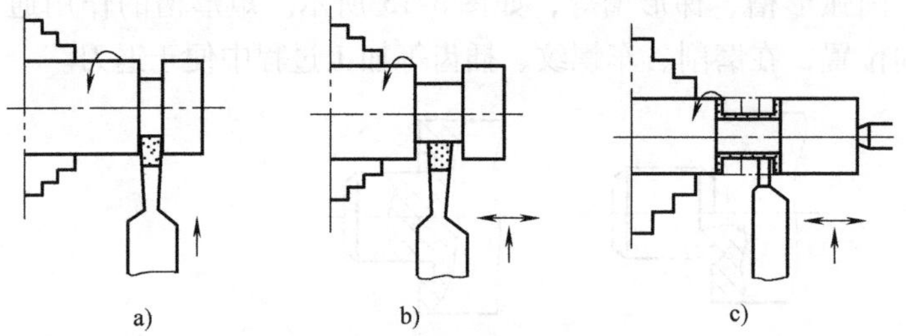

图5-17 直沟槽的车削

a）窄沟槽的车削 b）宽沟槽的车削 c）较大宽度沟槽的车削

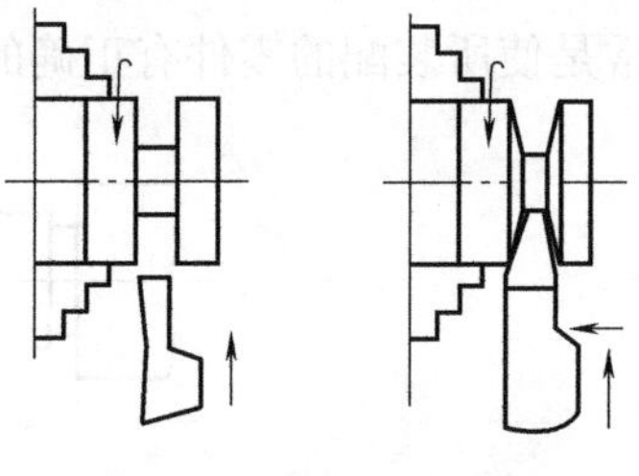

图5-18 梯形槽的车削

（四）斜沟槽的车削

车削45°外斜沟槽时，可用45°外斜沟槽专用车刀，如图5-19a所示。车削时将小滑板转动45°，用小滑板进给车削成形。车削圆弧斜沟槽时，把车刀刀头磨成相应的圆弧切削刃，如图5-19b所示。车削外圆端面斜沟槽时，刀头形状如图5-19c所示。以上三种斜沟槽车刀刀尖 a 处的副后刀面上应磨成相应的圆弧 R。

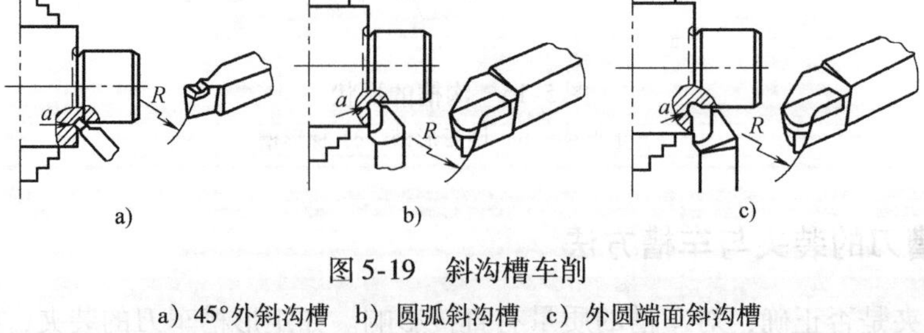

图5-19 斜沟槽车削

a）45°外斜沟槽 b）圆弧斜沟槽 c）外圆端面斜沟槽

三、沟槽的检查和测量

精度要求低的沟槽一般采用钢直尺和卡钳测量，如图 5-20 所示。精度要求较高的沟槽可用外径千分尺、样板、游标卡尺等进行检查测量，如图 5-21 所示。

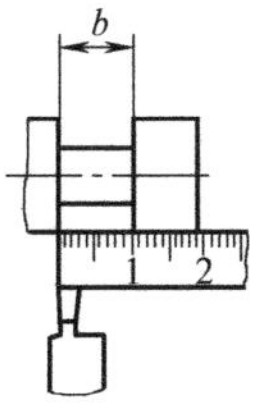

图 5-20　钢直尺测量沟槽

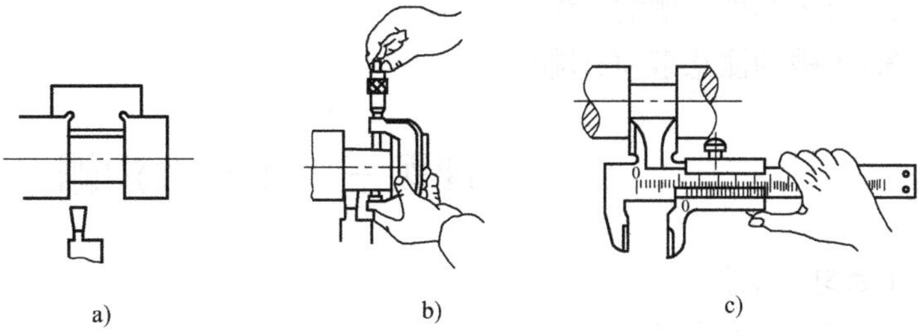

图 5-21　测量较高精度沟槽的几种方法

a）样板测量沟槽宽度　b）千分尺测量沟槽直径　c）游标卡尺测量沟槽宽度

四、注意事项

1）车槽刀主切削刃和轴心线不平行，车成的沟槽槽底一侧直径大，另一侧直径小。

2）要防止槽底与槽壁相交处出现圆角和槽底中间尺寸小，靠近槽壁两侧直径大。

3）槽壁与轴心线不垂直，呈现内槽狭窄外口大的喇叭形，造成这种情况的主要原因有切削刃磨钝、车刀刃磨角度不正、车刀装夹不垂直。

4）槽壁与槽底产生小台阶，因接刀不当所造成。

5）正确使用游标卡尺、样板、千分尺测量沟槽。

6）合理选择转速和进给量。

7）正确使用切削液。

【技能训练】

车矩形槽、圆弧槽训练，材料：45，如图 5-22 所示。

加工步骤：

1）车端面，钻中心孔。

2）一端用自定心卡盘夹持毛坯外圆，长 12mm 左右，另一端用顶尖支顶。

3）粗车外圆 $\phi38$mm、长 232mm（留精车余量并把产生的锥度找正）。

4）精车外圆 $\phi38_{-0.05}^{\ 0}$mm、长 232mm 至尺寸。

5）从右至左粗、精车各条矩形沟槽至尺寸。

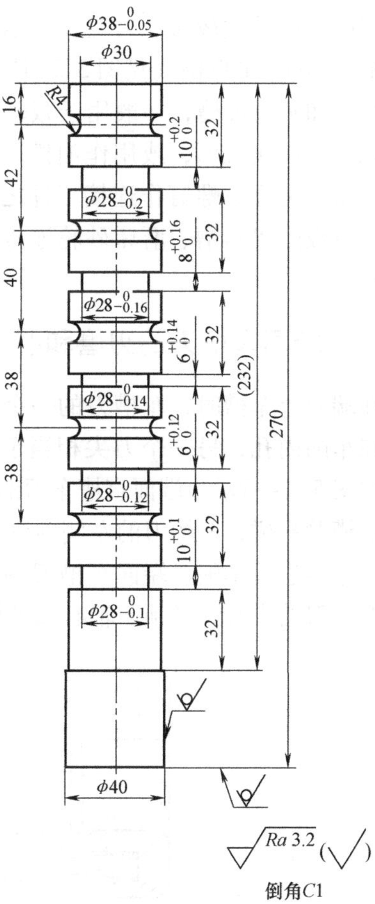

图 5-22　车矩形槽、圆弧槽

6）车五条圆弧沟槽。

7）检查质量，合格后取下工件。

【练习与思考】

1. 沟槽的种类有哪些？

2. 简述车外沟槽的方法。

3. 车槽的注意事项有哪些？

课题三　车端面沟槽

【学习目标】

1. 了解端面沟槽的种类。

2. 了解端面沟槽车刀的刃磨。

3. 掌握端面沟槽的车削方法和测量方法。

【相关知识】

一、端面沟槽的种类

端面沟槽种类较多，常见的有直槽（见图 5-23a）圆弧形槽（见图 5-23b）燕尾形槽（见图 5-23c）、T 形槽（见图 5-23d）等。

直槽和圆弧形槽，一般用于减轻工件重量、减少工件接触面，或用作油槽。燕尾形槽和 T 形槽通常穿螺钉作连接工件之用，如车床中滑板的 T 形槽、磨床砂轮连接盘上的燕尾槽等。

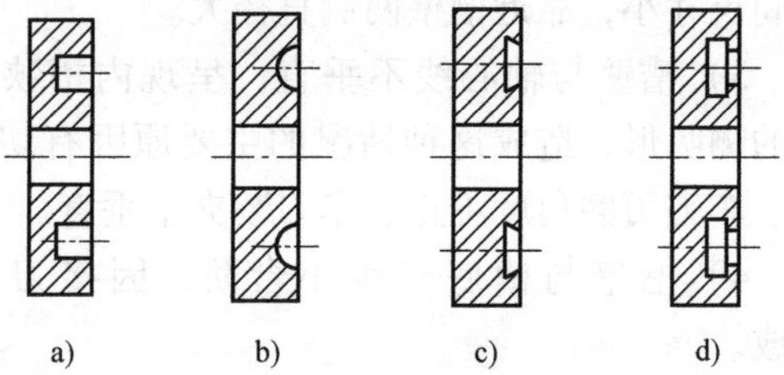

图 5-23　常见的端面槽

a）直槽　b）圆弧形槽　c）燕尾形槽　d）T 形槽

二、端面车槽刀的刃磨和装夹

在端面上车槽时，车槽刀的一个刀尖相当于在车削内孔，另一个刀尖相当于车削外圆，如图 5-24 所示。端面直槽车刀的几何角度与切断刀基本相同，为了防止车刀副后面与圆弧形槽壁相碰，车槽刀的左侧副后面必须按端面的圆弧大小刃磨成圆弧形，且带有一定的后角，才能进行车削。端面车槽刀的装夹要求切削刃与工件中心等高，主切削刃与端面平行，车槽刀的中心线必须与轴心线平行。

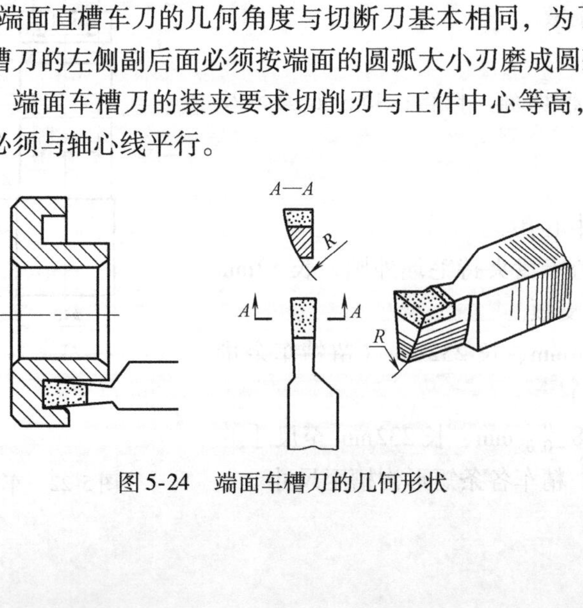

图 5-24　端面车槽刀的几何形状

三、端面沟槽的车削和测量

（一）车端面直槽

1）确定车槽刀位置。在端面上车槽前，应先测量工件外径，得出实际尺寸，再减去沟槽外圈直径尺寸，除以2，就是车槽刀外侧与工件外径之间的距离 L；或用钢直尺的一端靠在直槽车刀的侧面，测量槽侧面与工件外径之间的距离 L，如图5-25所示。

$$L=(D-d)/2$$

式中　L——工件外径与直槽外侧面的距离，mm；

D——工件外径尺寸，mm；

d——直槽外侧面的直径尺寸，mm。

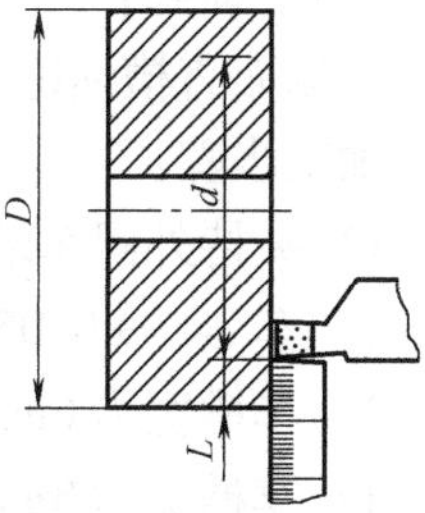

图5-25　车端面直槽

2）移动床鞍，使主切削刃与工件端面轻微接触，将床鞍刻度调整至零位。起动机床，移动床鞍，使主切削刃切入工件端面，试切长度约1mm，车刀纵向退出，测量直槽外侧试切直径尺寸，根据试切尺寸调整车刀的横向位置。加切削液，纵向进给直至达到槽深所要求的刻度。

3）在端面上车精度要求不高、宽度较小、较浅的沟槽时，通常采用等宽刀直进法一次进给车出。如果沟槽精度要求较高，通常先粗车，槽壁两侧留余量，再精车。

车较宽的端面沟槽，可采用多次直进法切削，然后精车至尺寸要求，如图5-26a所示。如果端面沟槽宽度较大，一般采用小圆头刀或尖头刀横向进给切削，然后用车槽刀或正、反偏刀精车至尺寸要求，如图5-26b所示。

（二）端面直槽的检查和测量

精度要求低的端面直槽，其宽度一般采用内、外卡钳测量，如图5-27a所示。沟槽内圈直径用外卡钳测量，沟槽外圈直径用内卡钳测量。精度要求较高的端面直槽，其宽度可采用样板、卡板和游标卡尺等检查测量，如图5-27b所示。

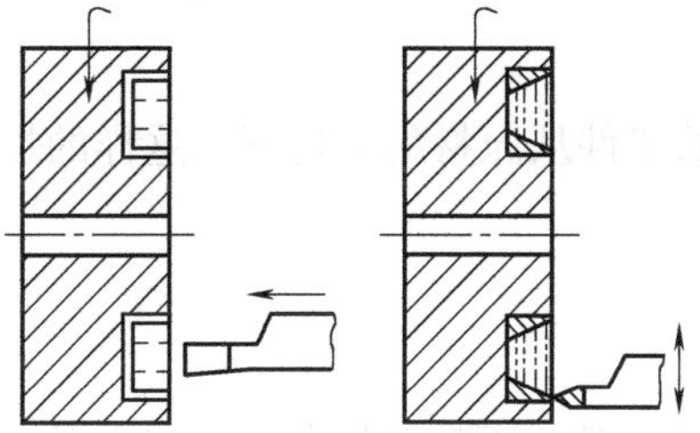

a)　　b)

图5-26　平面车宽槽的方法

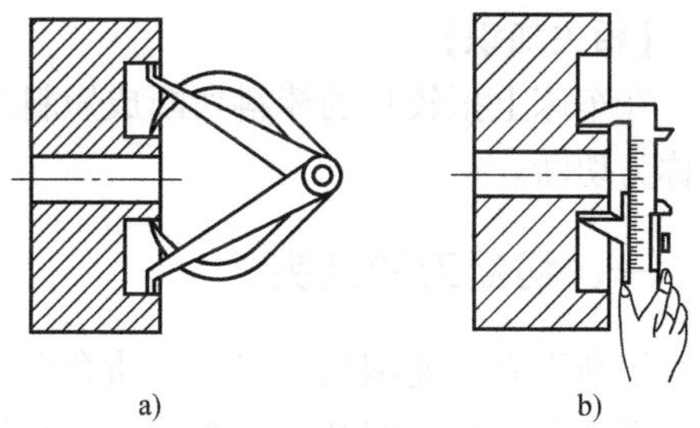

a)　　b)

图5-27　平面槽的测量

（三）车端面直槽减小振动的措施

1）机床上各导轨面配合间隙尽可能小。

2）减小车刀的主后角，增大前角。

3）减小直槽车刀主切削刃宽度。

4）减慢车床主轴转速。

四、注意事项

1）车直槽时，车槽刀左侧副后面应磨成圆弧形，以防与槽壁发生碰擦。

2）槽侧、槽底要求平直、清角。

3）车端面直槽容易产生振动，必要可采用反切法车削。

【技能训练】

车端面直槽训练，材料：45，如图 5-28 所示。

加工步骤：

1）夹持外圆车端面、车外圆。

2）车 ϕ43 ±0.05mm 阶台，倒角 $C1$。

3）车槽宽为 6mm 矩形槽至要求。

4）车槽宽为 8mm 矩形槽至要求。

5）检查尺寸合格后取下工件。

【练习与思考】

1. 端面槽的种类有哪些？
2. 简述在端面上车直槽的方法。
3. 简述车端面直槽减小振动的措施。

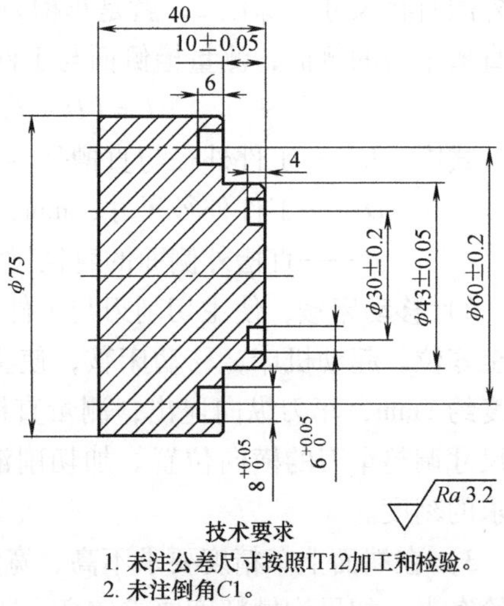

图 5-28　车端面直槽

课题四　切　断

【学习目标】

1. 掌握直进法和左右借刀法切断工件。
2. 了解切断时产生振动的原因。
3. 了解切断刀折断的主要原因。

【相关知识】

在车床上把较长的棒料切断成短料或将车削完毕的工件从原材料上切下，这样的加工方法称为切断。

一、切断刀的装夹

切断刀有高速钢切断刀、硬质合金切断刀、弹性切断刀。切断刀装夹正确与否对切断工件能否顺利进行，切断面是否平直有直接的关系。因此，对切断刀的装夹要求较为严格。切断实心工件时，切断刀的主切削刃必须严格对准工件旋转中心，刀头中心线与工件轴线垂直。为了增强切断刀的刚性，刀杆不能伸出太长，防止振动的发生，避免刀头损坏。

二、切断方法

（一）直进法切断工件

在垂直于工件轴线方向进给切断。该方法切断效率高，但对车床、切断刀的刃磨、装夹都有较高的要求，否则容易造成刀头折断，如图 5-29a 所示。

（二）左右借刀法

在切削系统刚性不足的情况下，可采用左右借刀法切断工件。这种方法是指切断刀在轴线方向反复地往返移动，随之两侧径向进给，直至工件切断，如图5-29b所示。

（三）反切法

反切法是指工件反转，车刀反向装夹，如图5-29c所示，这种切断方法宜用于较大直径的工件，其优点是：反转切削时，作用在工件上的切削力与主轴重力方向一致，主轴不容易产生上下跳动，所以切断工件比较平稳。反切时，切屑也会从下面流出，不会堵塞在切割槽中，因而能比较顺利地切削。但必须指出的是，在采用反切法时，卡盘与主轴的连接部分必须有保险装置，否则卡盘会因倒车而脱离主轴，发生事故。

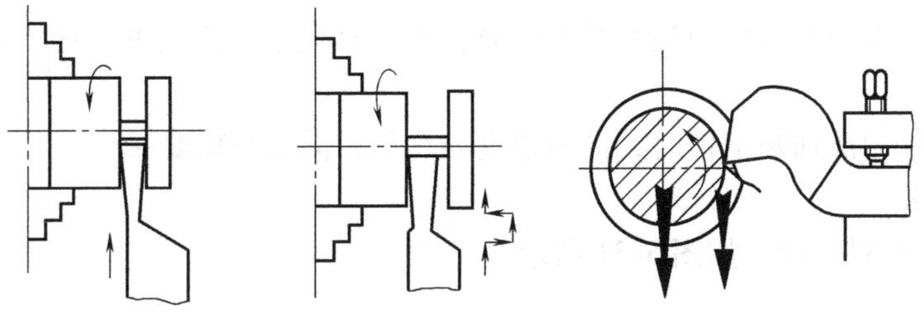

图5-29　切断工件的三种方法

a）直进法　b）左右借刀法　c）反切法

三、被切断工件的端面产生凹、凸不平的原因

1）切断刀两侧的刀尖刃磨或磨损不一致，造成让刀，使工件平面产生凹凸不平。

2）主轴轴向的窜动会使工件平面产生凹凸不平。

3）窄切断刀的主切削刃与轴心线有较大的夹角，左侧刀尖并伴有磨损现象，进给时在侧向切削力的作用下，刀头易产生偏斜，这样就会造成工件平面内凹，如图5-30所示。

4）车刀安装歪斜或副切削刃没有磨直等。

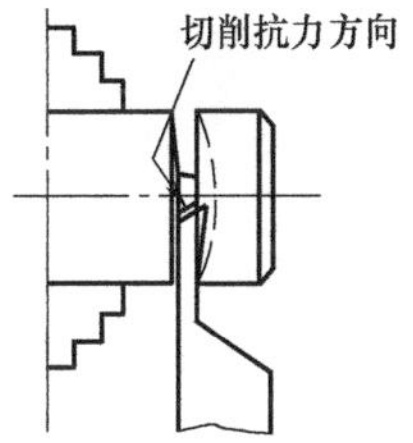

图5-30　主切削刃歪斜、左侧刀尖磨损对工件平面的影响

四、切断时产生振动的原因

1）主轴和轴承之间间隙太大。

2）切断的棒料太长，在离心力的作用下产生振动。

3）切断刀远离工件支承点。

4）工件细长，切断刀刃口太宽。

5）切断时转速过高，进给量过小。

6）切断刀伸出过长。

五、切断刀折断的主要原因

1）工件装夹不牢靠，切割点远离卡盘，在切削力的作用下，工件抬起，会使刀头折断。

2）切断时排屑不顺畅，造成铁屑堵塞，使刀头载荷增大，刀头发生折断。

3）切断刀的副偏角、副后角磨得太大，使刀头强度降低，刀头发生折断。

4）切断刀的装夹跟工件轴心线不垂直，主切削刃与轴心也不在同一平面内。

5）进给量过大、切断刀前角过大，会使刀头发生折断。

6）床鞍、中滑板和小滑板松动，切削时产生“扎刀”现象，致使切断刀折断。

六、注意事项

1）切割前应调整中滑板、小滑板的松紧，一般宜紧一些为好。

2）用高速钢切断刀切断工件时，应加切削液，可延长切断刀的使用寿命；用硬质合金切断刀切断工件时，中途不准停车，否则切削刃容易崩碎。

3）在使用一夹一顶或两顶尖安装工件时，不能直接把工件切断，防止切断时工件飞出伤人。

4）用左右借刀法切断工件时，借刀速度要均匀，借动距离要一致。

【技能训练】

切断训练，材料：45，如图5-31所示。

加工步骤

1）夹持毛坯外圆，车 ϕ28mm 至尺寸；

2）切断厚度 3 ±0. 2mm。

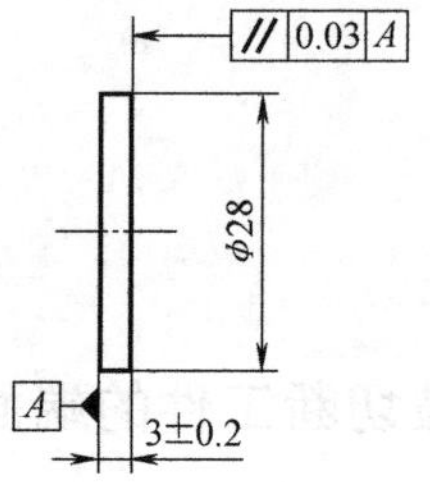

图 5-31　切断

【练习与思考】

1. 切断方法有哪几种?

2. 切断时产生振动的原因是什么?

3. 切断刀折断的主要原因是什么?

第六章　内圆柱面加工

课题一　麻花钻的刃磨

【学习目标】

1. 掌握麻花钻的刃磨方法。

2. 了解麻花钻刃磨时应注意的事项。

【相关知识】

一、标准麻花钻

麻花钻是最常用的一种钻头。麻花钻由柄部、颈部和工作部分组成，如图 6-1 所示。材料一般为高速钢，常用的牌号有 W18Cr4 和 W6Mo5Cr4V2，淬硬后的硬度为 62～68HRC。硬质合金钻头的工作部分为嵌焊硬质合金刀片，其硬度可达 69～80HRC。

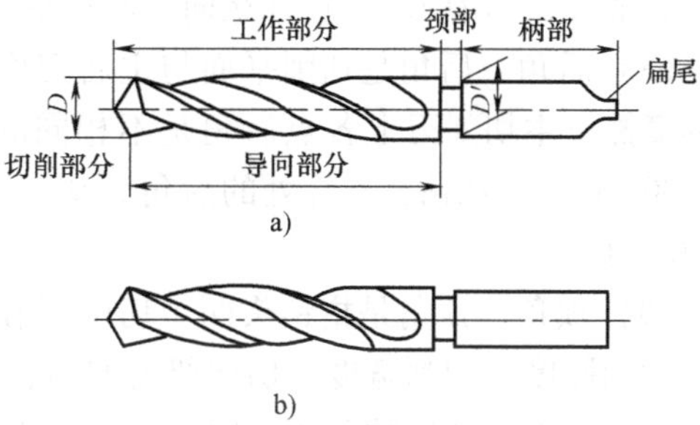

图 6-1　麻花钻

a）锥柄麻花钻　b）直柄麻花钻

（一）麻花钻柄部

麻花钻的柄部是供装夹用的，并传递转矩和进给力。柄部有锥柄和直柄两种，一般直径大于 13mm 的钻头做成锥柄，13mm 以下的钻头做成直柄，直柄所传递的转矩较小，在锥柄的顶端有一扁尾，其作用不仅能增加传递转矩，又能避免工作时钻头打滑，在拆卸时，还可供楔铁压下扁尾卸出钻头。

（二）麻花钻工作部分

麻花钻的工作部分是由切削部分和导向部分组成的，起切削、导向和修光孔壁的作用。

1. 麻花钻切削部分

麻花钻切削部分的几何形状主要由六面（两个前刀面、两个主后刀面和两个副后刀面）、五刃（两条主切削刃、两条副切削刃和一条横刃）、四角（顶角、前角、主后角和横刃斜角）组成，如图 6-2 所示。

（1）前刀面　前刀面是指切削部分的螺旋槽表面。

（2）主后刀面　主后刀面是指切削部分顶端的螺旋圆锥表面，加工时与工件切削部分相对。

（3）副后刀面　副后刀面是指与已加工表面相对的两条钻头棱边之间的表面。

（4）主切削刃　主切削刃是指前刀面与主后刀面所形成的交线。

（5）副切削刃　副切削刃是指前刀面与副后刀面所形成的交线。

（6）横刃　横刃是指两主后刀面形成的交线。横刃太短会影响钻尖的强度，横刃太长会使轴向抗力增大，影响钻削效率。

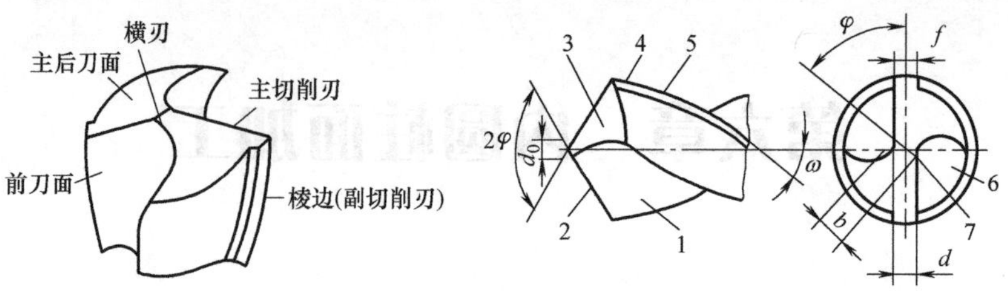

图6-2　麻花钻的切削部分

1—前刀面　2—主切削刃　3—主后刀面　4—副切削刃　5—副后刀面　6—螺旋槽　7—横刃

(7) 前角　前角是前刀面与基面所形成的夹角。由于麻花钻的前刀面为一螺旋面，沿主切削刃各点的倾斜方向不同，所以主切削刃各点的前角大小不同。麻花钻前角的大小与螺旋角、顶角、钻心直径等有关。对前角影响最大的是螺旋角，螺旋角越大，前角也就越大，前角越大，切削就省力。由于螺旋角随直径的大小而改变，所以前角也是变化的，前角靠近外缘处最大，约为30°，自外缘向中心逐渐减小，靠近横刃处为负前角。

(8) 后角　后角是切削平面与主后刀面的夹角。后角的作用是减少主后刀面与切削面间的摩擦。主切削刃上各点后角是不相同的，外缘处为最小，自外向内逐渐增大，直径为15～30mm的麻花钻，外缘处的后角为9°～12°，钻心处的后角20°～26°，横刃处的主后角为30°～60°。

(9) 顶角　顶角是指钻头两主切削刃在其平行平面内投影的夹角。顶角的大小影响前角、切削厚度、切削宽度、切屑留出方向、切削力、粗糙度、孔的扩张量和外缘转折点的散热条件。标准麻花钻的顶角一般为118°±2°，顶角为118°时两主切削刃呈直线；大于118°时两主切削呈内凹形；小于118°时两主切削刃呈外凸形。

(10) 横刃斜角　横刃斜角在垂直与钻头轴线的端面投影中，横刃于主切刃之间所夹的锐角。它与后角、顶角的大小有关。横刃斜角一般为50°～55°。

2. 麻花钻导向部分

导向部分在切削部分切入工件后起导向作用，也是切削部分的备磨部分。为了减少导向部分与孔壁的摩擦，其外径磨有倒锥。导向部分各组成要素有：

1) 螺旋槽钻头的导向部分有两条螺旋槽，它的作用是构成切削刃，排出切削和流通切削液。

2) 棱边在切削过程中，为了减少钻身与孔壁之间的摩擦，沿螺旋槽一侧的圆柱表面上制出了两条略带倒锥的凸起刃带，就是棱边。棱边是切削部分的后备部分，也具有一定修光孔壁的作用。

3) 钻心保持麻花钻有足够的强度，钻心向钻柄方向做成正锥体。

(三) 麻花钻的颈部

麻花钻的颈部是指柄部和工作部分之间的部位，是磨削麻花钻时的退刀槽，也可打印上钻头的规格、材料和商标等。

二、麻花钻的刃磨

(一) 标准麻花钻的缺点

通过对标准麻花钻切削部分参数的分析，标准麻花钻存在以下几个缺点。

1）主切削刃上的各点前角的变化很大，靠近横刃处有1/3长度范围的主切削刃前面为负值，切削条件差，形成很大的轴向分力。

2）横刃过长，副前角很大，工作时挤压刮削，切削条件差。横刃过长还会导致定心效果比较差，容易产生振动，从而影响钻孔质量。

3）切屑厚度沿切削刃分布不均，在外缘处切削厚度大，而且该处切削速度最高，副后角为零，棱边与孔壁摩擦很大，导致磨损严重并影响钻头寿命。

4）由于主切削刃很长且全部参加切削，各处切屑排出的速度相差很大，切屑卷曲成螺旋状，容易在螺旋槽中发生堵塞，导致排屑不畅，切削液难以流入切削区。

5）钻头材料的耐热性和耐磨性仍不够高。

6）横刃前后角与主切削刃后角相互关联，不好分别控制。

（二）砂轮的选择

刃磨高速钢钻头一般采用粒度为F46～F80、硬度等级为中软级（K、L）的氧化铝砂轮。刃磨硬质合金钻头一般采用粒度为F36～F60、硬度等级为中软级（K、L）的碳化硅砂轮。

（三）麻花钻的刃磨

钻头刃磨时的握法：右手大拇指与其他四指上下相对握住钻头的头部，左手大拇指与其他四指相对握住钻头的柄部，两手共同协调以控制钻头的刃磨，如图6-3所示。

（1）刃磨主切削刃　为保证钻削质量，需要对主切削刃进行修磨，以保证麻花钻的顶角合理，两主切削刃的长度等长，如图6-4所示。刃磨主切削刃时，需要修磨出第二顶角和过渡刃。一般第二顶角为70°～75°，过渡刃为0.2D。修磨后可增加主切削刃的总长度和刀尖角，从而增加刀齿强度，改善散热条件，提高了主切削刃交角处的抗磨性和钻头的使用寿命，还有利于降低孔壁的表面粗糙度值。

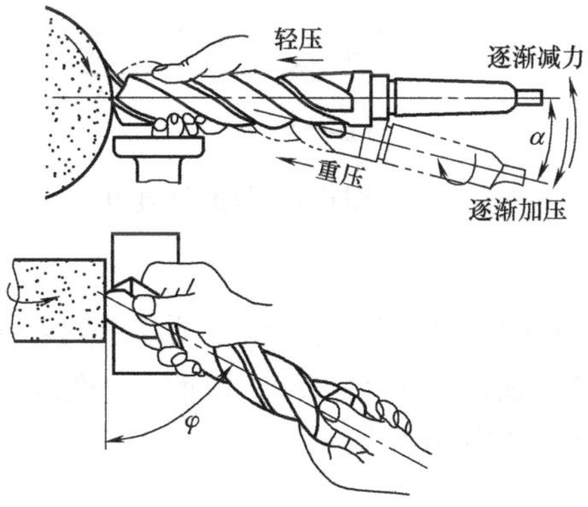

图6-3　麻花钻的刃磨握法

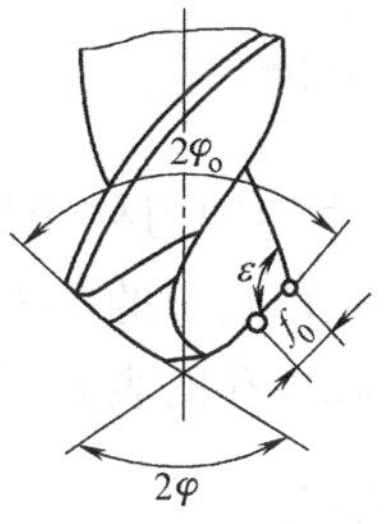

图6-4　修磨主切削刃

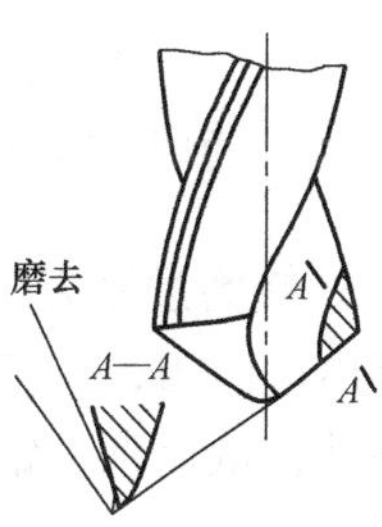

图6-5　修磨前刀面

（2）修磨前刀面　为了提高钻削效率，可对其前刀面进行修磨，如图6-5所示。适当修磨钻头主切削刃和副切削刃交角处的前刀面，可减小该部位的前角，在钻削硬材料时，可提高刀齿的强度；在钻削黄铜和软材料时，还可避免由于切削刃过于锋利而引起的扎刀现象。

（3）修磨横刃　修磨横刃是最基本、也是最重要的一种修磨形式，对钻削性能的改善有明显的效果。为提高钻头的定心作用和切削的稳定性，对于直径在5mm以上的麻花钻头，可对其横刃进行修磨。修磨后的横刃长度为原来长度的1/5 ~1/3，并形成内刃，内刃斜角为20° ~30°，内刃处前角为0° ~ –15°。横刃修磨后使靠近钻心处的前角增大，减小了轴向抗力和挤乱现象，定心作用也得到较大的改善，如图6-6所示。

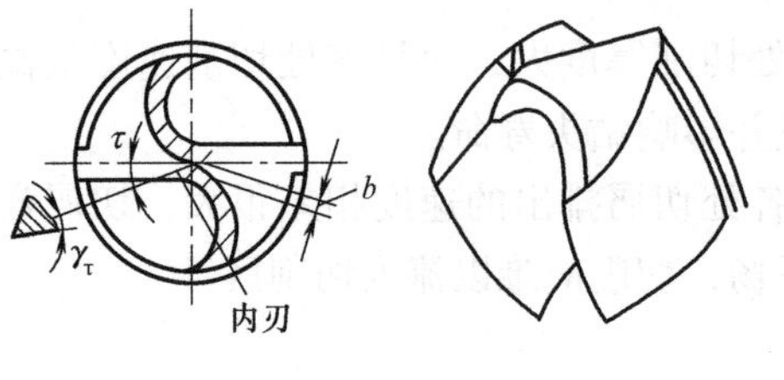

图6-6　修磨横刃

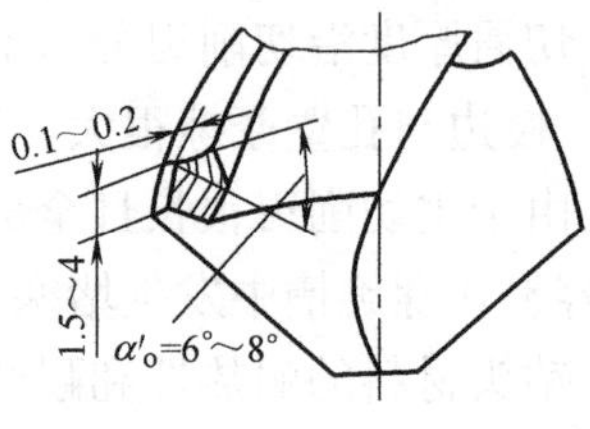

图6-7　修磨棱边

（4）修磨棱边　为了减少棱边对孔壁的摩擦，提高钻头的使用寿命，可对其棱边进行修磨，如图6-7所示。在靠近主切削刃的一段棱边上磨出副后角 α_0' 为6° ~8°，并保留原来1/3 ~1/2的棱边宽度。由于棱边的修磨是在砂轮外圆柱棱角上进行，因此对砂轮的要求：一是砂轮外圆柱面要平整；二是外缘棱角一定要清晰。

（5）修磨分屑槽　为了排屑顺利，对于直径在15mm以上的麻花钻头，可在其两个主后刀面上磨出几条相互错开的分屑槽，如图6-8所示。这样可改变钻头主切削刃长、切屑较宽的不足，使切屑变窄，排屑顺利，尤其适用于钻削钢料。由于分屑槽的修磨是在砂轮外圆柱棱角上进行，所以对砂轮的要求是外圆棱角一定要清晰。

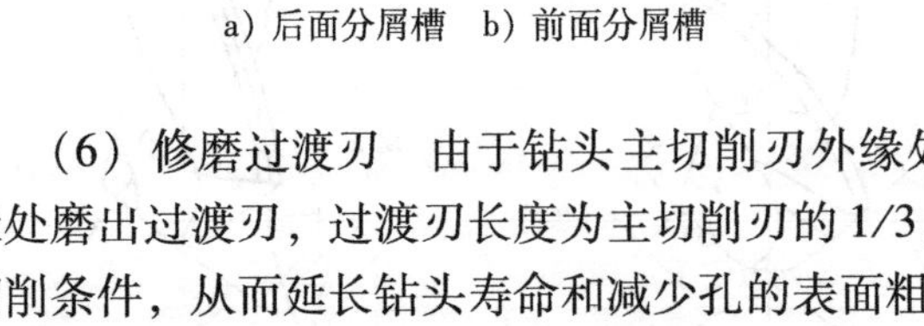

a)　　b)

图6-8　修磨分屑槽

a) 后面分屑槽　b) 前面分屑槽

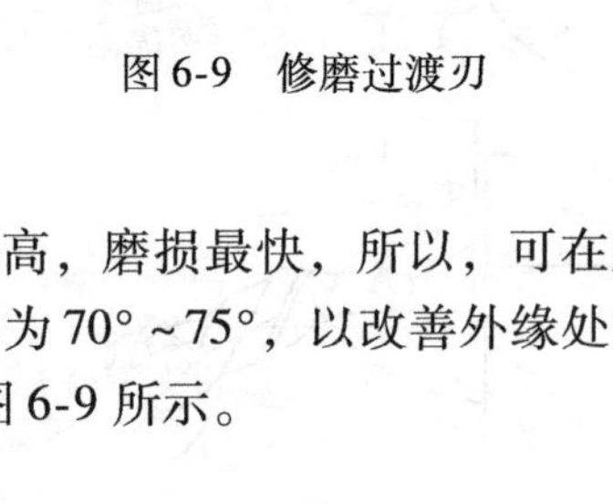

图6-9　修磨过渡刃

（6）修磨过渡刃　由于钻头主切削刃外缘处切削速度最高，磨损最快，所以，可在外缘处磨出过渡刃，过渡刃长度为主切削刃的1/3，过渡刃顶角为70° ~75°，以改善外缘处的切削条件，从而延长钻头寿命和减少孔的表面粗糙度值，如图6-9所示。

三、麻花钻的刃磨检验方法

钻头几何角度和对称度是否准确必须通过检验，常见的有目测法、样板检验法和量角器检查法。

（一）目测法

当麻花钻磨好后，通常采用目测法检查。其方法是把钻头垂直竖在与眼等高的位置上，在光线充足的条件下用肉眼观察两刃的长短和高低以及它的后角等，如图6-10所示。但由于视差关系，会感到左刃和右刃一高一低，此时就要把钻头转过180°，再进行观察。这样反复观察对比，最后觉得两刃基本对称，就可使用。如果发现两刃有偏差，必须继续进行修磨。

（二）用检验样板进行检验（见图6-11）

（三）用量角器检验

使用量角器检查时，只需将角尺的一边贴在麻花钻的棱边上，另一边搁在钻头的刃口上，测量其刃长和角度，如图6-12所示。然后转过180°，以同样方法检查即可。

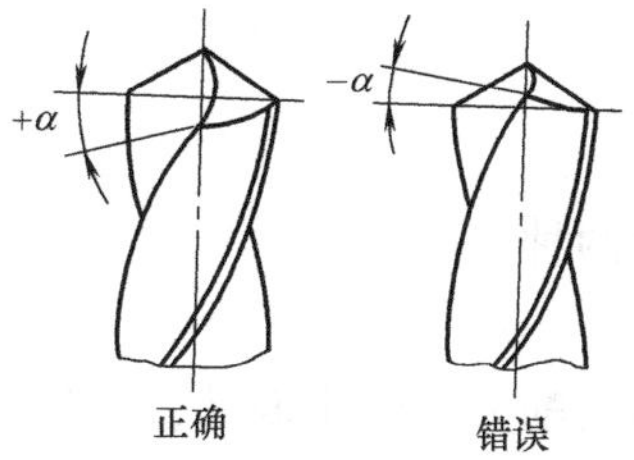

图6-10　目测法检查麻花钻的后角

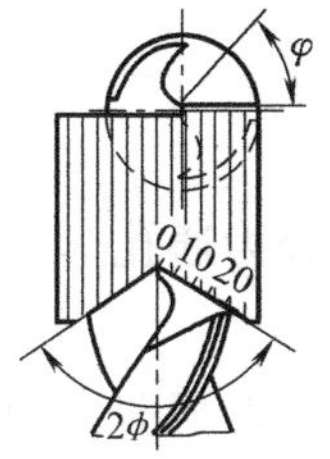

图6-11　样板检查钻头刃磨角度

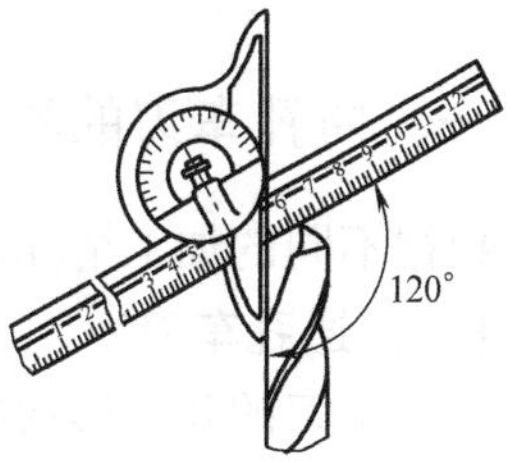

图6-12　用量角器检查麻花钻的刃长和对称性

四、麻花钻刃磨时的注意事项

1）刃磨钻头时，钻尾向上摆动，不得高出水平线，以防磨出负后角。钻尾向下摆动亦不能太多，以防磨掉另一条主切削刃。

2）随时检查两主切削刃的刃长及与钻头轴线的夹角来判断是否对称。

3）刃磨时应随时冷却，以防钻头刃口发热退火，降低硬度。

4）副偏角不宜磨得太大，否则影响使用寿命，还应注意防止外缘边出现负后角。

5）注意刃磨时正确的刃磨姿势。

【技能训练】

刃磨标准麻花钻，如图6-13所示。

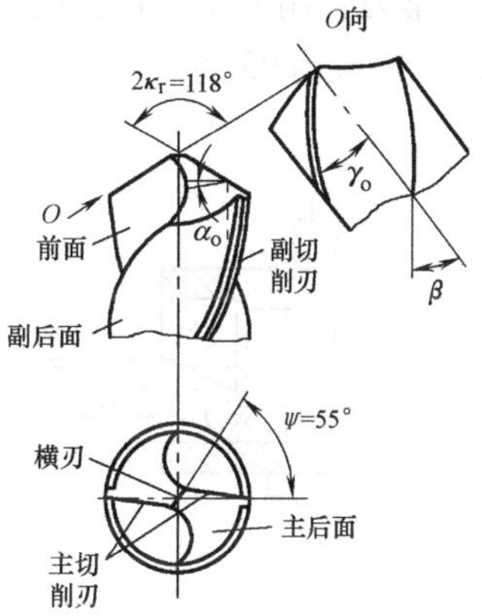

技术要求：

顶角$2\kappa_r=118°$、前角$\gamma_o=\pm30°$、后角$\alpha_o=8°\sim14°$、横刃斜角$\psi=55°$、螺旋角$\beta=18°\sim30°$

图6-13　刃磨标准麻花钻

【练习与思考】

1. 简述麻花钻的刃磨方法。
2. 简述用目测法检查麻花钻的角度。
3. 简述麻花钻的优缺点。
4. 简述麻花钻切削部分几何形状的六面、五刃和四角。

课题二　内孔车刀的种类和刃磨

【学习目标】

1. 了解内孔车刀的种类。
2. 掌握内孔车刀的刃磨步骤。

【相关知识】

通过锻孔、铸孔的毛坯件或经过钻孔的工件一般都很粗糙，为了达到所需要的精度和表面粗糙度，必须经过车削等加工后才能达到图样的精度要求。车孔是车工常用的孔加工的方法之一，可用于粗加工，也可用于精加工，加工范围很广。车孔的精度可达到IT7～IT8。在车床上车削内孔需用内孔车刀，而内孔车刀的切削部分基本上与外圆车刀相似，只是多一个弯头。

一、内孔车刀的种类

根据不同的加工情况，内孔车刀可分为通孔车刀和盲孔车刀两种。

（一）通孔车刀

通孔车刀的几何形状基本上与外圆车刀相似。为了减小径向切削力，防止振动，主偏角一般取55°～75°，副偏角一般取10°～30°，后角取6°～12°，如图6-14a所示。为了防止内孔车刀的后刀面与孔壁摩擦，又不使后角磨得太大，一般磨成两个后角，如图6-14b所示。

（二）盲孔车刀

盲孔车刀是用来车削盲孔或台阶孔的，其切削部分基本上与外偏刀相似，它的主偏角应大于90°，一般为93°左右，副偏角为3°～6°，后角为6°～12°，如图6-14c所示。

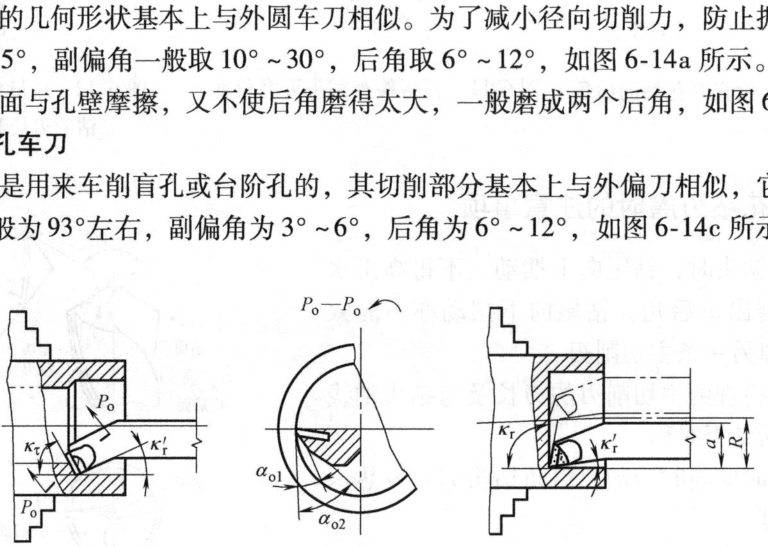

图6-14　内孔车刀

a）通孔车刀　b）后角　c）盲孔车刀

为了节省刀具材料和增加刀杆强度，可以把高速钢或硬质合金做成很小的刀头，装在碳钢或合金钢做成的刀杆上，在顶端或上面用螺钉紧固，如图6-15所示。根据不同孔深调整刀杆的伸出长度，有方形长刀杆，如图6-16所示，可以加工更深孔的工件，以利于发挥刀杆的最大刚性。

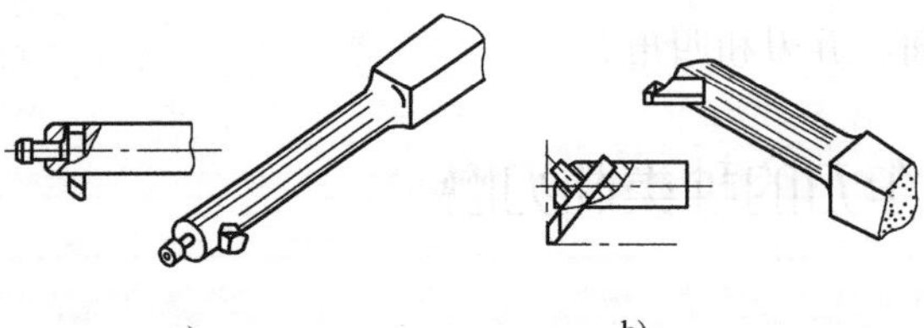

图6-15　车孔刀杆

a）通孔车刀杆　b）盲孔车刀杆

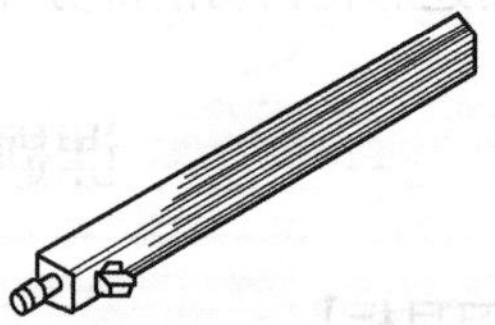

图6-16　方形长车刀杆

二、内孔车刀卷屑槽方向的选择

当内孔车刀的主偏角为 55° ~ 75° 时，如果在主切削刃方向磨卷屑槽，能使其切削刃锋利，切削轻快，在切削深度较大的情况下，仍能保持它的切削稳定性，适用于粗车。如果在副切削刃方向磨卷屑槽，在切削深度较小的情况下，能达到较好的表面质量。

当内孔车刀的主偏角大于90°时，如果在主切削刃方向磨卷屑槽，适宜于纵向切削，但切削深度不能太大，否则切削稳定性不好，刀尖容易损坏。如果在副切削刃方向磨卷屑槽，则适宜于横向切削。

三、车孔的关键技术

车孔的关键技术在于解决内孔车刀的刚性和排屑问题。

增加内孔车刀刚性应尽量增加刀杆的截面积且刀杆的伸出长度要尽可能短，刀杆伸出太长，刀杆刚性就会降低，容易引起振动，其伸出长度只要略大于孔深即可。

解决排屑问题主要是控制切屑流出方向。精车孔时要求切屑流向待加工表面。前排屑通孔车刀如图 6-17 所示。

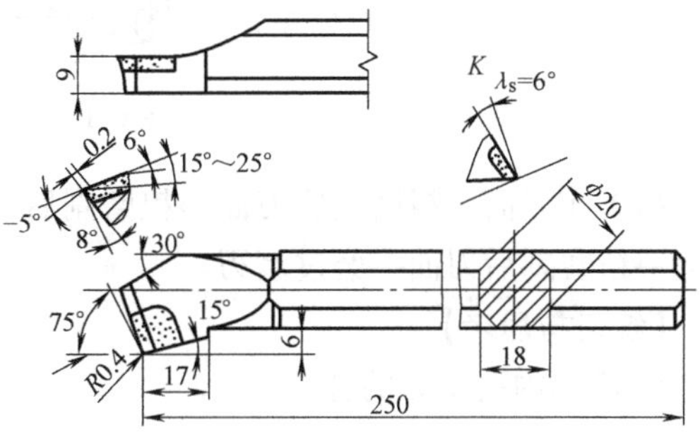

图 6-17　前排屑通孔车刀

【技能训练】

一、磨典型通孔车刀，如图 6-18 所示

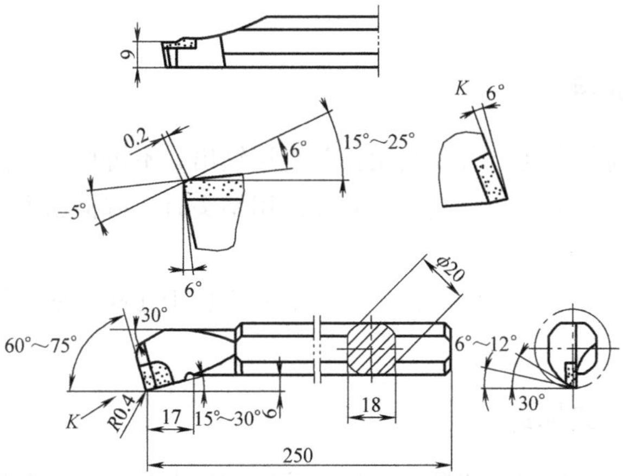

图 6-18　磨典型通孔车刀

通孔车刀的刃磨步骤：

粗磨前刀面→粗磨主后刀面→粗磨副后刀面→磨卷屑槽并控制前角和刃倾角→精磨主后刀面→精磨副后刀面→磨过渡刃。

二、磨典型盲孔车刀，如图6-19所示

盲孔车刀的刃磨步骤：

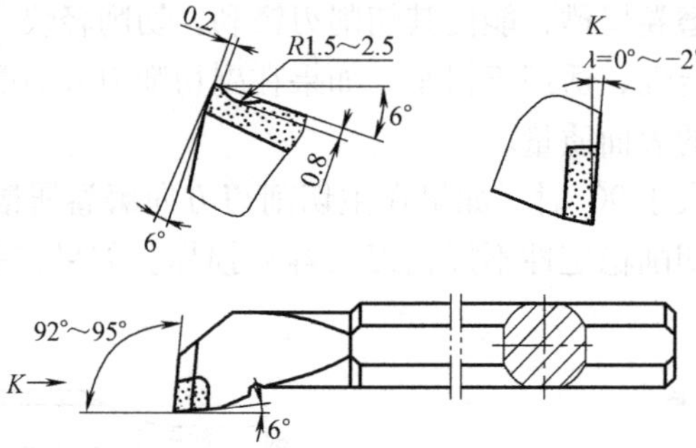

图6-19　磨典型盲孔车刀

粗磨前刀面→粗磨主后刀面→粗磨副后刀面→磨卷屑槽并控制前角和刃倾角→精磨主后刀面→精磨副后刀面→磨过渡刃。

【练习与思考】

1. 简述内孔车刀的分类。
2. 简述内孔车刀的刃磨步骤。

课题三　车床上钻孔

【学习目标】

1. 了解钻头的装拆方法。
2. 正确掌握钻孔操作。

【相关知识】

一、麻花钻的选用

对于精度要求不高的内孔，可以选用钻头直接钻出，不再加工。而对于精度要求较高的内孔，还需通过车削等加工才能完成。这时在选用钻头时，应根据下一道工序的要求，留出加工余量。

选择麻花钻的长度时，一般应使钻头螺旋部分略长于孔深。钻头过长，刚性差；钻头过短，排屑困难。

二、麻花钻的装夹拆卸

麻花钻的柄部有锥柄和直柄两种。直柄麻花钻用钻夹头装夹，再将钻夹头的锥柄插入尾座锥孔，如图6-20a所示。

锥柄麻花钻可直接或用莫氏变径套过渡插入车床尾座锥孔内，如图6-20b所示。莫氏变径套分0、1、2、3、4、5、6号7种。卸下钻套时，不许用铁锤敲击，须用楔铁打出，避免损坏钻套。

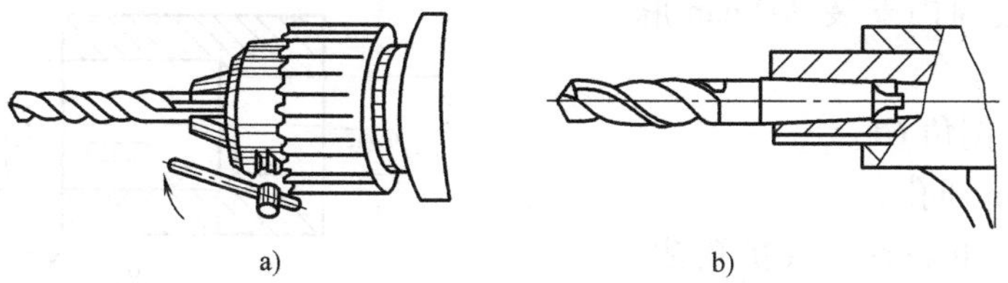

图 6-20　麻花钻在车床尾座上的装夹
a）直柄麻花钻的装夹　b）锥柄麻花钻的装夹

三、钻孔方法

1）钻孔前先把工件端面车平，端面中心处不许有小凸头，以利于钻头正确定心。

2）将尾座找正，使钻头轴线与工件旋转中心重合，否则可能会扩大钻孔直径或使钻头折断。

3）钻钢件时，应加切削液，以防钻头发热退火。

4）起钻时进给量要小，待钻头头部进入工件后才可正常钻削。

5）在使用细长麻花钻钻孔时，为了防止钻头产生晃动，可以在刀架上夹一挡铁，如图 6-21 所示，起到支持钻头头部的作用，帮助钻头定中心。先用钻头钻夹钻入工件平面，然后缓慢摇动中滑板移动挡铁，接近钻头前端，到钻头逐渐不晃动时，继续钻削即可。当钻头已正确定心时，挡铁即可退出。钻小孔或钻较深的孔时，由于切屑不易排出，必须经常退出钻头排屑，否则容易因切屑堵塞而使钻头“咬死”或折断。

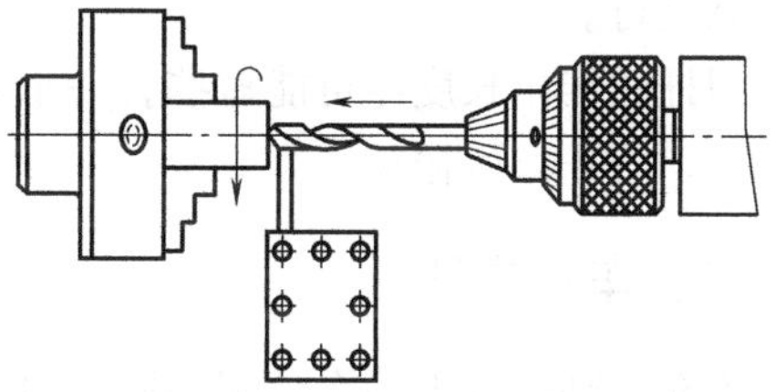

图 6-21　防止钻头晃动，用挡铁支顶

6）在使用小麻花钻钻孔时，一般先用中心钻定心，钻出中心孔，再用钻头钻孔，这样钻出的孔的同轴度误差小。钻小孔时，转速应选得快一些，以免产生孔位偏斜和钻头折断。

7）钻孔时，所钻孔直径不大时，可以用钻头一次钻出。若孔径较大，直径超过 30mm 时，一般应分两次以上钻出。

8）在钻孔过程中，钻了一段深度后，应把钻头退出，停车测量孔径，避免因孔径扩大而使工件报废。

9）钻长度较长而要求不高的通孔时，可以工件调头装夹，校正后再钻孔。

10）钻通孔快要钻穿时，应减少进给量。由于钻头横刃首先穿出，因此轴向阻力大减，这时进给速度必须减慢，否则钻头容易被工件卡死，使钻头发生折断，或造成锥柄在尾座套筒内打滑而损坏锥柄和锥孔。

11）钻孔后要铰孔的工件，由于加工余量较少，所以当钻头钻进 1 ~2mm 后，应把钻头退出，停车测量孔径，以防孔径扩大，没有铰削余量而报废。

【技能训练】

钻孔、扩孔训练，材料：45，如图 6-22 所示。

加工步骤：

1）夹持工件外圆，找正夹紧。

2）在尾座套筒内安装 ϕ18mm 麻花钻。

3）车端面，倒角 C1。

4）钻 ϕ18mm 通孔。

5）用 ϕ24mm 麻花钻（或扩孔钻）扩孔、深 30mm。

【练习与思考】

1. 简述钻孔的方法。

2. 简述钻孔时的注意事项。

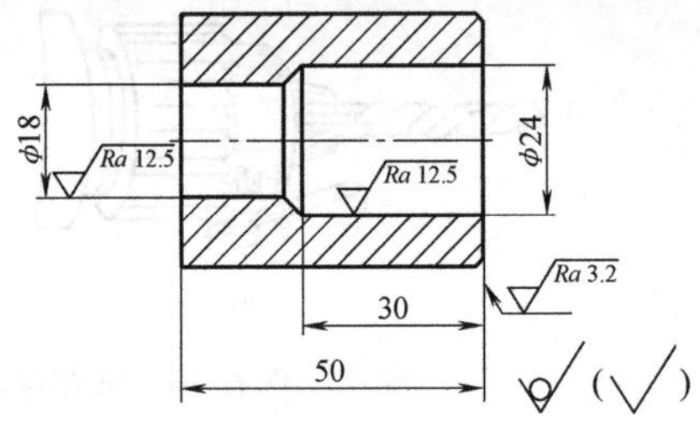

图 6-22　钻孔、扩孔

课题四　车直通孔

【学习目标】

1. 掌握内孔车刀的正确装夹。

2. 掌握内孔的加工方法和测量方法。

【相关知识】

一、内孔车刀的装夹

内孔刀装夹时，刀尖应对准工件中心，刀杆与工件轴线基本平行，否则车到一定深度后刀杆可能会与孔壁相碰。为了确保安全，通常在车孔前先把内孔刀在孔内试走一遍，保证车孔顺利进行。

刀杆的伸出长度尽可能短些，一般比被加工孔长 5 ~ 10mm，这样有利于增加内孔车刀的刚性，防止产生振动。

二、车孔方法

直孔车削基本上与车外圆相同，只是进刀和退刀方向相反。粗车和精车内孔时也要进行试切和试测，试切方法与试切外圆相同。根据径向余量的一半横向进给，当车刀纵向进给切削至 2mm 长度时，纵向快速退出车刀，横向保持不动，然后停车试测。不断试车、试测，直至符合孔径精度要求。车孔时的切削用量应比车外圆时小一些。

三、孔径测量

测量孔径尺寸，应根据工件的尺寸、数量及精度要求，采用相应的量具进行。如果孔的精度要求较低，可采用内卡钳、游标卡尺和外径千分尺与内卡钳配合测量。精度要求较高时，可采用塞规、内径千分尺、内测千分尺和内径百分表进行测量。

（一）塞规

在成批生产中，为了测量方便，常用塞规测量孔径。塞规由通端、止端和手柄组成，如图 6-23a 所示。通端按孔的下极限尺寸制成，测量时应塞入孔内。止端按孔的上极限尺寸制成，测量时不允许插入孔内。当通端塞入孔内，而止端插不进去时，就说明该孔尺寸是在下极限尺寸与上极限尺寸之间，说明尺寸是合格的，如图 6-23b 所示。为了区别通端与止端，塞规止端长度比通端长度要短一点。测量不通孔的塞规，应在外圆上沿轴向开有排气槽。使用塞规时，尽可能使塞规与被测工件温度一致，测量时不能硬塞通过。

（二）内径百分表

用内径百分表可测量孔径，如图 6-24 所示。其方法是将百分表装夹在测架上，测量头通过摆动块、传动杆将测量值 1:1 地传递给百分表。测量头可根据孔径大小更换。为了能使测量头自动位于被测孔的直径位置，在其旁边装有定心器。测量前应调整百分表对准零位，测量时活动测量头应在径向摆动并找出最大值，在轴向摆动找出最小值，两个重合尺寸就是孔径的实际尺寸，如图 6-25 所示。

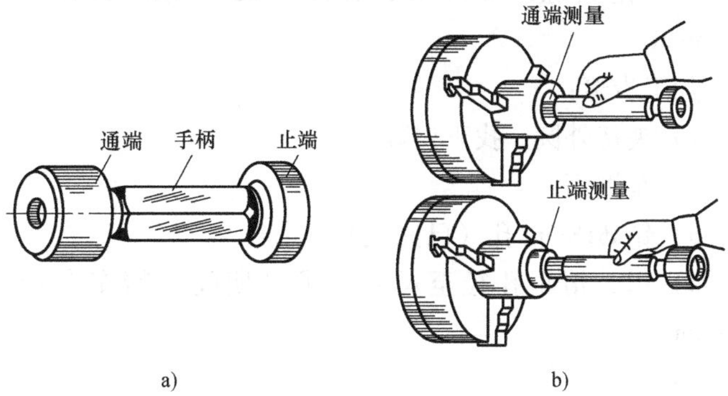

图 6-23　塞规

a）塞规　b）塞规测量

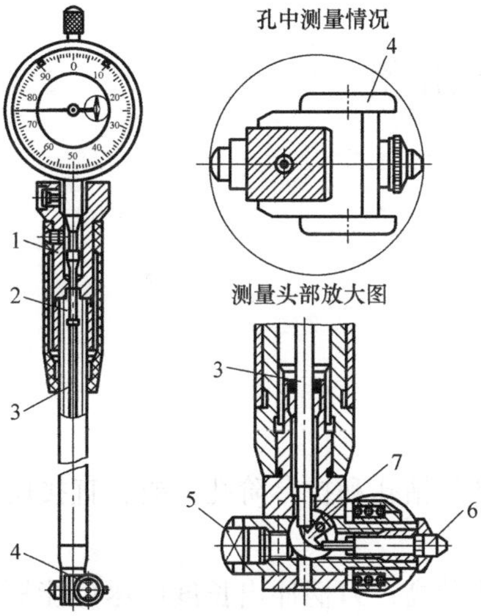

图 6-24　内径百分表

1—测架　2—弹簧　3—传动杆　4—定心器

5、6—测量头　7—摆动块

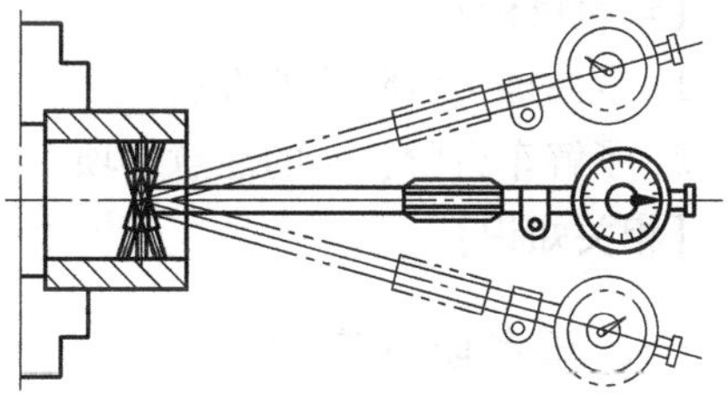

图 6-25　内径百分表的测量方法

四、注意事项

1）注意中滑板进、退刀方向与车外圆相反。

2）用塞规测量孔径时，应使孔壁干净清洁，否则会影响测量。

3）如果工件温度较高，不能用塞规立即测量。

4）用塞规检查孔径时，塞规不能倾斜。在孔径小的时候，不能强行用塞规硬塞。

5）从孔内取出塞规时，应注意安全，防止与内孔车刀碰撞。

6）精车内孔时，应保持切削刃锋利。

7）车小孔时，应注意排屑问题。

【技能训练】

车直孔训练，材料 45，如图 6-26 所示。直径 D 为 26mm。

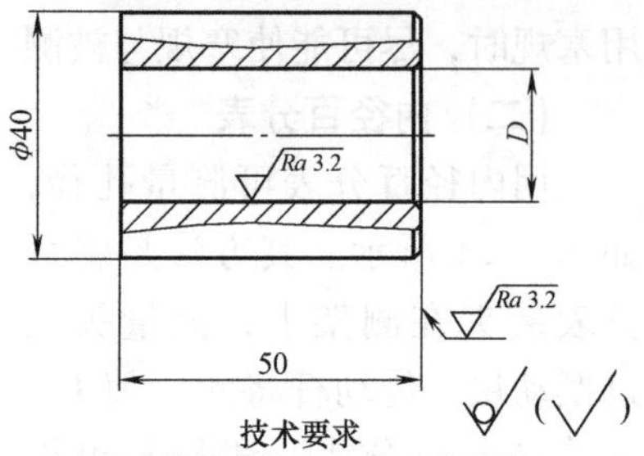

图 6-26　车直孔

加工步骤：

1）夹持外圆，找正夹紧。

2）车端面。

3）钻 ϕ18mm 孔（已完成）。

4）粗、精车孔径至尺寸要求（期间留精车余量 0.3mm）。

5）孔口倒角 $C1$。

6）检查后取下工件。

【练习与思考】

1. 内孔车刀装夹应注意什么？

2. 测量孔径的方法有哪些？

课题五　车台阶孔

【学习目标】

1. 掌握加工台阶孔的方法。

2. 了解车台阶孔时的注意事项。

【相关知识】

一、车台阶孔方法

1）根据台阶孔直径大小，选择合适的钻头，进行钻孔和扩台阶孔，或者直接用车刀将台阶孔车出。

2）装夹不通孔车刀，使刀尖与工件中心等高或稍高，刀柄伸出长度应尽可能短，其车刀的主切削刃与平面成 3°～5°的夹角，如图 6-27 所示。并在工件台阶孔内作试移动一次，刀柄外侧与孔壁要留有一定空隙，防止刀柄碰伤孔壁。

3）在车床上车削台阶孔时，通常采用先粗、精车小孔，再粗、精车大孔的方法进行。粗车小孔时，留精车余量 0.3～0.5mm，其方法与车通孔的方法相同；粗车大孔时，留精车余量 0.3～0.5mm，孔深可车到尺寸。

4）起动机床，车端面，将小滑板刻度调至零位，并将床鞍刻度调整到零位。粗车用床鞍刻度盘控制，精车用小滑板刻度盘控制。移动床鞍和中滑板，将刀尖与孔壁触碰，车刀纵向推出，将中滑板的刻度调整到零位。移动中滑板，调整粗车背吃刀量，试切达到要求后，纵向机动进给粗车孔，床鞍的刻度接近孔的深度时，机动进给停止，手动继续进给至刀尖切入内孔台阶面时，进给停止，然后横向进给车台阶孔内端面。

5）精车小孔到尺寸，纵向机动进给精车内孔；精车大孔，试切尺寸正确后纵向机动进给车内孔，然后在孔口进行倒角。

6）车削孔径大小相差悬殊的台阶孔时，最好采用主偏角小于90°的车刀先进行粗车，然后用内偏刀精车至尺寸。

7）控制台阶孔深度的方法：粗车时通常采用刀杆上刻线痕作记号（见图6-28a）或安放限位铜片（见图6-28b），以及用床鞍刻度盘的刻线来控制等。测量时用游标深度尺测量，测量方法是将深度尺机座端面与工件外端面靠紧并贴平，尺身沿着孔壁移动，尺身前端面与孔内的台阶面接触时，读出游标上的数值。

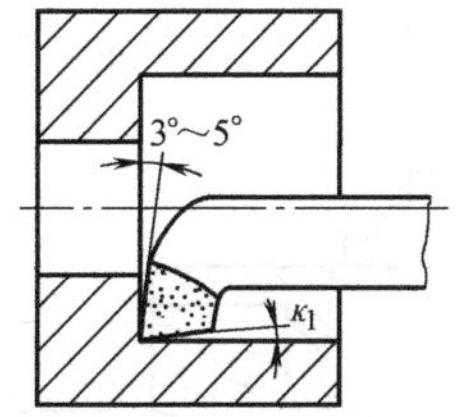

图6-27　内偏刀的装夹要求

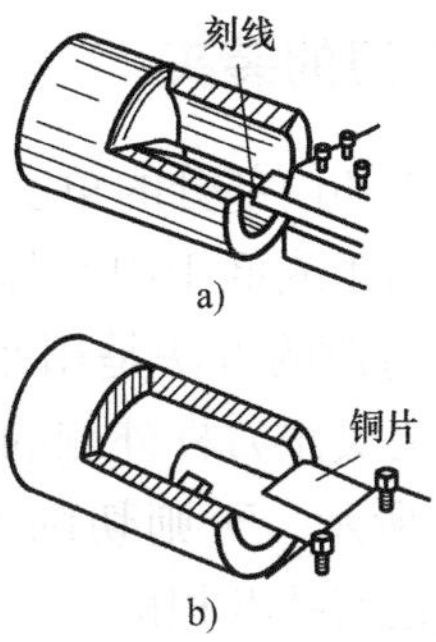

图6-28　控制车孔长度的方法

二、注意事项

1）孔内端面要平直，孔壁与端面相交处要是清角，并防止出现凹坑或小台阶。

2）孔径避免出现喇叭口和有试刀的痕迹。

3）用内径百分表测量时，应严格按照其测量方法进行测量。

【技能训练】

车台阶孔训练，材料45，如图6-29所示，D为30mm，d为24mm。

加工步骤：

1）夹持外圆，找正夹紧。

2）车端面。

3）成形（孔径留0.5mm以内精车余量，孔深基本到位）。

4）精车小孔径和大孔及孔深至尺寸要求，并且倒角$C1$。

5）检查后取下工件。

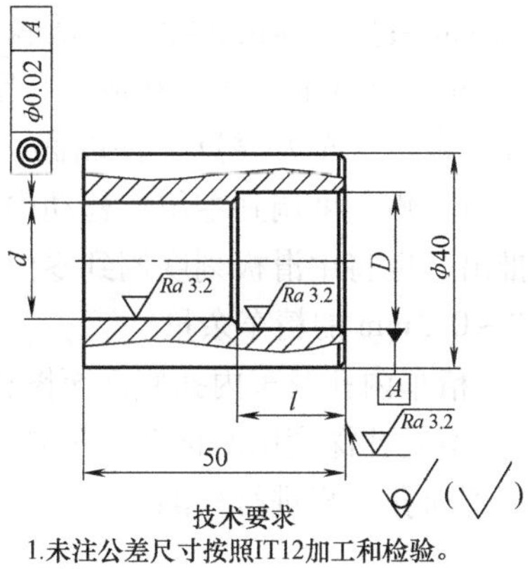

图6-29　车台阶孔

【练习与思考】

1. 简述车台阶孔的方法。

2. 简述车台阶孔的注意事项。

课题六　车不通孔和车内沟槽

【学习目标】

1. 了解车削不通孔的要求。

2. 掌握不通孔的车削方法。

3. 会用纵、横向刻度盘的刻线控制沟槽的深度和距离。

【相关知识】

一、内孔刀的装夹

不通孔车刀切削部分的角度和装夹与台阶孔车刀相同，但刀尖的高低必须严格地对准工件旋转中心，高于或低于中心都不能将孔底车平整，检验刀尖中心最简便的方法是用车端面的方法进行验证。不通孔车刀的刀尖跟刀杆外侧的距离 a 应小于内孔半径 R，如图 6-30 所示，否则切削时刀尖还未车至工件中心，刀杆外侧已与孔壁相碰。

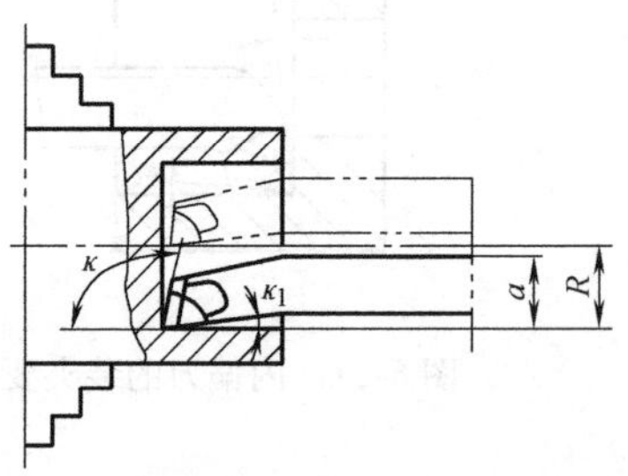

图 6-30　不通孔车刀

二、车削不通孔的方法

车削不通孔的要求是：内孔底面应平整、光洁，无凸头、凹坑和台阶。车削不通孔的方法为：

1）用比不通孔孔径小 2mm 的钻头进行钻孔，用相同直径的平钻头将孔扩成平底，孔深留 1 ~ 2mm 余量，其钻孔深度应从麻花钻钻尖量起。

2）车内孔底面和粗车孔成形，留精车余量。以端面为基准测量扩孔深度，记录下孔底面的加工余量；车刀靠近工件端面，移动小滑板，使车刀刀尖与端面接触，将刻度调到零位，并将床鞍刻度调到零位；移动中滑板，将车刀伸入内孔，当刀尖与孔口接触时，车刀纵向的推出，也将中滑板刻度调到零位；用中滑板分度值调整背吃刀量进行粗车不通孔，孔深留 0.2 ~ 0.3mm 的精车余量。

3）精车内孔及车内孔底面至图样尺寸要求。精车用试切削的方法控制孔径尺寸。

4）不通孔深度用游标深度尺测量；孔底面可用目测或手感进行判断是否平直；孔径大小可用不通孔塞规进行检测。

三、内沟槽的种类

根据工作情况和结构工艺性的需要，有各种断面形状的内沟槽。

1）退刀槽：在车内螺纹、车孔、磨孔时作退刀用。

2）密封槽：在内梯形槽内嵌入油毛毡，防止轴上润滑剂溢出，同时防尘。

3）轴向定位槽：在内孔中适当位置的内沟槽中嵌入弹性挡圈实现相关零件的轴向定位。

4）储油槽：用作通过和储存润滑油，这种较长的内沟槽方便轴套内孔的加工和良好的定位。

5）油气通道槽：在液压或气动滑阀中加工的内沟槽，用于通油或通气。

四、车内沟槽的方法

加工小孔中的内沟槽车刀用整体式，在大直径内孔中车内沟槽的车刀常为机械装夹式。装夹内沟槽车刀时，应使主切削刃与内孔中心等高或略高，两侧副偏角必须对称，主切削刃应与内孔素线平行，固定后，还要摇动床鞍手轮，使沟槽车刀在孔内试移动一次，检查刀杆与孔壁是否相碰。

车内沟槽与车外沟槽方法相似，宽度较小的或要求不高的窄沟槽，用主切削刃宽等于槽宽的内沟槽车刀一次车出，如图 6-31a 所示。精度要求较高的内沟槽，一般可采用二次或多次车出，即第一次车槽时，槽壁与槽底留少些余量，第二次用等宽刀修整，如图 6-31b 所示。很宽的沟槽可用尖头内孔刀先车出凹槽，再用内沟槽刀修整沟槽两端，如图 6-31c 所示。沟槽之间的距离和深度可用刻度盘的刻线控制。

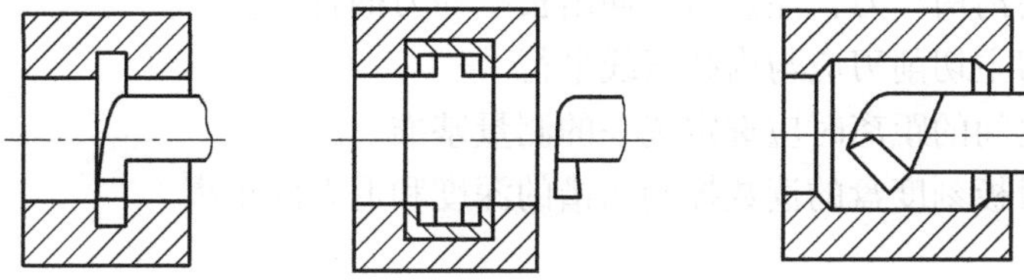

a)　　b)　　c)

图 6-31　内沟槽的车削方法

a）直进法车内沟槽　b）多次直进法车较宽内沟槽　c）纵向进给车较宽内沟槽

五、内沟槽的测量方法

测量内沟槽直径时可用弹簧内卡钳测量，如图 6-32a 所示。先把弹簧内卡钳放进沟槽，用调节螺母把卡钳张开的尺寸调整至松紧适度，在保证不移动调节螺母的前提下，把卡钳用力收小，从内孔中取出，然后使其恢复到原来的尺寸，再用外径千分尺测量出弹簧内卡钳张开的尺寸。这个尺寸是内沟槽的直径。但这种方法测量麻烦，尺寸不能保证十分正确。直径较大的内沟槽可采用如图 6-32b 所示弯头游标卡尺测量。

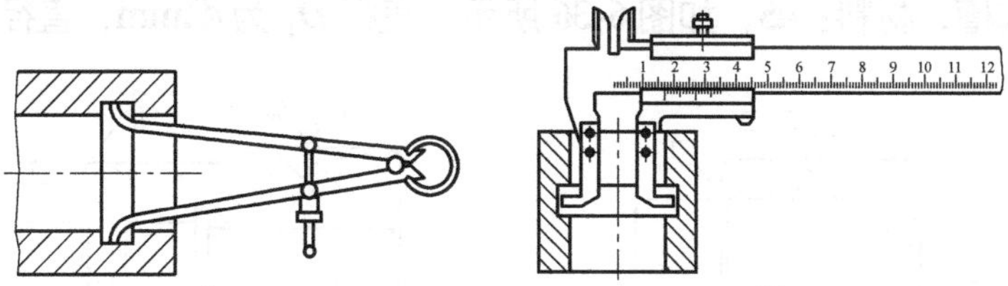

a)　　b)

图 6-32　测量内沟槽直径

a）用弹簧内卡钳测量内沟槽直径　b）用弯头游标卡尺测最内沟槽直径

内沟槽宽度可用游标卡尺测量（见图 6-33a）或用样板测量（见图 6-33b）。

内沟槽的轴向位置可采用钩形深度游标卡尺测量，如图 6-34 所示。

六、注意事项

1）刀尖要对准工件旋转中心。

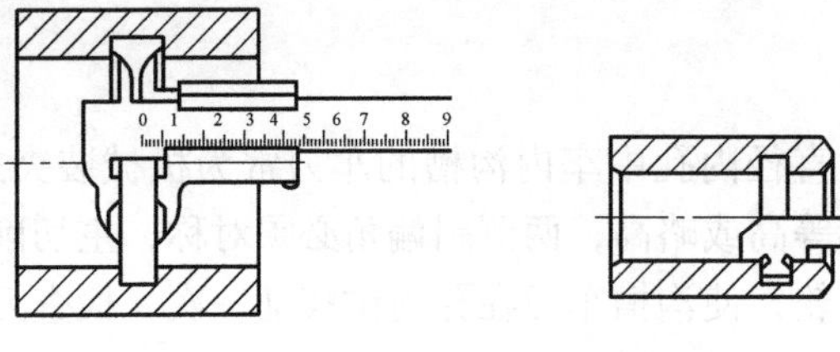

a) b)

图 6-33 测量内沟槽宽度的方法
a）用游标卡尺测量内沟槽宽度 b）用样板测量内沟槽宽度

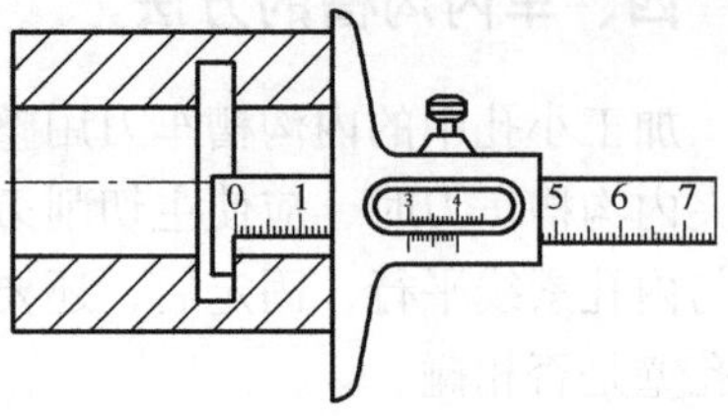

图 6-34 用钩形深度游标卡尺测量内沟槽轴向位置

2）车刀纵向切削至接近底平面时，应停止机动进给，用手动进给代替，以防碰撞底平面。

3）用塞规检查不通孔的孔径时应用不通孔塞规进行检测。

4）正确选用内沟槽车刀，注意刀头伸出长度和刀柄直径。

5）内沟槽车刀主切削刃应与内孔素线平行。

6）控制沟槽之间的距离时应选定统一的测量基准。

7）应利用中滑板刻度盘的读数控制沟槽的深度和退刀的距离。

【技能训练】

一、车平底孔，材料：45，如图 6-35 所示

加工步骤：

1）夹持外圆，找正夹紧。

2）车端面（车平即可）、外圆。

3）钻 ϕ18mm 孔，深 18mm（包括钻尖）。

4）用平钻扩孔到 ϕ21mm，孔深 20mm。

5）精车端面、内孔及底平面至尺寸要求。

6）孔口倒角 $C1$。

7）检查后取下工件。

二、车内沟槽，材料：45，如图 6-36 所示，直径 D_1 为 42mm，直径 D_2 为 50mm

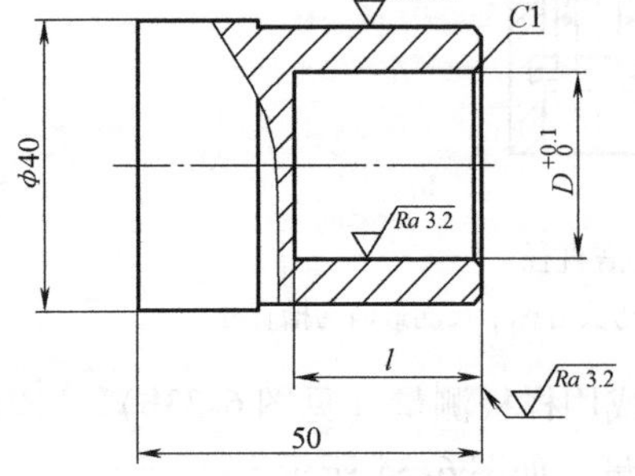

技术要求
未注公差尺寸按照IT12加工和检验。

图 6-35 车平底孔

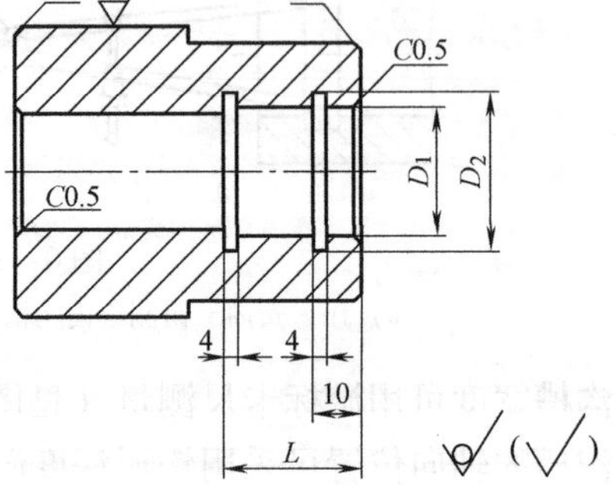

技术要求
未注公差尺寸按照IT12加工和检验。

图 6-36 车内沟槽

加工步骤：

1）夹持外圆车端面、车外圆、钻孔、车内孔、倒角 $C1$ 和 $C0.5$。

2）调头，夹持外圆车端面。

3）车内孔 $\phi42^{+0.1}_{0}$mm 至尺寸。

4）车两条内沟槽。

5）孔口倒角 $C0.5$。

6）检查尺寸合格后取下工件。

【练习与思考】

1. 简述内孔车刀和内沟槽车刀的安装。
2. 简述车不通孔的方法。
3. 简述车内沟槽的方法。
4. 简述内沟槽深度、轴向、宽度的测量方法。

第七章　车　圆　锥

课题一　转动小滑板车削圆锥

【学习目标】

1. 掌握转动小滑板车削圆锥体的方法。
2. 根据工件的锥度，会计算小滑板的旋转角度。
3. 掌握锥度检查的方法。
4. 了解转动小滑板车削圆锥体产生废品的原因。

【相关知识】

在车床上车圆锥的方法有：转动小滑板法、偏移尾座法、靠模法和宽刃刀车削法。车削较短的圆锥体时，可用转动小滑板的方法。小滑板沿顺时针或逆时针方向转动的角度也就是小滑板导轨与车床主轴轴线相交的一个角度，其大小等于所加工零件的圆锥半角 $\alpha/2$ 值，车刀的运行轨迹与所需加工圆锥在水平轴平面内的素线平行，如图 7-1 所示。

一、小滑板转动角度的计算

外圆锥面和内圆锥面的主要尺寸和名称是相同的，如图 7-2 所示，其基本的参数有圆锥直径、圆锥长度、圆锥角和锥度。

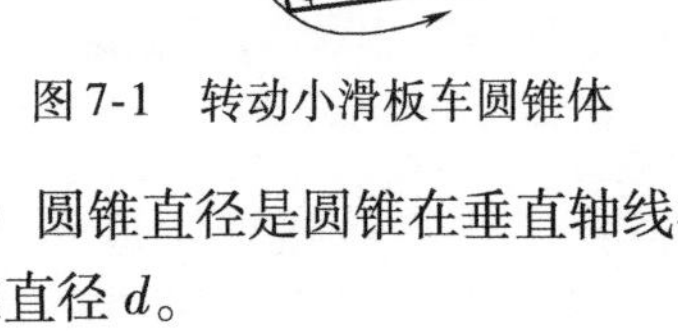

图 7-1　转动小滑板车圆锥体

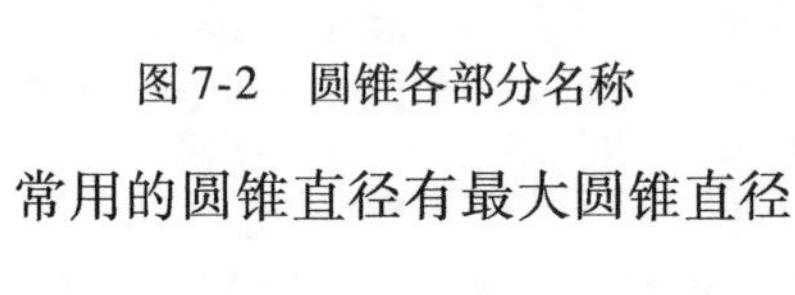

图 7-2　圆锥各部分名称

1）圆锥直径是圆锥在垂直轴线截面上的直径。常用的圆锥直径有最大圆锥直径 D、最小圆锥直径 d。

2）圆锥长度 L 是最大圆锥直径与最小圆锥直径之间的距离。

3）圆锥角 α 是在通过圆锥轴线的截面内，两条素线间的夹角。车削时常用到圆锥半角 $\alpha/2$。

4）锥度 C 是最大圆锥直径与最小圆锥直径之差与圆锥长度的比值。即 $C=(D-d):L$。圆锥半角与锥度 C 的关系：$C=2\tan(\alpha/2)$

车削前应先计算出圆锥半角 $\alpha/2$，圆锥半角就是小滑板应转过的角度。根据被加工零件给定的已知条件，可应用下面公式计算圆锥半角 $\alpha/2$：

$$\tan \alpha/2 = C/2 = (D-d)/2L \tag{7-1}$$

式中　$\alpha/2$——圆锥半角，度；

C——锥度；

D——最大圆锥直径，mm；

d——最小圆锥直径，mm；

L——最大圆锥直径与最小圆锥直径之间的轴向距离，mm。

圆锥半角（$\alpha/2$）可查三角函数表得到，当圆锥半角（$\alpha/2$）$<6°$时，可采用近似公式计算：

$$\alpha/2 \approx 28.7° \times C \tag{7-2}$$

$$\alpha/2 \approx 28.7° \times (D-d)/L \tag{7-3}$$

二、转动小滑板的方法

首先确定小滑板转动的角度。因图样上对圆锥角度的标注方法不同，必须换算为圆锥素线与车床主轴轴线的夹角 $\alpha/2$。

将小滑板下面转盘上的两个螺母松开，车削正外圆锥面时，即圆锥大端靠近主轴，小端靠近尾座方向，小滑板应逆时针方向转动；车削反外圆锥面时，小滑板则应顺时针方向转动。把转盘转至所需要的圆锥半角（$\alpha/2$）的刻度上，与基准零线对齐，然后固定转盘上的螺母。如角度不是整数值时，其小数部分用目测的方法估计，大致对准后，通过试车后逐步找正。

车削时根据小滑板上的刻度来确定锥度的方法，其车削的精度不是很高。当车削标准锥度和较小的角度时，一般可用圆锥量规，用涂色检验的方法，逐步找正小刀架所需转动的角度；当车削角度较大的工件时，可用样板或游标万能角度尺来找正检验；如果该车削件已有样件或标准塞规时，可用百分表找正锥度值的方法。

三、车削前调整好小滑板镶条的松紧

小滑板调整好后，不能轻易地转动。如果车削加工出的工件锥度不正确，可能是其他方面的原因，如小滑板镶条的松紧是否调整好。如果小滑板镶条调得过紧，手动进给时费力，移动不均匀，如果调得过松，造成小滑板间隙太大，车削时刀纹时深时浅。两者均会使车出的锥面粗糙度值较大且工件素线不平直。

四、车外圆锥的加工方法

车外圆锥一般先按圆锥的大端和圆锥部分长度车成圆柱体，然后再车圆锥。

1. 车圆柱体

按照圆锥的大端和圆锥部分长度车圆柱体直径和长度。

2. 车圆锥体

1）调整好小滑板的导轨间隙，并确定好小滑板工作行程，如图 7-3 所示，工作行程应大于圆锥加工的长度。

2）粗车。移动中、小滑板，使车刀刀尖与轴端外圆面轻轻接触后，小滑板向后退出，中滑板刻度调整到零位，作为粗车圆锥的起始位置。中滑板刻度向前进给，调整背吃刀量，开动机床，双手交替转动小滑板手柄，要求手动进给的速度保持均匀而不间断，如图 7-4 所示。车削圆锥时，背吃刀量会逐渐减小，当背吃刀量接近零时，记下中滑板分度值后，将车刀退出，小滑板则快速后退复位。粗车至圆锥小端直径留 1.5 ~2mm 余量。

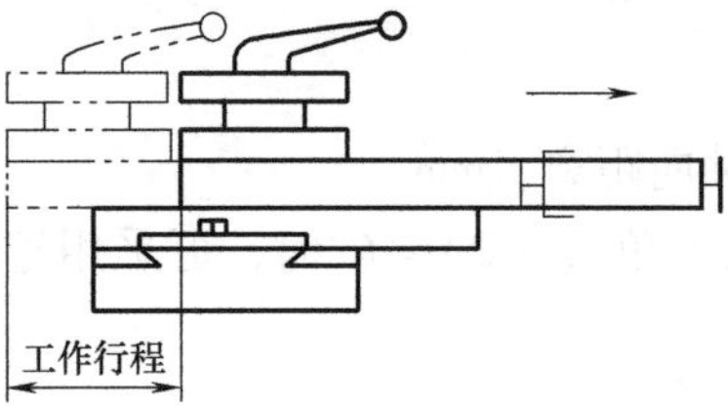

图 7-3　小滑板工作行程

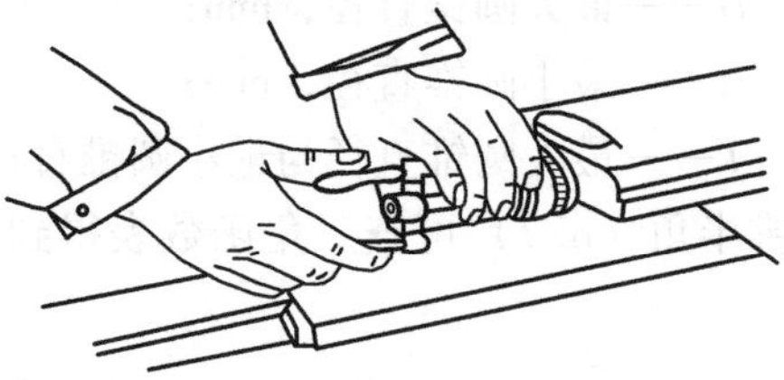

图 7-4　双手交替转动小滑板

3）粗车后用套规、样板或游标万能角度尺检测圆锥圆锥角。将套规轻轻套在工件上，用手捏住套规左、右两端分别上下摆动，如图 7-5 所示。如其中的一端有间隙，表明工件的圆锥角度不正确，若大端有间隙，说明圆锥角度太小，如图 7-6a 所示；若小端有间隙，说明圆锥角度太大，如图 7-6b 所示。此时可松开转盘螺母，轻轻敲动小滑板，进行微量调整，再次车削。

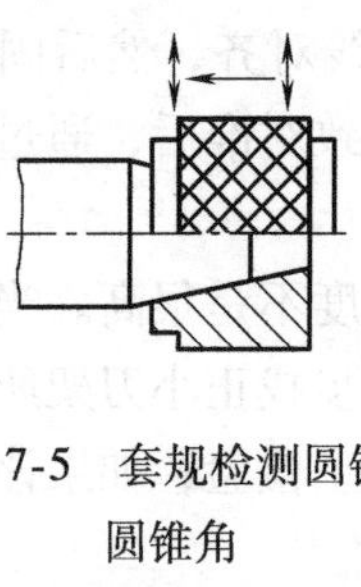

图 7-5　套规检测圆锥圆锥角

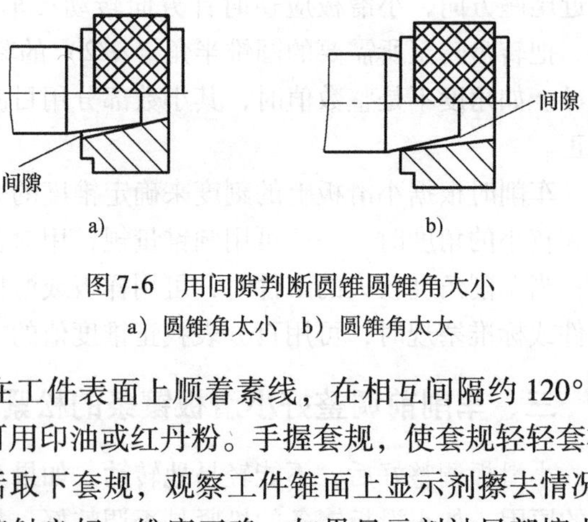

图 7-6　用间隙判断圆锥圆锥角大小
a）圆锥角太小　b）圆锥角太大

用涂色法检验圆锥的接触面积的方法：在工件表面上顺着素线，在相互间隔约 120°的位置，薄而均匀地涂上三条显示剂，显示剂可用印油或红丹粉。手握套规，使套规轻轻套在工件圆锥上，稍加轴向推力，转动半圈，然后取下套规，观察工件锥面上显示剂擦去情况。如果三条显示剂全长上擦去均匀，表示圆锥接触良好，锥度正确；如果显示剂被局部擦去，表示圆锥的角度不正确，也可能是圆锥的素线不直所致。根据检查情况，确定小滑板应转动的方向来找正角度。锥形套规是检验锥体工件的综合量具，既可检查工件锥度的准确性，还可检查锥体工件的大小头直径及长度尺寸。如果要求套规与锥体接触面在 50% 以上，一般须经过试切和反复调整，所以锥体的检查在试切时就应进行。

用游标万能角度尺检测的方法：将游标万能角度尺调整到要测的角度，尺的基准边通过工件中心靠在断面上，刀口靠在圆锥面的素线上，在光线充足处，采用透光法进行检测，来找正小滑板的角度，反复多次直至达到要求为止，如图 7-7 所示。

图 7-7　用游标万能角度尺检验角度

用正弦规来测量圆锥角的方法如图 7-8 所示。将正弦规安放在平板上，工件放在正弦规的平面上，正弦规的一脚靠近工件小端的圆柱下放入调整好的组合标准量块，这样使得工件圆锥素线处于水平位置，再用杠杆表或百分表检查工件圆锥的两端高度，当两端的读数值相同时，可记录正弦规下面的标准组合量块的高度值和正弦规两脚之间的中心距离。通过公式计算出圆锥角。

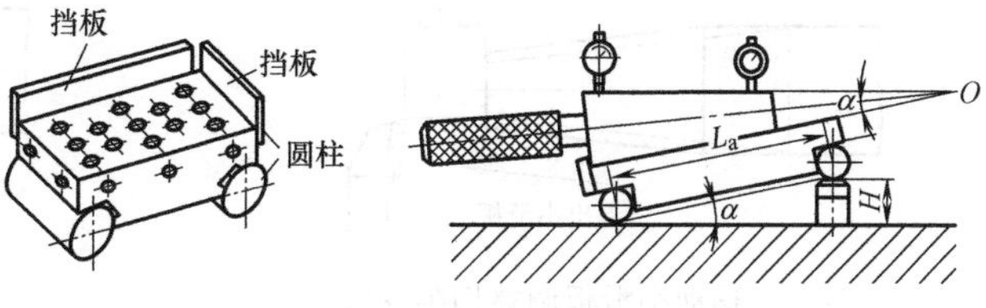

图 7-8 用正弦规测量圆锥角

4）精车外圆锥面。小滑板转角调整好后，精车外圆锥面，提高工件的表面质量和控制外圆锥面的尺寸精度。精车锥面的基本要求有三点：一是对机床的要求，小滑板应具有良好的直线性，镶条与导轨配合适当，能均匀摇动；二是对刀具的要求，车刀必须锋利、耐磨、进给必须均匀及车刀刀尖必须严格对准工件的旋转中心；三是切削用量按照精加工要求进行选择。

五、精车锥体尺寸控制方法

（一）计算法

用套规控制尺寸时，当锥度已找正，而大端或小端的尺寸还未能达到要求时，须再进行车削，此时可通过计算法来解决其切削深度。

计算法需要用游标卡尺等量具测出套规台阶中心到工件小端面的距离值，如图 7-9 所示，从而可以用公式来计算切削深度 a_p。

$$a_p = a\tan(\alpha/2) \tag{7-4}$$

或

$$a_p = a \times C/2 \tag{7-5}$$

式中 a_p——当套规刻线或台阶中心离开工件端面 a 的长度时的切削深度，mm；

$\alpha/2$——圆锥半角，度；

C——锥度。

然后移动中、小滑板，使刀尖轻轻接触工件圆锥小端处后，退出小滑板，中滑板的刻度按所计算的 a_p 值调整，该值确定后小滑板手动进给精车圆锥至尺寸，如图 7-10 所示。

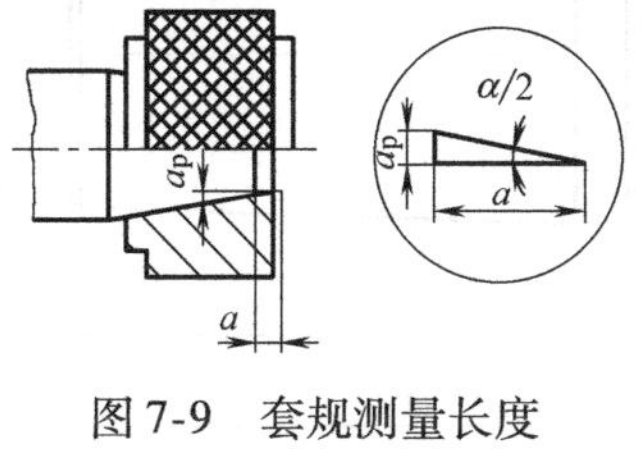

图 7-9 套规测量长度

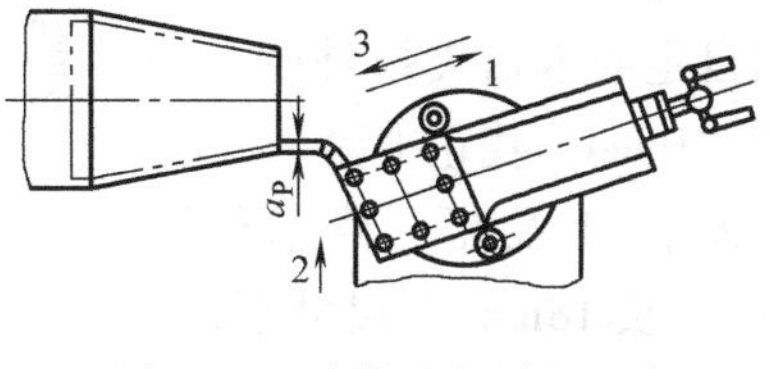

图 7-10 计算法车圆锥尺寸

（二）移动床鞍法

根据量出的距离 a，用移动床鞍的方法控制 a_p。首先使车刀刀尖轻轻接触工件圆锥小端处的棱边上，接着移动小滑板，使车刀离开工件端面一个 a 的距离，如图 7-11 所示。然后移动床鞍，使车刀与工件接触，如图 7-12 所示，这时虽然没有移动中滑板，但车刀已切入一个需要的深度。

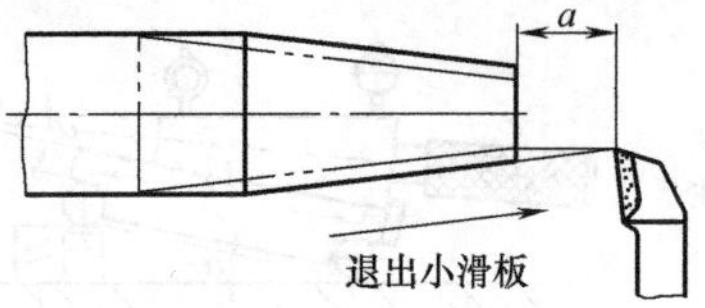

图 7-11　移动小滑板调整切削深度

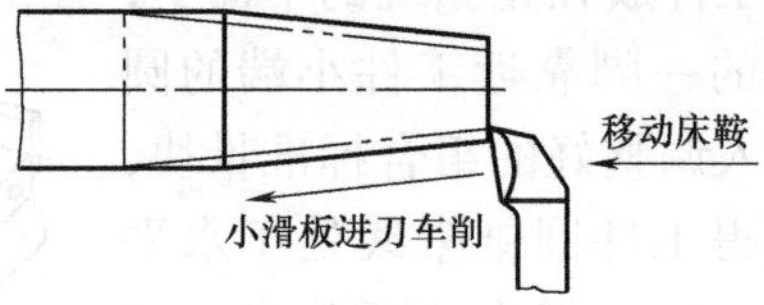

图 7-12　移动床鞍来调整

六、转动小滑板车削圆锥体的特点

1）能车圆锥角度较大的工件。

2）能车出整锥体和圆锥孔，操作简单。

3）局限于手动进给，若成批生产，劳动强度大，工件表面粗糙度较难控制。

4）受小滑板行程的限制，只能加工锥面不长的工件。

七、转动小滑板车削圆锥体产生废品的原因

1）角度不正确，可能因为计算错误或角度没有调整正确。

2）圆锥表面粗糙度达不到要求，可能因为车刀磨损严重，手动进给得不连续均匀，以及镶条调整得太松或太紧。车刀切削刃要始终保持锋利，应两手握小滑板手柄，均匀移动小滑板。

3）圆锥的素线不直，可能因为刀尖没有对准工件的旋转中心或小滑板导轨严重磨损。车刀必须对准工件旋转中心，避免产生双曲线误差。

4）圆锥尺寸车小了，可能因为在车削时，没有控制好尺寸，计算失误等。粗车时，进给量不宜过大，应先找正锥度，以防工件车小而报废，精车时要计算准确，控制得当。

5）测量不当，用量角器检查锥度时，测量边应通过工件中心。用套规检查时，工件表面粗糙度要小，涂色要薄而均匀，转动量一般在半圈之内，多则易造成误判。

【技能训练】

用转动小滑板法车锥体零件，材料：45，如图 7-13 所示。

加工步骤：

1）用自定心卡盘夹持外圆，伸出长度大于 20mm，找正夹紧。

2）车端面 *A* 及粗、精车外圆 $\phi32_{-0.05}^{\ 0}$mm、长 18mm 至尺寸要求，倒角 *C*1。

3）调头夹 $\phi32_{-0.05}^{\ 0}$mm 外圆长 15mm 左右，车端面 *B*，保证总长 84mm，粗、精车外圆 $\phi40\pm0.05$mm 至尺寸要求。

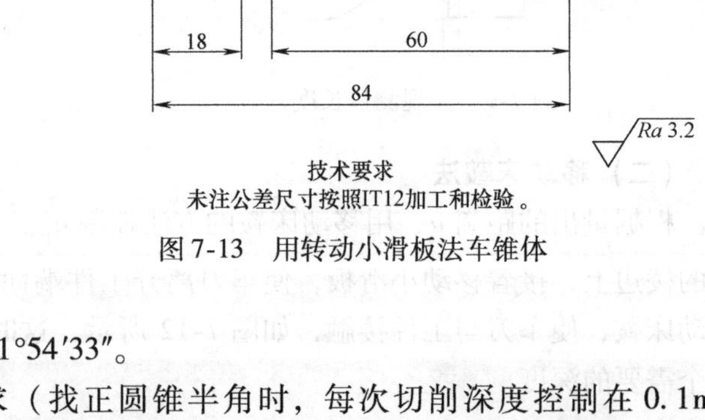

图 7-13　用转动小滑板法车锥体

4）将小滑板逆时针转动圆锥半角 1°54′33″。

5）粗、精车外圆锥面至尺寸要求（找正圆锥半角时，每次切削深度控制在 0.1mm

左右。）

6）倒角 C1，用角度尺检测。

7）合格后取下工件。

【练习与思考】

1. 简述转动小滑板车削圆锥体的方法。

2. 简述用锥形套规检查锥度的方法。

3. 转动小滑板法车削圆锥体的特点是什么？

4. 简述转动小滑板车削圆锥体产生废品的原因。

课题二　偏移尾座车削圆锥

【学习目标】

1. 掌握尾座偏移量的计算。

2. 掌握用偏移尾座的方法加工圆锥面。

3. 了解偏移尾座车削圆锥面的注意事项。

【相关知识】

偏移尾座法车削外圆锥面的方法：在两顶尖之间车削外圆锥时，床鞍平行于主轴轴线移动，将尾座上层滑板横向偏移一个距离 S，尾座偏移后，前后两顶尖之间的连线与车床主轴轴线相交成一个等于圆锥半角 $\alpha/2$ 的角度，车刀则沿着平行于主轴轴线方向进行切削，这样加工出的工件就成一个圆锥体，如图 7-14 所示。这种方法适用于加工细长锥体零件，原因是尾座的偏移量不能太大，所以不能车圆锥角度太大的工件。

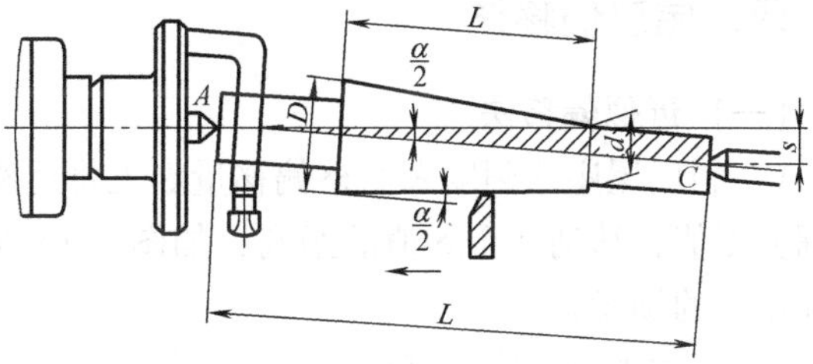

图 7-14　偏移尾座车外圆锥面

一、工件的装夹

1）在装夹前，完成工件圆柱面及端面的加工，尾座偏移后，就无法加工出圆柱面及与圆柱面垂直的端面。

2）调整尾座在车床上的位置，使前后两顶尖间的距离为工件总长，此时尾座套筒伸出尾座的长度应小于套筒总长的 1/2。

3）工件两端中心孔内加润滑脂，装鸡心夹头，将工件装夹在两顶尖间，松紧程度以手能轻轻拨转工件且工件无轴向蹿动为宜。

二、偏移尾座车外圆锥面的特点

1）这种方法适用于加工细长锥体零件，原因是尾座的偏移量不能太大，不能加工锥度大的工件。

2）与转动小滑板车外圆锥面相比，可用纵向机动进给车削，使加工表面纹路均匀，表面粗糙度值较小，表面质量较好。

3）由于工件需用两顶尖装夹，所以不能车削整锥体也不能车削圆锥孔

4）因顶尖在中心孔中是歪斜的，接触不良，所以顶尖中心孔磨损不均匀。

三、尾座偏移量的计算

尾座的偏移量不仅和圆锥体的长度有关，而且还和两顶尖的间距有关，其间距可以近似看成是工件的全长 L_0，工件安装在前后顶尖之间，将后顶尖向前或向后移动一个偏移量 S，使锥面的素线平行于车刀的纵向进给方向，利用车刀纵向进给，可车出所需的锥面。尾座偏移量可用下式计算：

$$S=(D-d)L_0/2L \tag{7-6}$$

或

$$S=L_0C/2 \tag{7-7}$$

式中 S——尾座的偏移量，mm；

C——圆锥锥度；

D——圆锥的大端直径，mm；

d——圆锥的小端直径，mm；

L——圆锥的长度，mm；

L_0—工件全长，mm。

四、尾座偏移法

（一）近似偏移法

1）利用尾座的刻度来调整偏移量。先将尾座锁紧螺母松开，松开螺钉 1、2，尾座上层根据分度值，移动一个 S 值的距离，如图 7-15 所示，车削倒锥时则相反，然后拧紧调节螺钉和尾座的锁紧螺母。

2）用中滑板刻度控制尾座的偏移量。在刀架上装夹一端面平整的铜棒，移动中滑板，使铜棒端面与尾座套筒接触，记录下中滑板分度值，根据刻度把铜棒退出 S 距离，去除中滑板丝杠间隙的影响，然后偏移尾座，使尾座套筒与铜棒端面再次轻轻接触即可，如图 7-16 所示。

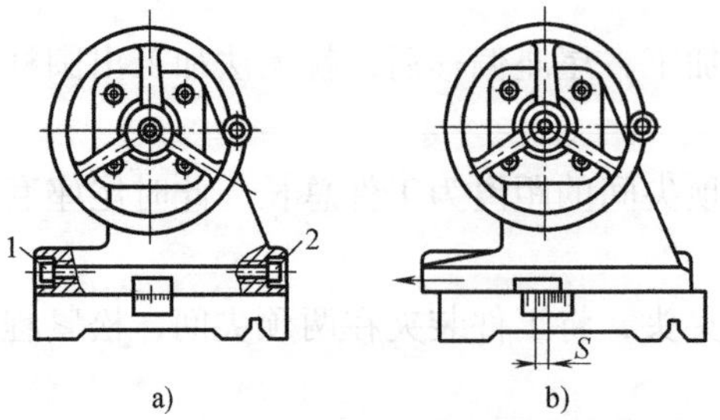

图 7-15 用尾座刻度偏移尾座的方法

a）零线对齐 b）偏移距离

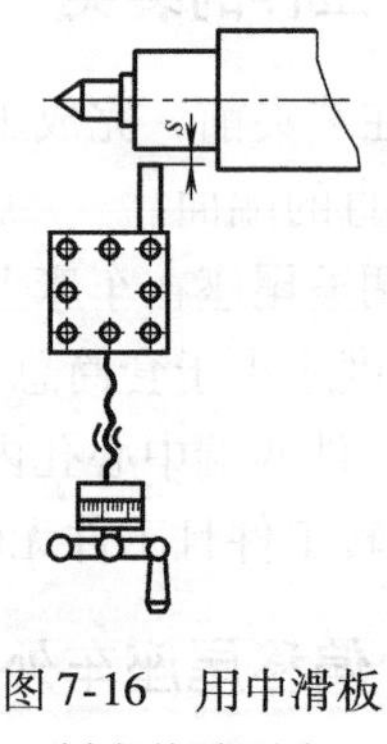

图 7-16 用中滑板刻度偏移尾座

3）试车削验证尾座偏移量。将工件装在两顶尖上，机动进给车圆锥至大约 1/2 圆锥素线长度，取下圆锥表面涂色检查，如果检查不符合要求，则还需调整尾座偏移量，一般要经

过往复几次的调整和试车，才能将工件的圆锥角度找正。

不论用调整尾座的刻度来调整偏移量，还是用中滑板刻度控制尾座的偏移量，所取得的偏移量都不是很准确的，必须经过试车找正。

（二）精确偏移法

1）首先按尾座刻度进行偏移，移动一个 S 值的距离。

2）再用百分表和锥度量棒或样件来找正尾座的偏移量。先将锥度量棒安装在两顶尖之间，圆锥大端应在车床卡盘方向；在刀架上固定住百分表，使百分表的测量头与锥度量棒的素线接触并垂直。然后偏移尾座，纵向移动床鞍，是百分表测量头靠近圆锥大端，移动中滑板，当百分表指针转动约半周时，转动百分表表面至零位。移动床鞍，将百分表测量头移至圆锥小端，根据百分表指针转动数值和方向，确定尾座调整的方向和调整量。在反复的过程中，使百分表在锥度量棒圆锥面两端的计数一致后固定尾座，如图 7-17 所示。

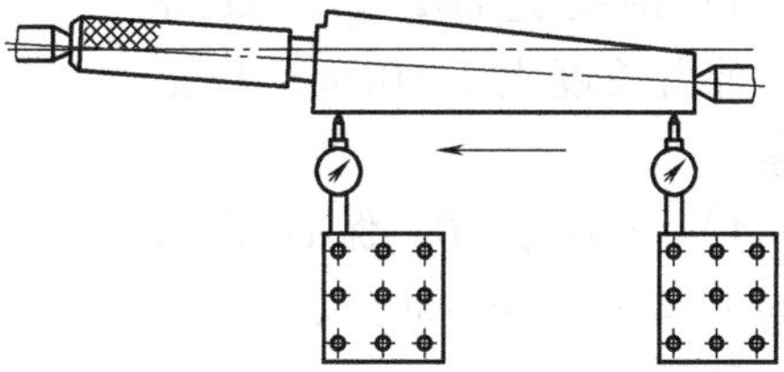

图 7-17　用百分表和锥度量棒精确偏移尾座的方法

五、外圆锥的车削

（一）粗车外圆锥面

用偏移尾座来车削圆锥面，工件采用两顶尖进行装夹，应适当降低切削用量，在粗车外圆锥面时，可以采用机动进给，粗车圆锥面长度达一半长时，要对锥度进行检查，检查圆锥角度是否正确，检查方法与转动小滑板法车外圆锥面的相同。如果锥度偏大，则应反向偏移，微量调整尾座，即减小尾座偏移量；如果锥度偏小，则应同向偏移，微量调整尾座，即增大尾座偏移量，并进行反复试车调整，直至圆锥角调整正确为止。然后继续粗车外圆锥面，留精车余量 0.5 ~ 1.0mm。

（二）精车外圆锥面

通过计算或移动床鞍来确定切削深度，然后机动进给精车外圆锥面到符合要求。

六、偏移尾座车削圆锥面的注意事项

1）车刀在安装时，车刀应对准工件中心，防止车出的圆锥素线不直。

2）在粗车外圆锥面时，切削深度不能太大，按要求进行检查，校准锥度，防止工件车小而报废。

3）偏移尾座车削圆锥面，前后两顶尖之间的连线与车床主轴轴线相交成角度，应注意顶尖松紧和前顶尖的磨损情况，防止工件飞出伤人。

4）偏移尾座车削圆锥面，尾座的偏移应仔细耐心，并熟练掌握偏移方向。

5）偏移尾座车削圆锥面，其前后两顶尖间的距离为工件总长，如果工件数量较多，其长度和中心孔的深浅必须一致。

【技能训练】

车莫氏 4 号锥体，材料：45，如图 7-18 所示。

加工步骤：

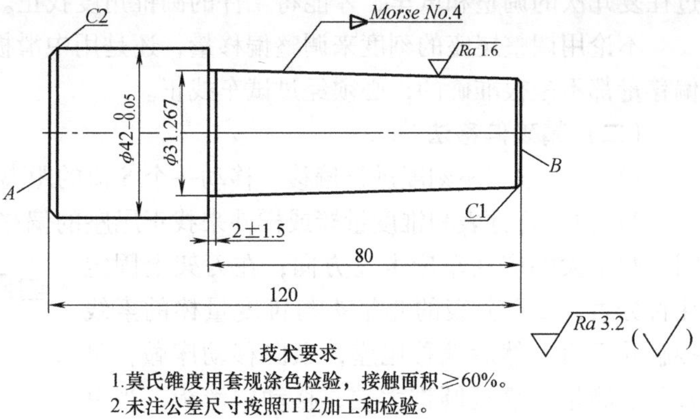

图 7-18　车莫氏 4 号锥体

1）用自定心卡盘夹持外圆，伸出长度 50mm 左右，找正夹紧。

2）车端面 *A* 及粗、精车外圆 $\phi42_{-0.05}^{\ 0}$ mm、长 40mm 至尺寸要求，倒角 *C*2。

3）调头夹 $\phi42_{-0.05}^{\ 0}$ mm 外圆，伸出长度大于 80mm，找正夹紧。

4）车端面 *B*，保证总长 120mm，车外圆 $\phi32$mm、长 80mm。

5）偏移尾座。

6）粗、精车外圆锥面至尺寸要求（找正圆锥半角时，每次切深控制在 0.1mm 左右）。

7）倒角 *C*1，去飞边。

8）用标准莫氏套规检测。

9）合格后取下工件。

【练习与思考】

1. 使用尾座偏移法来加工一锥体零件，$D=100$mm，$d=95$mm，$L=100$mm，$L_0=120$mm，计算求出尾座偏移量 S 的值。

2. 怎样用偏移尾座的方法加工圆锥面？

课题三　车削内圆锥

【学习目标】

1. 掌握转动小滑板车削圆锥孔的方法

2. 掌握用锥形铰刀铰内圆锥

3. 掌握用塞规检查锥形孔的方法

【相关知识】

在车削加工中，车内圆柱孔比车外圆柱面要困难，同样车内圆锥面比车外圆锥面困难，因为车削时车刀在孔内切削不易观察和测量。在车削中，为了便于加工和测量，在装夹工件时应使锥孔大端直径的位置放在外端，锥孔小端直径的位置则靠近车床主轴。在车床上加工内圆锥面的方法有车内圆锥法和铰内圆锥法两种，车内圆锥法也叫转动小滑板法。

一、车内圆锥

1）车削内圆锥的准备。首先车平工件端面，然后选择比圆锥孔小端直径小 1 ~ 1.5mm 的麻花钻钻孔。

2）内圆锥孔车刀的选择和装夹。圆锥孔车刀的柄尺寸受圆锥孔小端直径的限制，为提高刀柄刚性，可选用圆锥形刀柄，如图 7-19 所示。刀尖应与刀柄中心对称平面等高，这样刚性更好。车刀装夹时，可用车端面的方法使刀尖严格对准工件的回转中心。刀柄伸出的长度应保持其足够的切削行程，刀柄与工件锥孔间应留有一定空隙。车刀装夹好后，在停车的状态进行全程检查，以保证粗车时刀柄不碰孔壁。

3）转动小滑板车内圆锥面。转动小滑板的方法与车削外圆锥面时相同，只是方向相反，如图 7-20 所示，应顺时针方向偏转 $\alpha/2$ 角。车削前还须调整好小滑板导轨镶条的配合间隙，并确定小滑板的行程。当粗车到圆锥塞规能塞进孔一半长度时，应检查和校正锥面。

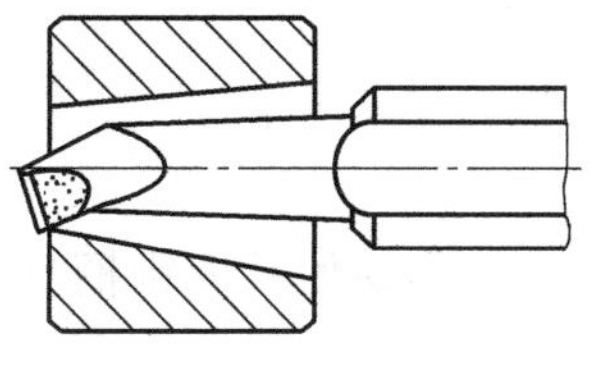

图 7-19 内圆锥孔车刀

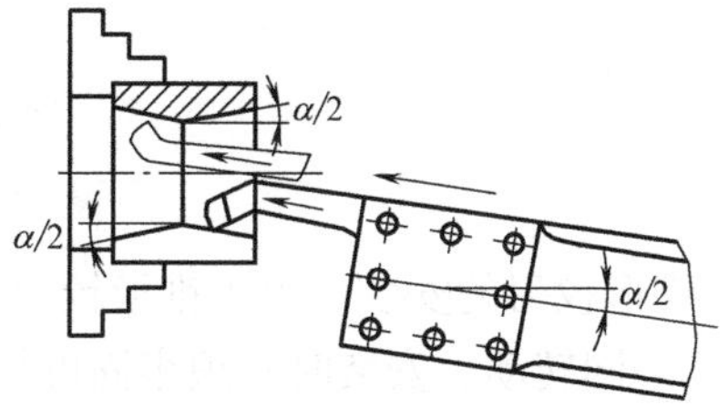

图 7-20 车内圆锥小滑板转动的方向

4）车内圆锥找正角度的方法有以下两种：

① 车削找正法。转动小滑板，粗车圆锥孔，测量圆锥孔的大端尺寸，留 1～1.5mm 余量。找正圆锥孔的角度，首先要求车刀锋利，切削用量小，使圆锥孔表面光洁，用圆锥塞规来检验圆锥的接触面积，显示剂涂抹在圆锥塞规上，并放入圆锥孔内压紧，转动 1/2 周后退出。通过观察显示剂被擦去的痕迹，如小端被擦去，说明圆锥孔角度太大；如大端擦去说明圆锥孔角度太小，需反复多次，才能将角度找正。

② 根据锥度量棒用百分表找正法。其方法与车外圆锥用锥度量棒找正的方法相似，不同之处是，大端的方向应放置在车床尾座端，如图 7-21 所示。

5）精车圆锥孔控制锥孔尺寸的方法，与精车外圆锥面控制尺寸的方法相同，可以采用计算法，如图 7-22 所示。

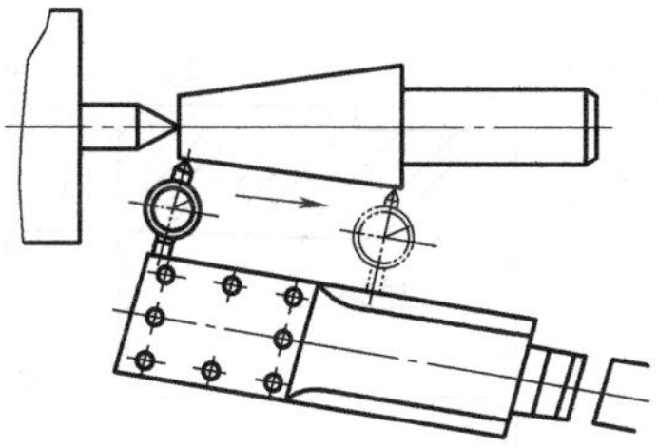

图 7-21 根据锥度量棒用百分表找正法

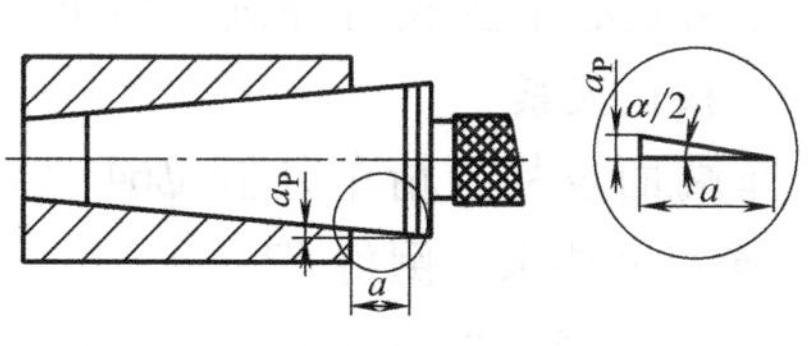

图 7-22 计算法控制圆锥孔尺寸

二、用锥形铰刀铰内圆锥

1）铰削内圆锥的准备。用圆柱量棒和百分表找正尾座中心。

2）选择铰削圆锥孔的切削用量。切削速度小于 5m/min，进给量应随铰削面积的增大而减小。

3）锥形铰刀的选择。铰削较小的锥孔时，在钻孔后，直接用粗、精铰刀将孔铰出；铰削较大的锥孔时，要先用车刀车出圆锥孔，再用精铰刀铰孔。锥形铰刀分为粗铰刀和精铰刀两种，如图7-23所示。粗铰刀的槽数比精铰刀少，容屑空间大，排屑有利，粗铰刀的切削刃上开有一条右螺旋分屑槽，将很长的切削刃分割成若干个短切削刃，所以在铰削时，可将切削分成一段一段的，使切屑容易排出。精铰刀做成锥度精确的直线刀齿，并留有很小的棱边来保证内圆锥的质量。

图7-23 锥形铰刀
a）粗铰刀 b）精铰刀

4）锥形铰刀的安装。由于锥形铰刀承受的切削力较大，容易使铰刀锥柄打滑，使得铰刀与工件一同转动。安装时必须牢固可靠的将铰刀顶紧。

5）铰削内圆锥的方法。用中心钻定位，选用比内圆锥孔小端直径小0.2～0.5mm的钻头进行钻孔。铰孔时应顺车，不然会损坏铰刀，先粗铰，然后再换精铰刀精铰。铰削应缓慢连续，并加注充分的切削液。锥孔内有切屑时，应及时快速退出铰刀，清除铰刀和孔内的切屑。

6）圆锥孔的检查。先清洁圆锥内孔，然后使用圆锥塞规用涂色法检查圆锥孔的接触面，符合要求后可继续铰削至尺寸。

7）控制尺寸的方法有用尾座套筒刻度来控制铰刀伸进圆锥孔的长度、控制孔的端面至锥形铰刀大端端面之间的距离以及在铰刀上与锥孔大端直径相等处做上进入孔内终止位置的记号。

【技能训练】

一、车锥套训练，材料45，如图7-24所示。

加工步骤：

1）用自定心卡盘夹持外圆，伸出长度大于20mm，找正夹紧。

2）车端面及粗、精车外圆 $\phi64_{-0.05}^{\ 0}$ mm、长20mm至尺寸要求，倒角 $C2$。

3）调头夹 $\phi64_{-0.05}^{\ 0}$ mm外圆，找正夹紧。

4）车端面及粗、精车外圆 $\phi70\pm0.05$ mm至尺寸要求，倒角 $C2$。

5）钻底孔后粗车孔径至尺寸 $\phi35$ mm。

6）小滑板顺时针转动圆锥半角1°54′33″，粗、精车内圆锥面至尺寸要求（找正圆锥半角时，每次切深控制在0.1mm左右）。

7）倒角 $C1$，去飞边。

8）用圆锥塞规涂色检查。

9）合格后取下工件。

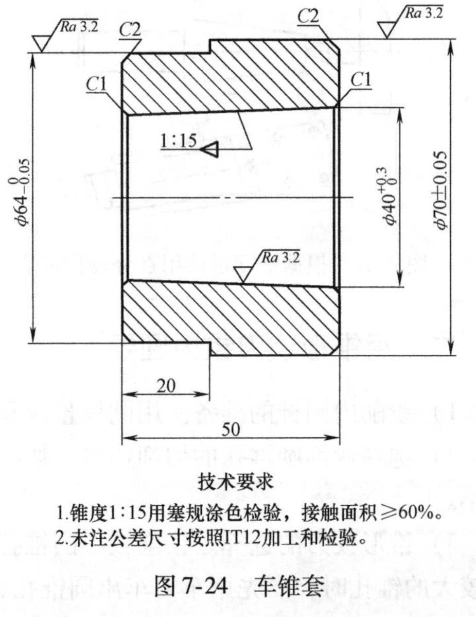

图7-24 车锥套

二、车 4 号莫氏锥套训练，材料 45，如图 7-25 所示

加工步骤：

1）用自定心卡盘夹持毛坯外圆长 30mm，找正夹紧。

2）车端面及外圆 $\phi60_{-0.05}^{\ 0}$ mm、长 60mm 至尺寸要求。

3）倒角 C2。

4）钻通孔 ϕ25mm。

5）车孔 ϕ28mm，长 5mm 至尺寸要求。

6）孔口倒角 C1。

7）调头夹持外圆 ϕ60mm、长 30mm 左右，找正夹紧。

8）车端面，保证总长 100mm，接刀车外圆至 ϕ60mm。

9）倒角 C2。

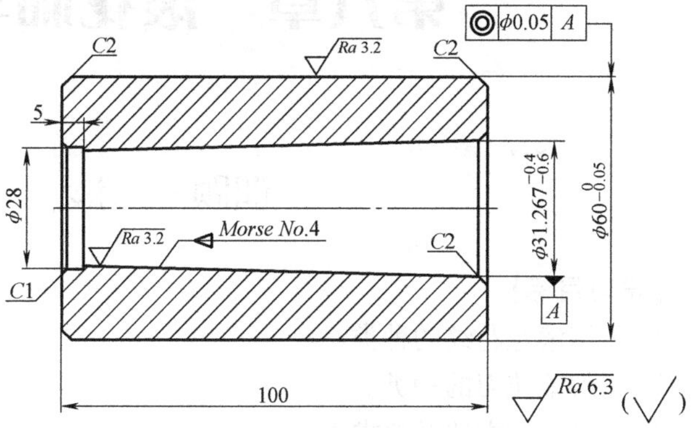

技术要求
1.莫氏锥度用塞规涂色检验，接触面积≥60%。
2.未注公差尺寸按照IT12加工和检验。

图 7-25　车 4 号莫氏锥套

10）小滑板顺时针转动圆锥半角 1°29′15″，粗、精车 4 号莫氏内圆锥面至尺寸要求（找正圆锥半角时，每次切削深度控制在 0.1mm 左右）。

11）用标准莫氏塞规涂色检查，接触面≥60%。

12）孔口倒角 C2。

13）合格后取下工件。

【练习与思考】

1. 简述转动小滑板车削圆锥孔的方法。

2. 简述用锥形铰刀铰内圆锥的方法。

第八章　滚花和车成形面

课题一　滚　　花

【学习目标】

1. 了解滚花花纹的种类。
2. 了解滚花刀的种类。
3. 掌握滚花方法及要求。
4. 能分析滚花时的乱纹原因及其防止方法。

【相关知识】

为了使用牢靠、增加必要的摩擦力而减少滑动，以及使零件表面美观，常在一些工具和机床零件的手持部位的表面上滚出各种不同的花纹，例如外径千分尺的微分套管、手用的铰杠以及手用的攻丝扳手等。这些花纹一般是在车床上用滚花刀滚压形成的。

一、滚花花纹的种类

滚花花纹的种类一般有直花纹、斜花纹和网花纹三种，如图 8-1 所示。花纹的节距根据工件直径及宽度在 0. 61 ~6mm 之间选取。

二、滚花刀

滚花刀一般有单轮、双轮和六轮三种，如图 8-2 所示。单轮滚花刀通常是压直花纹和斜花纹用。双轮滚花刀和六轮滚花刀用于滚压网花纹。双轮滚花刀由节距相同的一个左旋滚花刀和一个右旋滚花刀组成。六轮滚花刀以节距大小分为三组，并将三组滚花刀安装在同一个特制的刀杆上，分粗、中、细三种不同的纹距，供操作者选用。滚花刀的直径一般为 20 ~25mm，宽度为 10mm。最常用的是双轮网纹滚花刀。

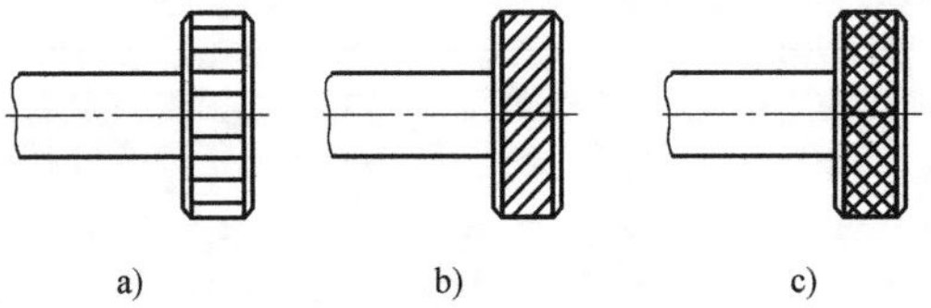

图 8-1　滚花花纹的种类

a）直花纹　b）斜花纹　c）网花纹

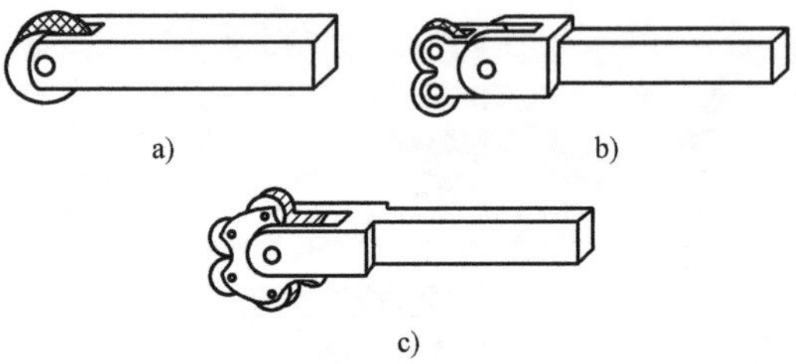

图 8-2　滚花刀

a）单轮　b）双轮　c）六轮

三、滚花方法

1）工件的装夹。工件的装夹应使工件伸出长度尽可能短一些，因为滚花时会产生很大的背向力。

2）滚花刀的选用。按照图样规定的花纹形状和节距选择滚花刀，直纹选用单轮滚花刀，网纹选用两轮或六轮滚花刀。滚花刀的轮齿应完好，滚轮用手转动时应灵活。滚轮间隙太大，会产生径向跳动与轴向窜动。

3）滚花刀的安装。滚花刀的安装应与工件表面平行。先固定刀架，再将滚轮轴的中心调整至工件中心高，拧紧螺钉使其初步夹紧，移动中滑板使滚轮与工件外圆靠近，轻轻点击刀杆进行微调，使滚轮与工件外圆平行。

4）滚花时工件表面产生塑性变形，会使外圆直径增大，所以在车削滚花部位的外圆时，应根据工件材料的性质和滚花节距的大小，将滚花部位的外圆尺寸车至下限或车小约0.2～0.5mm。

5）滚花时的切削速度。滚花时切削速度一般为7～15m/min。转速过高，滚花刀与工件容易产生滑动。

6）滚花加工。开动机床，将滚轮的1/2长度对准工件外圆，开始滚压时，径向进给的挤压力要大，使工件圆周上一开始就形成较深的花纹，这样就不容易产生乱纹。滚花开始时，滚花刀与工件接触面太大，就会使单位面积压力变小，容易形成花纹微浅，甚至出现乱纹。为了减少开始时的径向压力，可用滚花刀宽度的1/2或1/3进行挤压，或把滚花刀尾部装得略向左偏一些，使滚花刀与工件表面产生一个很小的夹角，如图8-3所示，这样有利于滚花刀切入工件表面。当滚花刀压入工件的花纹深度满足其要求后，即可纵向机动进给，一般来回滚压2至3次就能将花纹压出。在滚花的过程中必须充分加注切削液，以减少滚花刀磨损和防止细铁屑滞留在刀内，影响花纹的清晰。滚花时不可用手触摸工件，也不能用棉纱、毛刷等与工件或滚花刀接触。细长工件滚花时，要防止顶弯工件，薄壁工件要防止变形。压力过大，进给量过慢，压花表面往往会滚出台阶形凹坑。

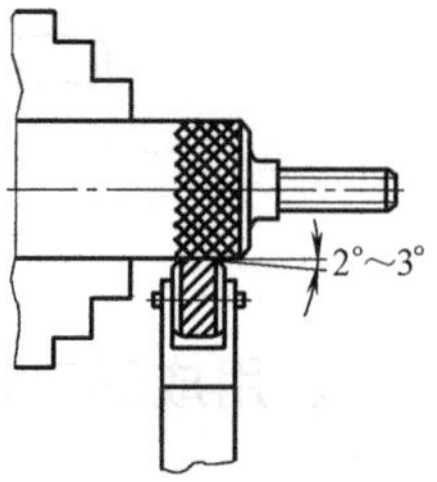

图8-3　滚花刀的装夹

7）倒角。因滚花的挤压作用，外圆和端面处容易产生飞边，应倒去锐边。

8）切断。按照图样尺寸要求，留余量0.5mm左右切断，调头装夹，车至总长并倒角。

【技能训练】

滚花训练，直径$D=40$mm，材料：45，如图8-4所示。

加工步骤：

1）夹住毛坯外圆，找正夹紧。

2）车端面和外圆，保证$\phi45$mm、长60mm。

3）滚斜纹。

4）车外圆，保证$\phi43$mm、长60mm。

5）滚直纹。

6）车外圆，保证$\phi40$mm、长60mm。

7）滚网纹。

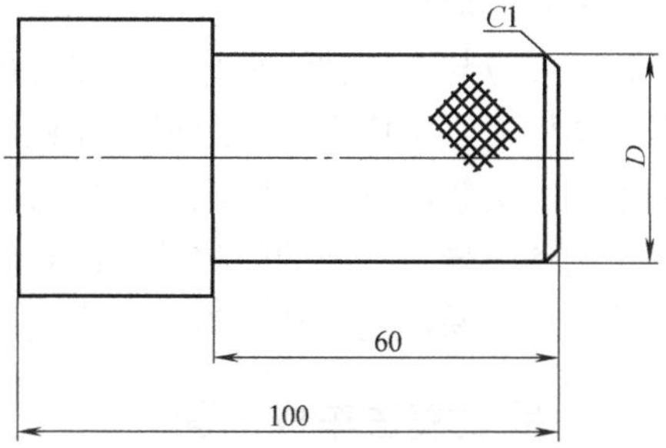

图8-4　滚花

【练习与思考】

1. 滚花的花纹种类有哪几种？

2. 滚花刀有几种类型？各适用于什么场合？

3. 简述滚花的方法。

课题二　成形面车削和表面修光

【学习目标】

1. 掌握加工圆球时的 L 长度的计算。
2. 掌握圆球的车削方法。
3. 掌握对圆球进行测量检查的方法。
4. 掌握表面修光的方法。

【相关知识】

在车削加工时，有些零件表面的轴向剖面呈曲线形，比如手柄、圆球等，具有这个特征的表面叫成形面，如图 8-5 所示。

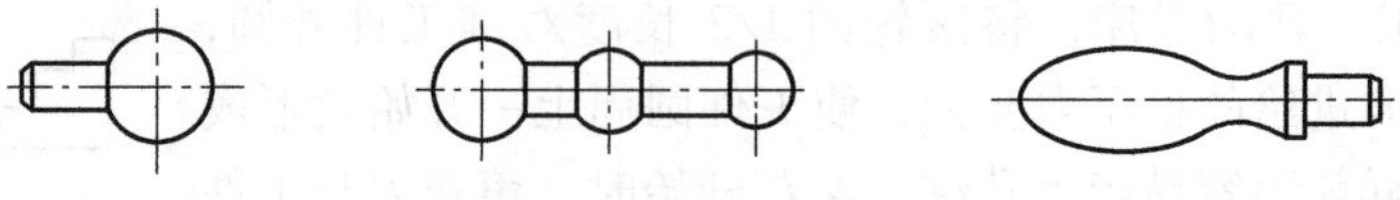

图 8-5　成形面零件

一、用成形刀车成形面

成形车刀是指刀具切削部分的形状刃磨得和工件加工部分的形状相似，这样的刀具就叫做成形车刀。用成形车刀车成形面，效率相对较高，且能达到形面一致，一般用于成批生产。外形简单，要求不高的成形车刀，由车床操作人员手工进行刃磨，要求较高的成形车刀一般在工具磨床上进行刃磨。刃磨后的成形车刀必须经过检验。

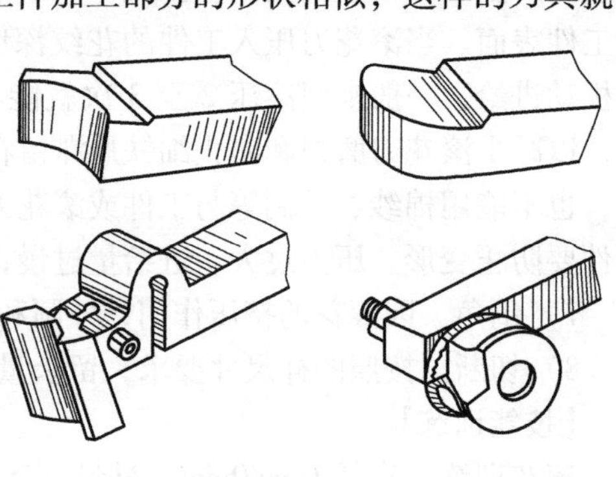

图 8-6　成形车刀

成形车刀可按加工要求做成各种式样，如图 8-6 所示，工件的加工精度主要是靠刀具保证。

在装夹成形车刀时，车刀应对准工件旋转中心，车刀应与工件轴线垂直。装刀时可将对刀样板紧靠在工件外圆上，将成形车刀主切削刃靠在样板上，主切削刃成形刃与样板成形面密和无间隙后，紧固车刀。由于切削时成形车刀和工件的接触面较大，因此切削抗力也大，容易出现振动和工件移位。在机床上，将中、小滑板镶条与导轨之间的间隙适当调整得小一些，可以减少振动。由于成形刀参与切削的切削刃较长，容易产生振动，为此切削速度应取小些，工件装夹也必须牢靠。

二、用靠模法车成形面

在车床上用靠模法车成形面的方法较多，其车削原理基本上和靠模法车圆锥体的方法相似。靠模成形法主要有尾座靠模和靠板靠模两种，只需事先做一个与工件形状相同的曲面仿形即可。

（一）尾座靠模

事先做一个与工件形状相同的标准样件装在尾座的套筒中，在刀架上装上长刀夹，刀夹靠近工件端装有车刀，刀夹靠近尾座端装有靠模板。开机后，双手同时操纵中、小滑板，使得靠模板始终贴在标准靠模上，且还要沿着标准靠模表面均匀移动，这样就可以车削出与标准靠模相同形状的零件，如图 8-7 所示。

在车床上使用靠模法加工，方法简单，但是用靠模操作不大方便，也不适合进行批量生产，工件成形表面的形状误差跟靠模和靠模板制造的精度有很大的关系。

（二）靠板靠模

靠板靠模的车削原理基本上和靠模法车圆锥体的方法相似，只是将锥度靠模换成了曲面靠模，将滑块改为了滚柱，如图 8-8 所示。在车床床身后面装上靠模装置，并将中滑板与丝杠脱开，将拉杆尾端与中滑板连接，滚柱与拉杆前端连接。车削时，滚柱沿着靠模曲槽移动，通过拉杆使车刀沿曲槽相应轨迹移动。

靠板靠模具有生产效率高、外形准确、操作简单、质量稳定的优点，但是需要制造专用的靠模，不能加工成形表面变化太大的工件。靠板靠模多用于车削难度较大、批量多，但是形状简单的成形面。

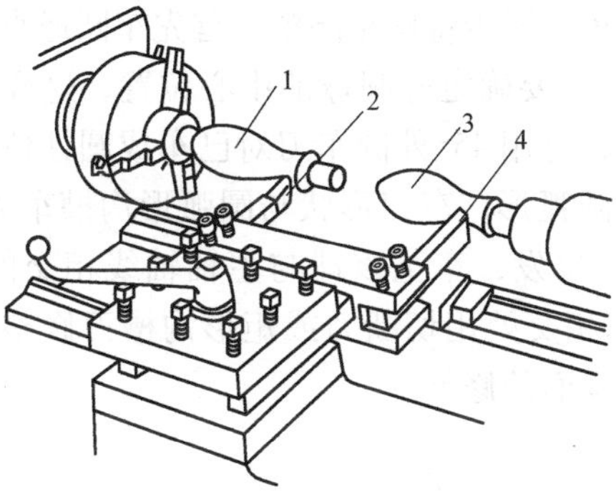

图 8-7　尾座靠模车手柄

1—手柄工件　2—车刀　3—手柄靠模

4—靠模板

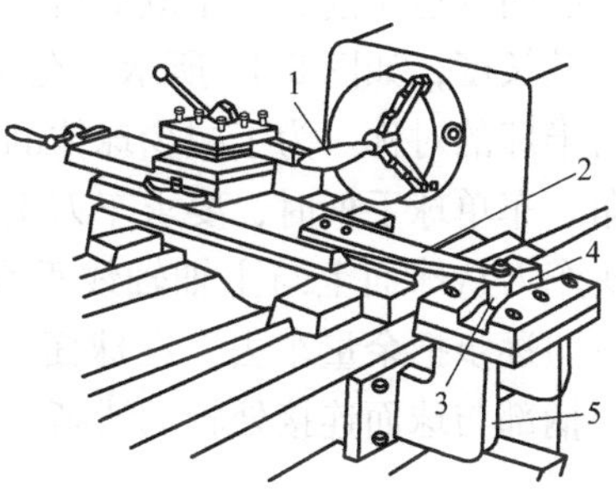

图 8-8　靠板靠模车手柄

1—手柄工件　2—拉杆　3—滚柱

4—靠模板　5—靠模支架

三、双手控制法车成形面

成形面零件的单件加工通常采用双手控制法车削。右手握住并摇动小滑板手柄，同时左手握住并摇动中滑板手柄，按照形状要求进行转动手柄，通过双手的协调动作，使车刀运动的轨迹与所要求的成形面曲线相仿，从而车出需要的成形面，如图 8-9 所示。当然也可采用摇动床鞍手柄和中滑板手柄的协调动作来进行加工。双手转动手柄的速度是成形的关键因素，双手控制法车成形面的特点是：车工应有较高的技术水平；灵活、方便，不需要其他辅助工具；但效率较低，多用于单件生产。

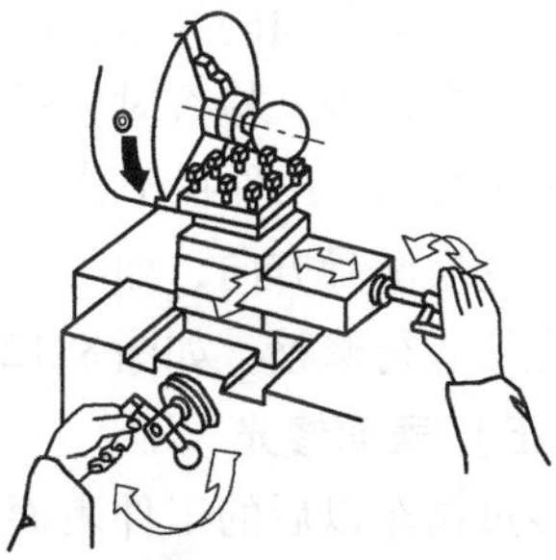

图 8-9　双手控制法车削手柄

四、车单球手柄的方法

（一）圆球部分长度的计算

车圆球前，将圆球部分的直径、长度和柄部的直径车好，如图 8-10 所示。圆球部分 L 长度计算公式如下：

$$L=\frac{1}{2}(D+\sqrt{D^2-d^2})$$

式中　L——圆球部分的长度，mm；

D——圆球的直径，mm；

d——柄部直径，mm。

（二）车削球面时的移动速度

车削球面时，纵、横向进给的移动速度是成形的关键。通过纵、横向的合成运动车出球面形状，当车刀从经过球心，与主轴轴线垂直的最高点出发，车至该球与主轴轴线相交的一点，纵向进给的速度是：快—中—慢，横向进给的速度是：慢—中—快，即纵向进给是减速度，横向进给是加速度。在纵、横向进给中，双手摇动手柄的速度应配合恰当。

（三）车圆球的方法

从中心向两边车削，粗车成形后，再进行精车，逐步将球车圆整。首先车圆球直径和柄部直径以及长度，如图 8-11 所示。在车削圆球前，要确定好圆球的中心位置，这样可以保证左、右半球的对称。为了减少球体的加工余量，可用 45°外圆车刀对已车成圆柱体的两端进行倒角。车单球手柄时，要求车刀主切削刃呈圆弧形，车刀形状与圆弧形沟槽车刀相似。用小圆头车刀从球面上与主轴轴线垂直的最高点出发，车至该球与主轴轴线相交的一点，左、右方向逐步把余量车去，在球面圆弧和柄部相交处用切断刀或矩形沟槽刀修整连接部位，使得柄部与球面连接处轮廓清晰。最后进行球面的修整。

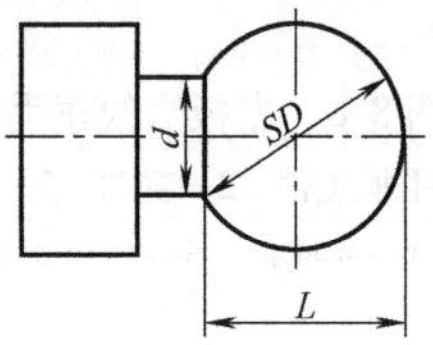

图 8-10　圆球部分 L 长度的计算

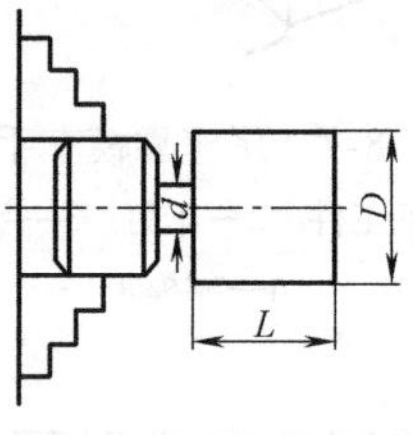

图 8-11　车圆球直径和柄部直径及长度

（四）球面形状的检查

为了保证球面的外形正确，通常采用样板、外径千分尺或套环等进行检查。球面形状用样板作透光检查，检查时应对准工件中心，根据样板与工件之间的间隙大小来修整球面，如图 8-12a 所示。用外径千分尺检查球面时，千分尺的测砧与测微螺杆连线应通过工件中心，并多次变换测量方向，如图 8-12b 所示。用套环检查时，也可用透光法进行检查，根据其间隙透光性进行修整，如图 8-12c 所示。

（五）表面修光

经过精车以后的工件表面，表面不一定达到图样要求，因为是双手控制法进给车成形面，手动进给不够均匀，使得工件表面留下高低不平的痕迹，因此必须采用表面抛光的方法

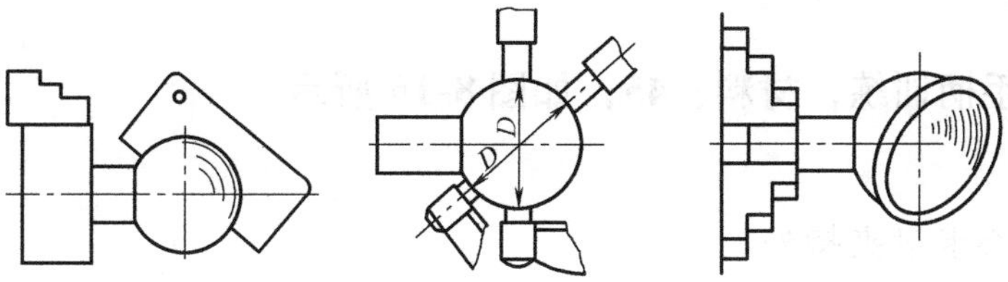

图 8-12　球面的测量方法

a）用样板检查　b）外径千分尺检查　c）套环检查

来达到所要求的表面粗糙度，一般用平锉刀、圆弧锉刀和砂布进行表面抛光。

1）在车床上用锉刀修光外球面时，常用细齿和油光的平锉刀或圆弧锉刀进行。其锉削余量不宜过多，一般在 0.15mm 以内，这样才不易使工件锉扁。锉削时避免锉屑滞塞在锉刀的齿缝里，经常用铜丝刷顺着锉刀纹清理齿缝，使锉削出的工件表面达到要求。用锉刀在车床上锉削时，为了保证安全，应用左手握住锉刀柄，右手捏住锉刀的前端，沿着圆弧面进行锉削，锉刀向前推出时加压力，退回时不加压力，锉刀的工作长度要长一些，速度不应太快，缓慢移动前进，推锉速度一般每分钟 35 次左右，如图 8-13 所示。锉削时主轴的转速要合理，主轴转速太高，会磨钝锉刀齿；主轴转速太低，会把工件锉扁。

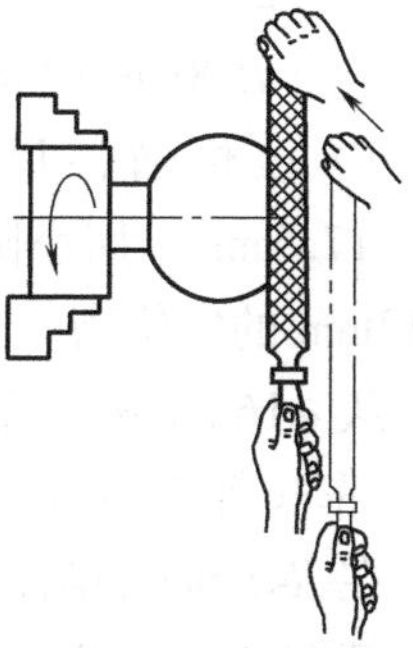

图 8-13　在车床上修光外球面锉刀的握法

2）砂布抛光成形面。用锉刀修光过的表面仍有细微的锉削痕迹，需用砂布抛光去除。在车床上抛光用的砂布一般用金刚砂制成。开始抛光用粗纱布，后用细砂布，砂布号数越小，颗粒越细，抛光后的表面粗糙度值越低。使用砂布抛光工件时，移动速度要均匀，主轴转速应高些。用砂布抛光有两种操作方法：一种抛光的方法是将砂布垫在锉刀下面进行，用类似锉削的方法进行抛光，这样比较安全，而且抛光的工件质量也较好，如图 8-14 所示。第二种是用双手直接捏住砂布的两端进行抛光，如图 8-15 所示。

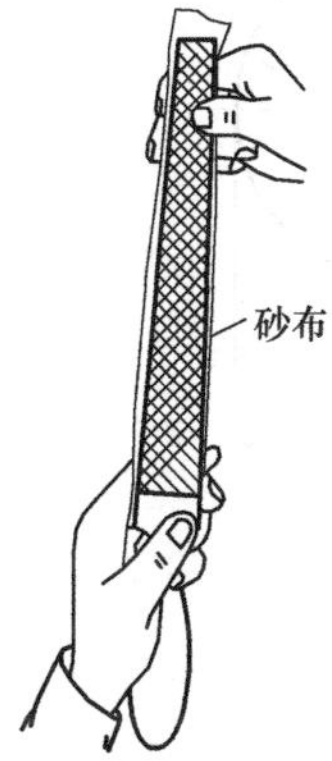

图 8-14　锉刀下面垫砂布抛光工件

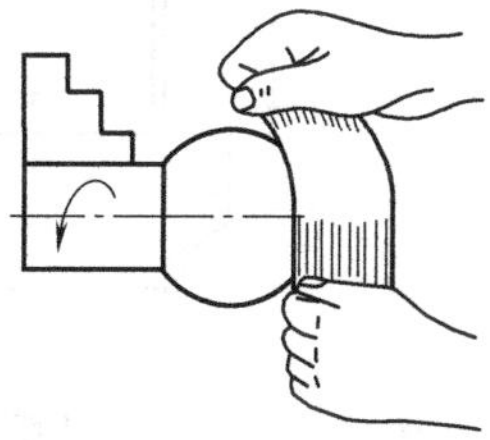

图 8-15　双手捏住砂布进行抛光

【技能训练】

一、车摇手柄训练，材料：45，如图8-16所示

加工步骤：

1）用自定心卡盘夹持外圆车平端面，钻中心孔。

2）工件用一夹一顶的方式装夹，粗车外圆 ϕ24mm、长100mm，ϕ16mm、长 45mm，ϕ10mm、长20mm，各留精车余量0.1～0.2mm。

3）定出 R48mm 和 R40mm 的圆弧中心位置，尺寸为49mm与17.5mm。用小圆头车刀车 ϕ12mm 的定位槽。

4）从 ϕ16mm 外圆的右端面量起，车长等于5mm 的圆柱面，并在 ϕ12mm 定位槽左右方向车出 R40mm 的凹圆弧面。

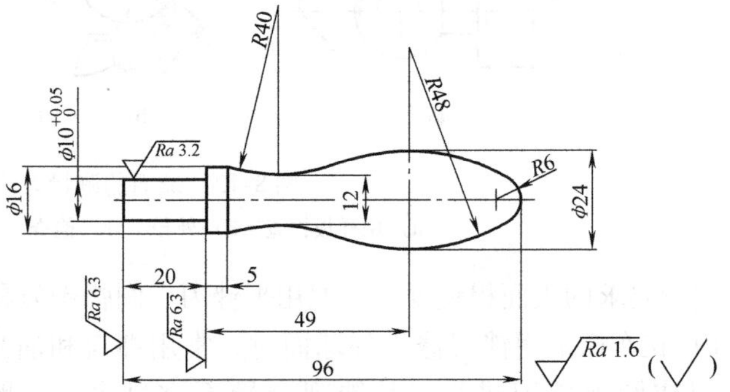

技术要求

1.曲面允许抛光。
2.未注公差尺寸按照IT12加工和检验。

图8-16　车摇手柄

5）在 R48mm 的圆弧中心处的 ϕ24mm 外圆上向左、右方向车出 R48mm 的凸圆弧面。

6）精车 $\phi 10^{+0.05}_{0}$mm、长20mm 至尺寸，并精车 ϕ16mm 外圆。

7）用专用样板检查手柄轮廓，并用车刀修整。

8）用细扁锉、砂布修整抛光。

9）松去顶尖，用圆头车刀车 R6mm 的凸圆弧面，并切下工件。

10）调头垫铜皮，夹持 ϕ24mm 外圆找正，用车刀或锉刀修整 R6mm 凸圆弧面，并用砂布抛光。

二、车单球手柄训练，材料：45，如图8-17所示

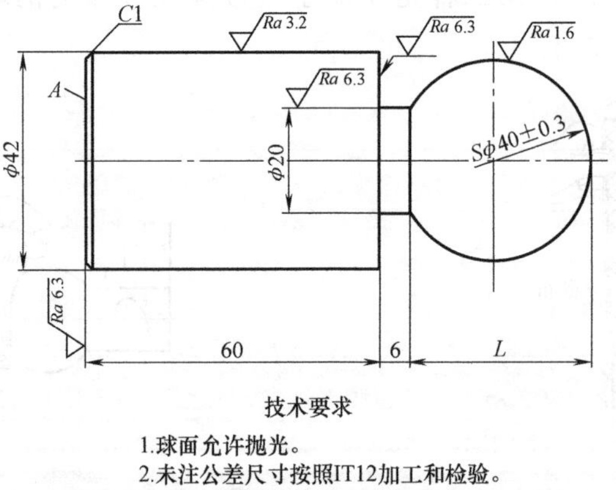

技术要求

1.球面允许抛光。
2.未注公差尺寸按照IT12加工和检验。

图8-17　车单球手柄

加工步骤：

1）根据公式

$$L=\frac{1}{2}(D+\sqrt{D^2-d^2})$$

$$L=\frac{1}{2}(40+\sqrt{40^2-20^2})\text{mm}$$

$$=37.3\text{mm}$$

2）用自定心卡盘夹持工件外圆，留长约65mm，车端面 A、倒角 $C1$，车外圆 ϕ42mm长65mm。

3）调头夹 ϕ42mm，留长约60mm。车端面及外圆至 ϕ41mm长44mm。

4）保证 ϕ42mm外圆柱面的长度60mm，车槽 ϕ20mm长5.5mm，L 大于37.3mm。

5）用圆头车刀粗、精车球面。

6）用样板检查球面轮廓，并用车刀修整。

7）用细扁锉、砂布修整抛光。

【练习与思考】

1. 成形面加工的方法有哪几种？
2. 简述圆球的车削方法。
3. 简述在车床上修光成形面采用表面抛光的方法。

第九章　车削三角形螺纹

课题一　三角形内、外螺纹车刀的刃磨

【学习目标】

1. 了解三角形螺纹车刀的几何形状和角度要求。
2. 掌握三角形螺纹车刀的刃磨步骤和刃磨要求。
3. 掌握用样板检查、修正刀尖角的方法。

【相关知识】

一、基础知识

（一）螺纹的形状和加工种类

螺纹的加工方法有车螺纹、铣螺纹、攻螺纹、套螺纹和磨螺纹等，车螺纹应用最广。螺纹的种类很多，就其截面形状来分，有三角形螺纹、梯形螺纹、梯形螺纹和锯齿形螺纹等，三角形螺纹也称普通螺纹，三角形螺纹加工简单，应用最广。

（二）螺纹的主要参数

（1）直径　螺纹直径有大径、中径和小径。

（2）线数　形成螺纹的螺旋线条数。

（3）螺距　相邻两牙在中径线上对应点间的轴向距离。

（4）导程　同一条螺旋线上相邻两牙在中径线上对应点间的轴向距离。螺距等于导程乘以线数。

（5）旋向　逆时针旋合的螺纹称左旋螺纹，顺时针旋合的螺纹称右旋螺纹。

（6）牙型角　螺纹牙型相邻两牙侧间的夹角。

二、三角形螺纹车刀的几何角度

要正确掌握好车削螺纹，首先应正确刃磨螺纹车刀，螺纹车刀按加工性质属于成形刀具。螺纹车刀切削部分的形状应当和螺纹牙型的轴向断面形状相符合，即车刀的刀尖角应该等于牙型角，刀尖角对刀具轴线必须对称，如图9-1所示。

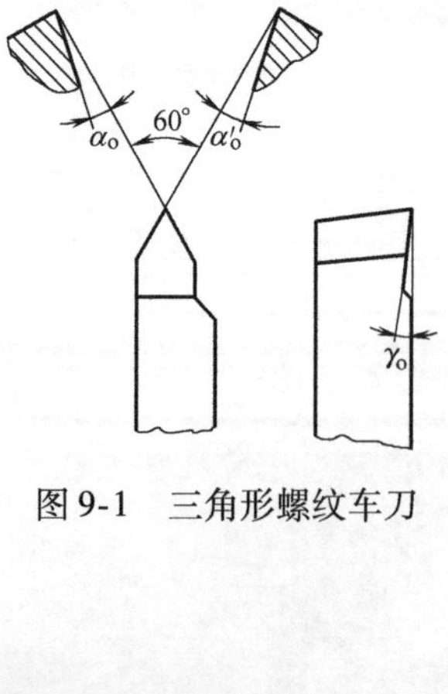

图9-1　三角形螺纹车刀

1）车普通三角形螺纹时，刀尖角应等于牙型角。车削公制三角形螺纹时为60°，英制三角形螺纹时为55°。

2）前角一般为0°～15°。螺纹车刀的纵向前角对牙型角有很大影响，精车时或精度要求高的螺纹，前角取6°～10°。

3）后角一般为5°～10°。因受螺纹升角的影响，进刀方向一面的后角应磨得稍大些。

三、三角形螺纹车刀的刃磨

（一）刃磨步骤

1）先粗磨前刀面，粗磨左、右两侧后刀面，以初步形成两刃夹角。

2）精磨前刀面，以形成前角。

3）精磨左、右后刀面，形成左、右后角，刀尖角和进刀后角，刀尖角用螺纹车刀样板来测量，以得到正确的刀尖角。

4）修磨刀尖，刀尖侧棱宽度约为0.1倍的螺距。用油石研磨切削刃处的前、后刀面，如图9-2所示。

（二）刃磨要求

1）粗磨时在氧化铝粗粒度砂轮上刃磨后刀面和前刀面；精磨时在氧化铝细粒度砂轮上精磨。

2）根据粗、精车的要求，刃磨出合理的前、后角。

3）车刀的左、右切削刃必须是直线，无崩刃。

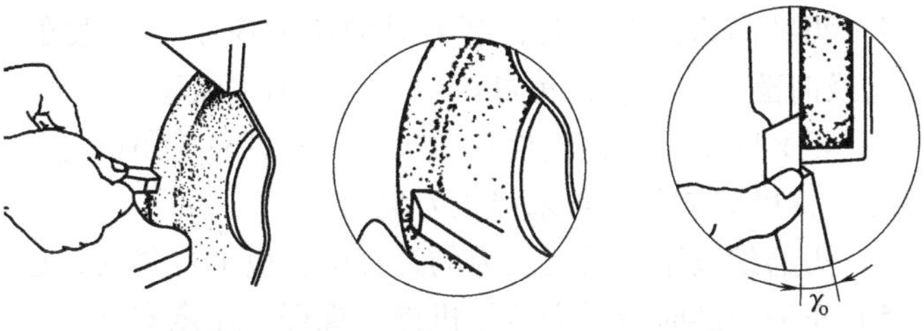

a)　b)　c)

图9-2　刃磨三角形螺纹车刀

a）刃磨左侧后刀面　b）刃磨右侧后刀面　c）刃磨前刀面

4）刀头不歪斜，牙型半角相等。

5）在刃磨高速钢螺纹车刀时，感到刀具发热烫手，须及时用水冷却，否则会引起刀尖退火。

6）刃磨硬质合金螺纹车刀时，注意刃磨的顺序，一般是先将刀头后面适当粗磨，随后再刃磨两侧面，以免产生刀尖爆裂。

7）内螺纹车刀刀尖角平分线必须与刀杆垂直。

8）内螺纹车刀后角应适当大些。

9）刃磨硬质合金螺纹车刀时，应防止压力过大而震碎刀片，同时要防止刀具在刃磨时骤冷骤热而损坏刀片。

（三）刀尖角的检查

螺纹车刀的刀尖角要求高，刀头体积又小，刃磨起来比一般车刀困难。为了保证磨出准确的刀尖角，在刃磨时可用螺纹角度样板来进行测量，如图9-3所示。测量时把刀尖角与样板贴合，在光线充足处对准光源，观察车刀刀尖角两边与样板贴合的间隙，根据实际情况进行修磨。

在对有纵向前角的螺纹车刀进行检查时，可用厚度较厚的特制螺纹样板来测量刀尖角，测量时样板应与车刀底面平行，如图9-4a所示，测量时不能使样板与车刀的纵向前角平行，如图9-4b所示，用透光法进行检查，这样量出的角度近似等于牙型角。

四、注意事项

1）在磨刀过程中，操作者的站立位置要正确，特别在刃磨整体式内螺纹车刀内侧切削刃时，容易使刀尖角磨歪。

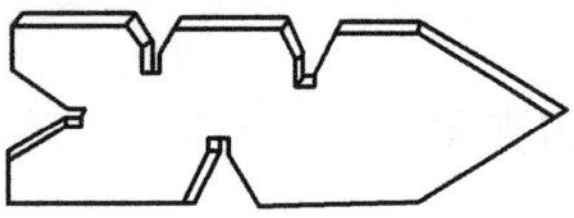

图 9-3　三角形螺纹样板

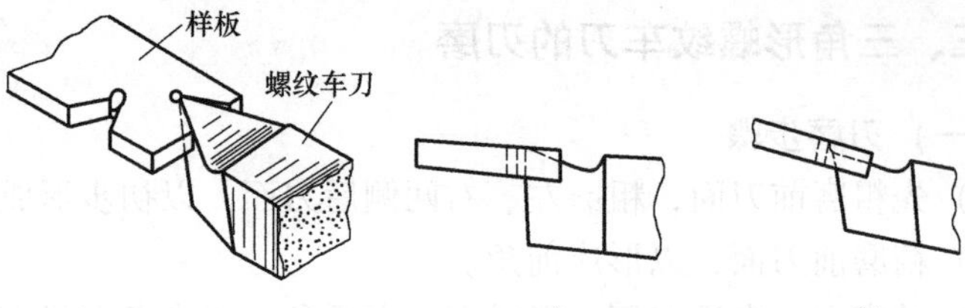

a)　　b)

图 9-4　用特制样板测量刀尖角

a）正确测量　b）错误测量

2）刃磨高速钢车刀时，磨刀时的压力应小于一般车刀，在刃磨过程中，车刀不断升温，应及时蘸水冷却，以免过热而失去切削刃硬度。

3）粗磨时也需用样板检查刀尖角，磨纵向前角的螺纹车刀时，粗磨后的刀尖角略大于牙型角，待磨好前角后再来修正刀尖角。

4）刃磨螺纹车刀的切削刃的过程中，应平行移动，这样容易磨出平直的切削刃。

5）车刀刃磨时应遵守砂轮机操作规程，注意安全。

【技能训练】

一、高速钢三角形外螺纹车刀刃磨训练，如图 9-5 所示

二、硬质合金三角形外螺纹车刀刃磨训练，如图 9-6 所示

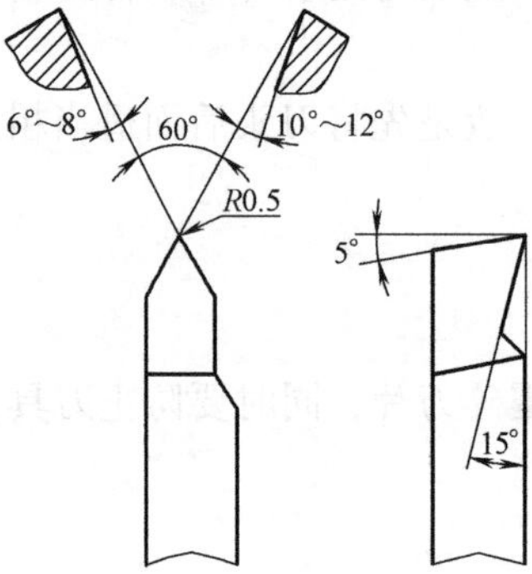

图 9-5　高速钢三角形外螺纹车刀刃磨

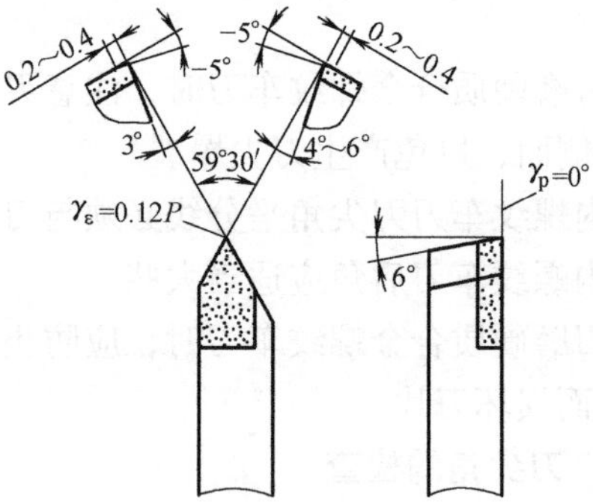

图 9-6　硬质合金三角形外螺纹车刀刃磨

三、高速钢三角形内螺纹车刀刃磨训练，如图 9-7 所示

三角形螺纹车刀的刃磨方法：

1）先粗磨前刀面。

2）磨两侧后刀面，以初步形成两刃夹角。

3）精磨前刀面，以形成前角。

4）精磨后刀面，刀尖角用螺纹车刀样板来测量，以得到正确的刀尖角。

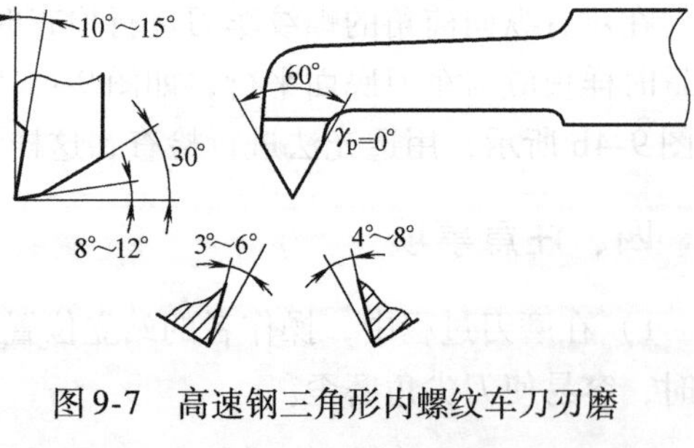

图 9-7　高速钢三角形内螺纹车刀刃磨

5）修磨刀尖。

6）用油石研磨切削刃处的前、后面。

【练习与思考】

1. 简述螺纹的形状、加工种类和主要参数。

2. 简述三角形螺纹车刀的刃磨步骤。

3. 简述三角形螺纹车刀的刃磨步骤和要求。

课题二　车三角形外螺纹

【学习目标】

1. 掌握车削三角螺纹的方法。

2. 掌握三角形螺纹的测量方法。

3. 掌握左旋螺纹的车削方法。

【相关知识】

一、车螺纹时车床的调整

（1）变换手柄位置　根据工件螺距或导程，查看车床上进给箱铭牌，确定交换齿轮的齿数和手柄位置，按要求调换，调整手柄到规定位置。

（2）调整交换齿轮　有些车床按铭牌表，根据所具备的齿轮，要重新调整交换齿轮。

（3）调整滑板间隙　调整中、小滑板镶条时，不能太紧，也不能太松，应使其移动均匀平稳。太紧，摇动滑板费力；太松，车螺纹时容易产生"扎刀"。

（4）消除空行程　车螺纹前，顺时针旋转小滑板手柄，消除小滑板丝杠与螺母的间隙。

（5）试切　调整零位并试切一刀，测量螺距是否符合要求。

二、螺纹车刀的装夹

1）在车床上装夹车刀时，刀尖位置必须对准工件中心，过高或过低都会使加工出的螺纹牙型产生误差，可根据尾座顶尖高度检查。

2）车刀安装时，为保证车刀刀尖角的对称中心线与工件轴线垂直，装刀时必须用样板来对刀，如图 9-8 所示。防止螺纹牙型左右不对称，车刀装歪会使车出来的牙型歪斜，如图 9-9 所示。

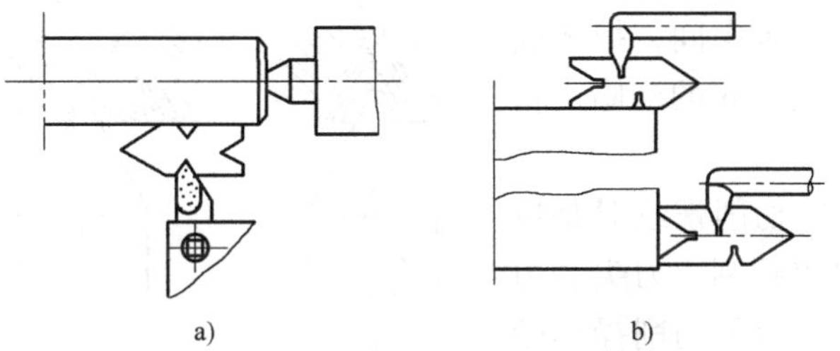

图 9-8　螺纹车刀的对刀方法

a）车外螺纹时的对刀方法　b）车内螺纹时的对刀方法

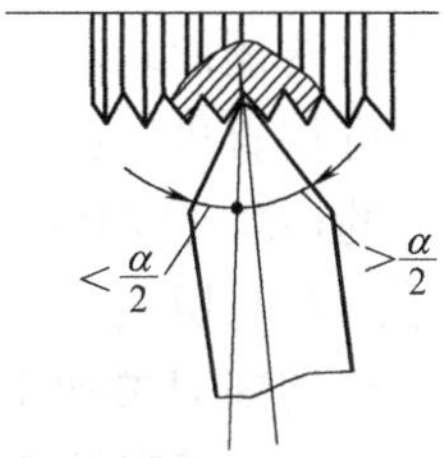

图 9-9　车刀偏斜

3）车刀刀头伸出不宜过长，一般为20～25mm，约为刀杆厚度的1.5倍。垫片块数要合适，避免引起振动，影响螺纹加工精度。

三、车三角螺纹前工件的工艺要求

1）螺纹大径一般应车得比公称尺寸小0.2～0.4mm，或约0.13倍的螺距。保证车好螺纹后，牙顶处有0.125倍的螺距宽度。

2）车螺纹前，先用车刀在工件端面上倒角至略小于螺纹的小径。有退刀槽的螺纹，应先加工退刀槽，然后再车螺纹。

3）对铸铁等脆性材料车螺纹时，工件外圆表面粗糙度值要小，避免在车削螺纹过程中车刀牙尖崩裂。

4）车削铸铁螺纹的车刀，一般选用YG6或YG8硬质合金螺纹车刀。

四、中途对刀方法

中途换刀或车刀经过刃磨后必须重新对刀。即车刀不切入工件而按下开合螺母，待车刀至工件表面处，立即停车。摇动中、小滑板，使车刀刀尖对准螺旋槽，然后再开车，观察车刀刀尖是否在槽内，直至对准后再开始车削。

五、车削方法

车削方法有直进法和左右切削法两种。

直进法车螺纹时，螺纹车刀刀尖及左右两侧切削刃都参加切削工作，图9-10所示。每次进刀由中滑板径向进给，随着螺纹深度的加深，切削深度相应减小。这种切削方法操作简单，可以得到比较正确的牙型，适用于螺距在2mm以下和脆性材料的螺纹车削。硬质合金螺纹车刀，一般适用于车削螺距在1mm以上的螺纹；高速钢螺纹车刀可用来加工螺距在1mm以下的螺纹。

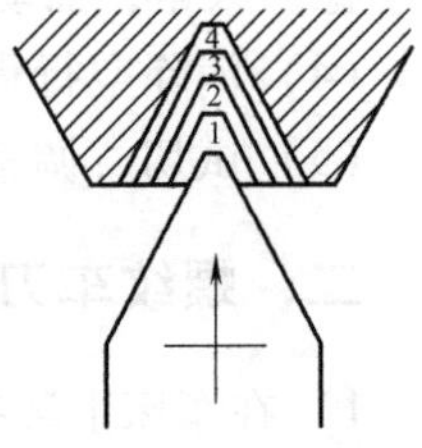

图9-10　直进法

采用左右切削法或斜进法车螺纹时，如图9-11所示，除了用中滑板刻度控制车刀的径向进给外，同时使用小滑板的刻度使车刀左、右微量进给，如图9-11a所示。采用左右切削法时，要合理分配切削余量。粗车时可采用斜进法，如图9-11b所示，小滑板顺走刀向一个方向偏移。粗车时一般每边留0.2～0.3mm精车余量。精车时，为了使所加工螺纹两侧面都比较光洁，当一侧面车光以后，再将车刀偏移另一侧面车削，两侧面均车光后，将车刀移到中间，把牙底部车光，也可用直进法把牙底车光，保证牙底的清晰。精车时采用低的切削速度和浅的切刀深度。

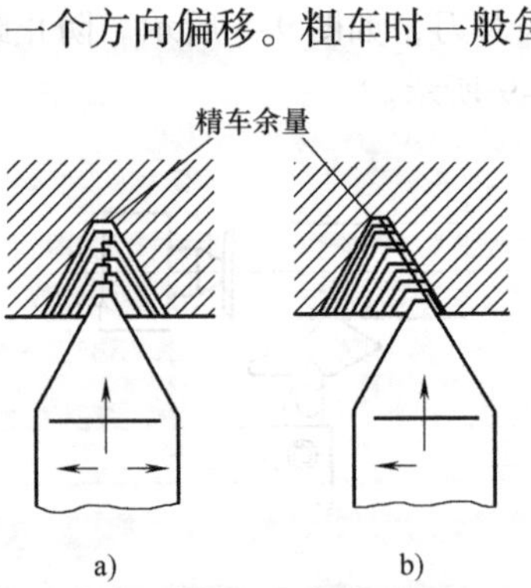

图9-11　进给方法

a）左右切削法　b）斜进法

由于采用左右切削法时，车刀在每次切削螺纹时是单面切削，一个切削刃参加工作，排屑比较顺利，刀尖受力情况也得到改善，不容易产生扎刀现象。但是切削操作较复杂，偏移量要适当，否则会将螺纹乱扣。左右切削法适用于低速切削螺距大于2mm的弹塑性材料。在车削过程中可用观察法控制左右微进给量。当车出的切屑很薄时，其螺纹表面粗糙度值小。

车削螺纹时，由于技术和工艺上的要求，须车退刀槽。退刀槽直径应小于螺纹小径，槽宽约等于2～3个螺距。螺纹车刀移至退刀槽中即退刀，此时需提起开合螺母或开倒车。

车削三角螺纹时，必须加切削液。粗车可用切削油或机油，精车可用乳化液。

六、乱扣及其预防方法

车削螺纹时，车刀的移动是靠开合螺母和丝杠的啮合带动，并经过车刀反复多次吃刀完成。在第一次进刀完成以后，第二次进刀，按下开合螺母，这时车刀刀尖已不在第一刀的螺旋槽内，而是产生偏左或偏右的现象，最后把螺纹车乱，使得工件报废，这种现象称为“乱扣”。

在加工前，先确定被加工螺纹的螺距是否乱扣，如果是乱扣的，必须采用开倒顺车法进行退刀。即每车一刀后，立即将车刀退离螺旋槽，不提起开合螺母，开倒车使车刀纵向退回到第一刀的起始位置，然后中滑板进给，再开顺车走第二刀，这样反复来回，使螺纹达到技术要求。

七、车削左旋螺纹

首先要正确刃磨左旋三角形螺纹车刀，其角度数值和几何形状与右旋螺纹车刀相同，不同的是，由于螺纹升角方向相反，在车刀进刀方向的后角和法向前角作相应改变，刃磨时使右侧切销刃后角稍大于左侧切削刃后角，左切削刃比右切削刃短一些，牙型半角相等。便于进刀时不碰伤左面肩部。拨动扇形齿轮手柄，变换丝杠旋转方向，车刀由退刀槽处进给，从车头向尾座方向进给车削螺纹，如图9-12所示。

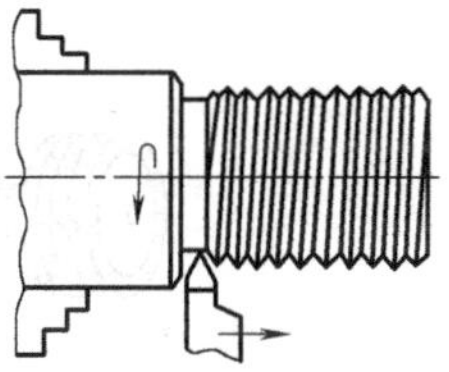

图9-12　车削左旋三角形外螺纹

八、低速车削螺纹时切削用量的选择

低速车削螺纹时，应合理选择粗、精车切削用量，并在一定的走刀次数内完成车削。如低速切削螺距为2～3mm，长度30mm左右的螺纹，一般在20min内可完成。

低速车削螺纹时，一般采用弹性刀杆，如图9-13所示。弹性刀杆的特点是：当切削力超过一定值时，车刀能自动让刀，使切屑保持适当的厚度，可避免扎刀现象的产生。

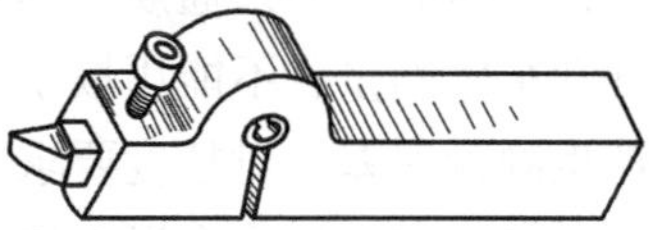

图9-13　弹性刀杆螺纹车刀

九、螺纹的测量和检查

（一）螺距的测量

螺距一般可用钢直尺测量，如图9-14a所示。因为普通螺纹的螺距一般较小，在测量时，最好多量几个螺距的长度，然后用长度除以螺距的个数，取平均值，得出一个螺距的尺寸。如果螺距较大，可以少量几个螺距的长度，取平均值。细牙螺纹的螺距较小，用钢直尺测量比较困难，这时可用螺距规来测量，测量时螺距规应平行于工作轴轴线方向嵌入牙槽中，如果与牙槽完全吻合，则说明被测的螺距是正确的，如图9-14b所示。

（二）大径的测量

螺纹大径的公差较大，一般可用游标卡尺或千分尺测量。

（三）中径的测量

精度较高的三角形螺纹，可用螺纹千分尺测量，所测得的千分尺读数就是该螺纹的中径实际尺寸。其结构与外径千分尺基本相同，不同的是，两个测量头不是平的，是与螺纹牙型吻合的一个圆锥体和一个凹槽。

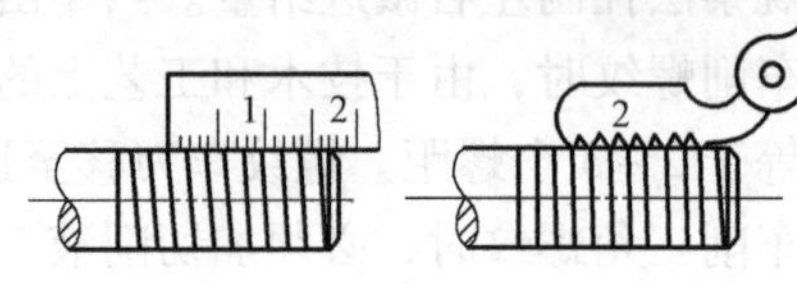

图 9-14　测量螺距

a）钢直尺　b）螺距规

三针测量是测量外螺纹比较精密的方法，可精密的测量出外螺纹的实际中径，还可以测量螺纹在整段长度上中径的实际变化。测量时根据不同的牙型角和螺距的大小，选用三根直径相等的量针，放在要测量的螺纹工件两面对应的螺旋槽内，用外径千分尺测出量针之间的距离，通过查表或计算得到螺纹的实际中径。

（四）螺纹量规测量

螺纹量规是一种综合性的检验量具，测量方便、准确。螺纹量规分环规和塞规两种，螺纹环规是检查外螺纹的，螺纹塞规是检查内螺纹的。由通规和止规组成一套，共同使用，如图 9-15 所示。

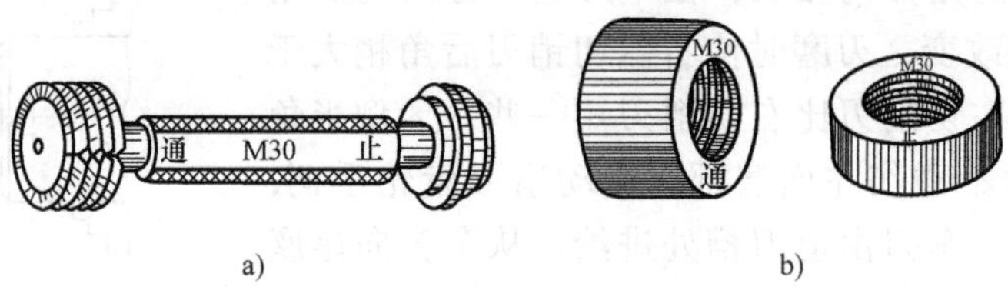

图 9-15　螺纹量规

a）塞规　b）环规

用螺纹量规检查螺纹时，如果通规正好拧进去，而止规拧不进，说明螺纹精度符合要求，是合格品。如果通规通不过，或者止规通过了，都是不合格品。在使用螺纹量规时，不能开动车床测量，不能用扳手等工具强行拧入，不得用力过大，并注意工件的热胀冷缩，以免产生测量误差。对精度要求不高的螺纹可用标准螺母检查，以拧上工件时是否顺利和松动的感觉来确定。检查有退刀槽的螺纹时，螺纹环规应通过退刀槽与台阶平面靠平。

十、容易产生的问题和注意事项

1）车削螺纹前要检查组装交换齿轮的间隙是否适当。将主轴变速手柄放在空挡位置，手动旋转主轴，是否有过重或空转量过大现象。

2）车螺纹时，开合螺母必须闸到位，如未闸好，应立即起闸，重新进行。

3）车削时应防止螺纹小径不清、侧面不光、牙型线不直等现象出现。

4）车削螺纹时应始终保持切削刃锋利。如中途换刀或磨刀后，必须对刀以防乱扣，要重新调整中滑板刻度。

5）车削铸铁螺纹时，径向进刀不宜太大，否则螺纹表面容易产生崩裂；车削时一般不使用切削液，切屑呈碎粒状，要防止飞入眼睛。

6）粗车螺纹时，要留适当的精车余量。

7）车削无退刀槽的螺纹时，特别注意螺纹的收尾在二分之一圈左右。要达到这个要求，必须先退刀，合起开合螺母，且每次退刀要均匀一致，否则会撞掉刀尖。

8）车削弹塑性材料时产生扎刀的原因：

① 车刀装夹低于工件轴线或车刀伸出太长。

② 采用直进法时，进给量较大，使刀具接触面积大，排屑困难而造成扎刀。

③ 车刀前角或后角太大，产生径向切削力把车刀拉向切削表面而造成扎刀。

④ 精车时采用润滑较差的乳化液，刀尖磨损严重也会产生扎刀。

⑤ 主轴轴承及滑板和床鞍的间隙太大会产生扎刀。

⑥开合螺母间隙太大或丝杠轴向窜动会产生扎刀。

9）车螺纹时应注意的安全技术问题：

① 调整交换齿轮时，必须切断电源后进行。

② 车螺纹时，刀具移动速度快，退刀和抬起开合螺母必须及时、动作协调，否则会使车刀与工件台阶或卡盘撞击而发生事故。

③ 在卡盘与主轴连接处必须安装保险装置，以防卡盘在反转时从主轴上脱落。

④ 倒顺车换向不能过快，否则机床将受到瞬时冲击，容易损坏机件。

⑤ 车螺纹进刀时，必须注意中滑板手柄不要多摇一圈，否则会造成刀尖崩刃或工件损坏。

⑥ 开车时，不能用棉纱擦工件，否则会使棉纱卷入工件，发生事故。

【技能训练】

车三角形外螺纹训练，材料：45，如图 9-16 所示。

加工步骤：

1）工件伸出 70mm 左右，找正夹紧。

2）车端面，粗、精车外圆至 ϕ29.74mm，长 50mm。

3）倒斜角 $C2$。

4）切退刀槽 6mm×2mm。

5）按照进给箱铭牌上标注的螺距来调整手柄相应的位置。

6）粗、精车三角形外螺纹 M30×2-6g 并达到要求。

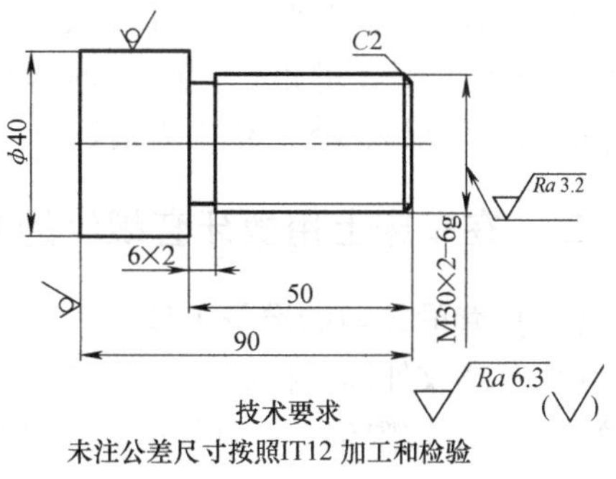

图 9-16　车三角形外螺纹

7）采用三针测量方法或螺纹千分尺检验螺纹中径。

【练习与思考】

1. 螺纹车刀的装夹应注意什么？
2. 简述中途对刀的方法。
3. 简述三角形螺纹检查方法。
4. 简述车削三角形外螺纹的方法。
5. 车三角形外螺纹时应注意的安全技术问题有哪些？

课题三　车床上套螺纹

【学习目标】

1. 掌握套螺纹的操作步骤。
2. 会合理选择套螺纹时的切削速度。
3. 了解套螺纹前的准备工作。
4. 能分析套螺纹时产生的问题及防止方法。

【相关知识】

一、板牙

（一）板牙的类型和用途

板牙按结构形状和用途可分为：圆板牙，用于加工普通螺纹和锥形螺纹，有固定式和开槽式；四方板牙，使用时用方扳手，用于工作位置较窄的现场修理；六方板牙，使用时用六方扳手，也用于工作位置较窄的现场修理；管形板牙，用于转塔车床和自动车床上；钳工板牙，这种板牙由两块拼成，用于钳工修配工作。

（二）圆板牙

圆板牙是加工外螺纹的工具，大多用高速钢制成。圆板牙的螺纹部分由切削锥部分和校准部分组成，如图 9-17 所示。圆板牙两端是带有 60°锥度的切削部分，因此正反都可使用。中间具有完整齿深的一段是校准部分。由于板牙是一种成形、多刃的刀具，所以操作简单，生产效率较高。用板牙套螺纹适用于加工公称尺寸不大于 M16 或螺距小于 2mm 的螺纹，公称尺寸大于 M16 的螺纹可粗车螺纹后再套螺纹。圆板牙的切削效果以 M8 ~ M12 为最好。

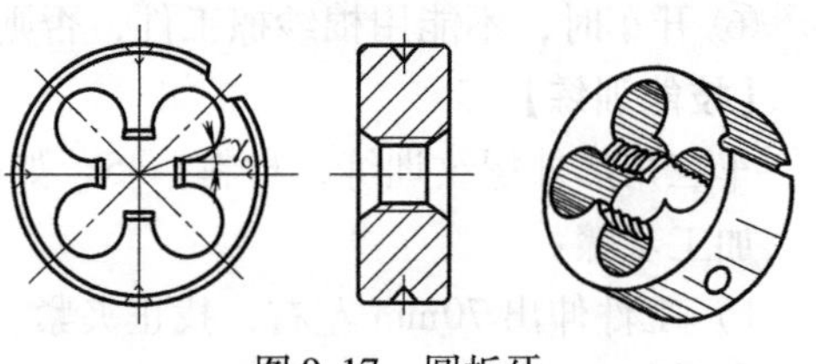

图 9-17　圆板牙

二、在车床上用板牙套螺纹的方法

（一）套螺纹前的准备工作

1）车螺纹外圆，控制长度及沟槽。按工件螺距和材料塑性大小，把工件外圆直径车至螺纹大径的下极限偏差。计算套螺纹圆柱直径的近似公式为

$$d_a \approx d-(1.3 \sim 1.5)P \qquad (9\text{-}1)$$

式中　d_a——圆柱直径，mm；

d——螺纹大径，mm；

P——螺距，mm。

对于普通粗牙螺纹，套螺纹前圆杆直径尺寸见表 9-1。

2）外圆车好后，必须倒角。倒角要小于或等于 45°，倒角后的直径应小于螺纹小径，以便板牙容易切入工件。

3）套螺纹前必须找正尾座的中心位置，使尾座轴线与车床主轴轴线重合，水平方向的偏移量不得大于 0.05mm。

表 9-1　普通粗牙螺纹套螺纹前圆杆直径尺寸　　（单位：mm）

公称直径		6	8	10	12	14	16	18	20
螺距		1	1.25	1.5	1.75	2	2	2.5	2.5
圆杆直径	最小	5.8	7.8	9.75	11.75	13.7	15.7	17.7	19.7
	最大	5.9	7.9	9.85	11.9	13.85	15.85	17.85	19.85

4）选择板牙，检查板牙规格是否与图样相符，检查板牙齿部有无缺损。

5）装夹板牙。擦净板牙，放进工具体台阶孔内，并与底孔靠平，并将板牙上的定位浅孔对准套上的锁紧螺钉孔，将锁紧螺钉旋紧，使得板牙固定。

6）板牙装入套丝工具或尾座自定心卡盘时，必须使其平面与主轴轴线垂直。

7）调整主轴转速，使其切削速度合适。

（二）套螺纹的操作步骤

用套螺纹工具进行套螺纹，如图 9-18 所示。把工具体的锥柄部分装入尾座套筒锥孔内，圆板牙装入浮动套筒内，将浮动套筒上的螺钉对准板牙圆柱面上的锥坑后拧紧。拉动尾座，使其移到与工件保持合适距离处固紧，转动尾座手轮，使圆板牙靠近工件平面，然后开动车床，加注切削液。转动尾座手轮使圆板牙在进给力的作用下切入工件外圆，当板牙切入工件外圆到距离端面约 2 ~ 3mm 时，将操纵杆拔到中间位置，主轴在惯性作用下继续慢速转动，当板牙旋进到所要求的距离时，立即停车，然后开倒车使工件反转，退出板牙，用锉刀修去螺纹牙尖处的飞边。

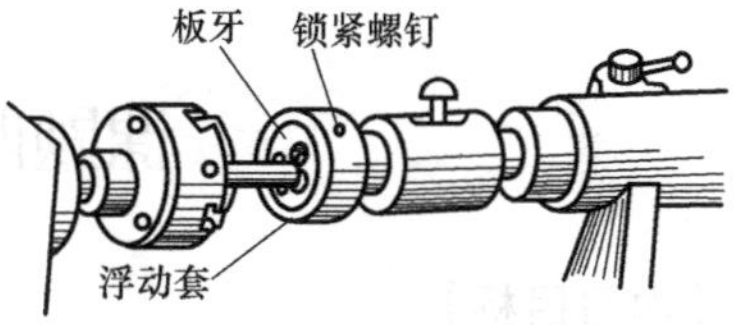

图 9-18　圆板牙套螺纹工具

三、套螺纹时切削速度的选择和切削液的使用

在车床上套螺纹时，切削速度可根据工件的材料来选择。切削钢件时的切削速度为 3 ~ 4m/min，切削铸铁时为 2.5m/min，切削黄铜时为 6 ~ 9m/min。切削钢件一般用硫化液或机油和乳化液润滑。切削低碳钢等韧性较大的材料可用工业植物油润滑。切削铸铁可不加切削液，如果要加切削液，可加煤油。

四、注意事项

1）套螺纹的工件直径应偏小些，否则容易牙型不整。

2）使用前，应先检查板牙的齿形是否崩齿或损坏。

3）装夹圆板牙时，避免板牙发生歪斜。

4）使用时，应经常清除板牙及浮动套孔内的切屑，防止拉毛或挤伤螺纹表面。

5）套 M12 以上的螺纹时应把工件夹紧，套螺纹工具在尾座里装紧，防止套螺纹时切削力大引起工件移位，或套螺纹工具在尾座内打转。

【技能训练】

在车床上套螺纹，材料：45，如图 9-19 所示。

加工步骤：

1）夹住滚花处外圆。

2）粗、精车外圆 $\phi10_{-0.18}^{0}$mm、长 28mm 或 $\phi8_{-0.18}^{0}$mm、长 28mm。

3）倒角 $C2$。

4）用 M10 或 M8 板牙套螺纹。

5）调头粗、精车外圆 $\phi10_{-0.18}^{0}$mm 或 $\phi8_{-0.18}^{0}$mm，保证长度尺寸，倒角 $C2$。

6）用 M10 或 M8 板牙套螺纹。

7）检查。

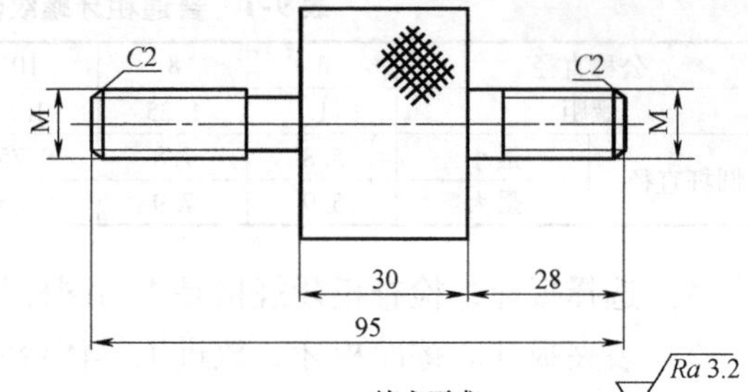

图 9-19　在车床上套螺纹

【练习与思考】

1. 简述套螺纹的操作步骤。
2. 简述套螺纹时切削速度选择。
3. 简述套螺纹前的准备工作。

课题四　车削三角形内螺纹

【学习目标】

1. 了解三角形内螺纹车刀的选择和装夹。
2. 会通过公式准确计算三角形内螺纹孔径。
3. 掌握车削通孔内螺纹的方法。

【相关知识】

一、内螺纹的形式

三角形内螺纹通常有通孔内螺纹、不通孔内螺纹和台阶孔内螺纹三种形式，如图 9-20 所示。其中通孔内螺纹容易加工。内螺纹车削方法与车削普通外螺纹相似，但进刀和退刀方向与车外螺纹相反。在加工内螺纹时，由于车削方法和工件形状的不同，对应所选用的螺纹车刀也不同。

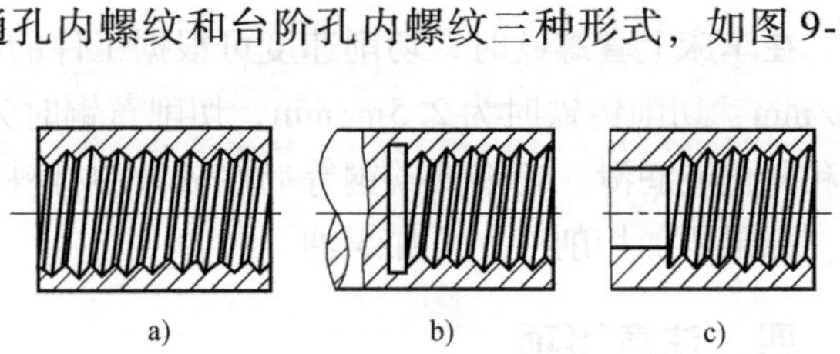

图 9-20　内螺纹工件形状
a）通孔内螺纹　b）不通孔内螺纹　c）台阶孔内螺纹

二、内螺纹车刀的选择和装夹

（一）普通内螺纹车刀的选择

内螺纹车刀是根据它的车削方法、工件材料和形状来进行选择的。内螺纹车刀刀柄受到螺纹孔径尺寸限制。刀杆的截面大小在保证顺利车削的前提下，其截面要尽量的大些。一般内螺纹车刀的刀头径向尺寸应比孔径小 3～5mm，不然退刀时会碰伤内螺纹牙顶，甚至导致不能车削。常用的内螺纹车刀如图 9-21 所示。

（二）普通内螺纹车刀的装夹

内螺纹车刀在装刀时，必须严格按样板找正刀尖角，如图 9-22a 所示，否则车削后会出现倒牙现象。车刀装好后，应在孔内摇动床鞍至终点检查是否会产生碰撞，如图 9-22b 所示。

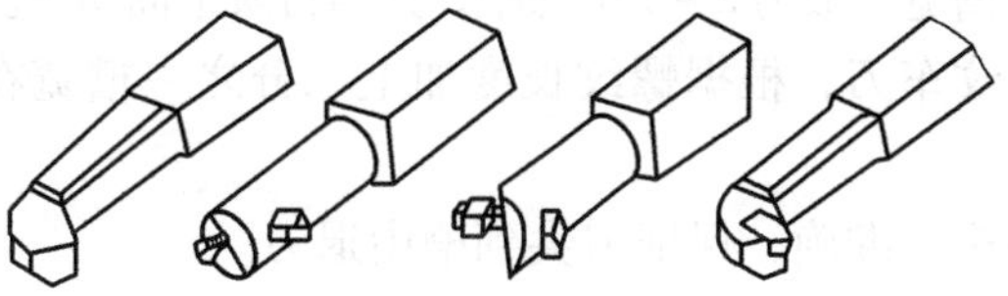

图 9-21　普通内螺纹车刀
a)、b）通孔内螺纹车刀　c)、d）台阶孔、不通孔内螺纹车刀

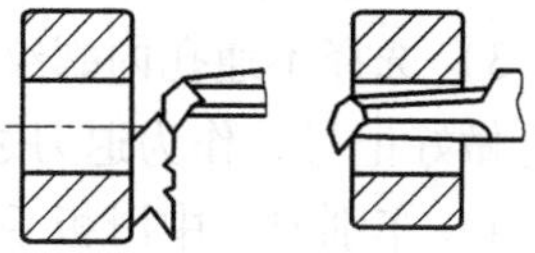

图 9-22　装夹内螺纹车刀
a）内螺纹车刀的对刀方法
b）检查刀柄是否与内孔碰撞

三、三角形内螺纹孔径的确定

车三角形内螺纹之前，必须先加工出螺纹底孔，螺纹底孔直径应比螺纹小径稍大些。可用经验公式计算得出三角形内螺纹孔径，经验公式计算如下：

$$d = D - P \tag{9-2}$$

$$d = D - (1.05 \sim 1.1)P \tag{9-3}$$

式中　d——内螺纹底孔直径，mm；

D——螺纹的公称直径，mm；

P——螺距，mm。

式（9-2）适用钢和韧性材料。

式（9-3）适用铸铁和脆性材料。

四、车削通孔内螺纹的方法

1）夹持工件并找正，车削内螺纹前，可先加工工件的内孔、平面及倒角，并要求孔与端面必须在一次装夹中车出。

2）开动车床，将内螺纹车刀伸入孔内，在孔口处于孔轻轻接触，然后移动床鞍将车刀退出孔口外。调整中滑板刻度至零位，看做车螺纹切入深度的起始位置。接着摇动中滑板手柄，使刀尖离开孔壁约 1mm，用记号笔在中滑板刻度线上做记号，此记号为车螺纹横向退刀位置，这样使径向位置确定。

3）移动床鞍，将车刀移至孔的终端外约两个螺距长度，调整床鞍刻度至零位，使轴向位置确定。

4）检查刀柄是否触碰孔壁。

5）起动车床进行车削，车削方法同外螺纹相同。只是车削内螺纹时的进刀和退刀方向与车削外螺纹相反。

6）切削用量和切削液的选择，可参照低速车削外三角形螺纹来选择。车螺距小于 1.5mm 或铸铁内螺纹采用直进法车削；车螺距大于 2mm 的内螺纹采用左右切削法。车削内螺纹时，目测困难，一般根据观察排屑情况进行左、右赶刀切削，并判断螺纹的表面粗糙度是否合格。

7）车好后的内螺纹的孔口常会产生飞边，这时可采用径向进给的方法对孔口去飞边。

五、车削盲孔或台阶孔内螺纹

1）夹持工件并找正，加工工件的盲孔、台阶孔、平面及倒角。

2）车退刀槽，其直径须大于内螺纹大径，槽宽一般为2~3个螺距，并与台阶平面切平。

3）选择不通孔内螺纹车刀或台阶孔内螺纹车刀，根据螺纹长度加上二分之一槽宽在刀杆上做好记号，作为退刀之用。

4）车削时，中滑板手柄退刀的动作要快速、准确，保证刀尖到槽中退刀。

六、注意事项

1）内螺纹车刀的两切削刃要刃磨平直，否则会使车出的螺纹牙型侧面相应不直，影响螺纹精度。

2）车刀刀尖要对准工件端面中心。如车刀装得高，车削时将引起震动，使工件表面产生鱼鳞斑现象。如车刀装得低，刀头下部将会与工件发生摩擦，车刀切不进去。

3）内螺纹车刀刀杆不能太细，否则会由于切削力的作用引起震颤和变形，出现“扎刀”、“啃刀”、“让刀”和发出不正常声音及振纹等现象。

4）车削内螺纹时，使中、小滑板适当调整得紧一些，防止车削时中、小滑板产生移位，使螺纹产生乱扣。

5）加工盲孔内螺纹时可以在刀杆上作记号，还可用床鞍刻度盘的刻线等来控制退刀，避免车刀碰撞工件。

6）精车螺纹时，螺纹刀要保持锋利，否则容易产生“让刀”，使螺纹产生锥形误差。

7）由“让刀”现象产生的螺纹锥形误差，不能盲目地增加切削深度，应该使车刀在原来的切削深度位置，反复进行无进给车削来消除误差。

8）用螺纹塞规检查时，通端应全部拧进，感觉松紧适当；止端拧不进。

9）车削内螺纹过程中，当工件在旋转时，不能用手摸和用棉纱去擦内螺纹表面，以免造成事故。

【技能训练】

车三角形内螺纹训练，材料为45，如图9-23所示。

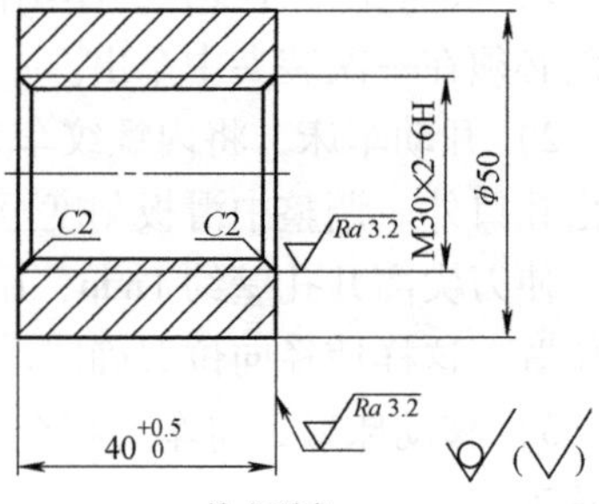

技术要求

未注公差尺寸按照IT12加工和检验

图9-23 车三角形内螺纹

加工步骤：

1）夹持棒料，伸出45mm左右，找正夹紧。

2）车端面，将外圆尺寸车至ϕ50mm。

3）钻出ϕ26mm孔（注意控制孔深尺寸），切断。

4）夹持ϕ50mm外圆，平另一端面，并保证长度尺寸$40^{+0.5}_{0}$mm。

5）粗、精车螺纹底孔至尺寸$\phi 28^{+0.38}_{0}$mm。

6）两端孔口倒内角$C2$。

7）按照进给箱铭牌上标注的螺距来调整手柄相应的位置。

8）粗、精车三角形内螺纹M30×2-6H并达到要求。

9）采用螺纹塞规或标准螺杆检验内螺纹。

【练习与思考】

1. 简述三角形内螺纹车刀的选择和装夹。

2. 简述车削通孔内螺纹的方法。

3. 简述车削三角形内螺纹的注意事项。

课题五　车床上攻螺纹

【学习目标】

1. 会合理选用丝锥。
2. 掌握攻螺纹前螺纹底孔直径的计算方法。
3. 掌握攻螺纹的方法。
4. 了解攻螺纹常见问题及防止方法。

【相关知识】

车床上，在加工螺纹车刀无法车削的小直径内螺纹时，可以考虑攻螺纹的方法。一般车床适用于攻 M6 以上的螺纹。小于 M6 的螺纹，一般是在孔口攻 2～3 个牙后，再由手工攻螺纹。攻螺纹是用丝锥直接切削生成内螺纹的一种加工方法，其操作方便、生产效率高。

一、丝锥

丝锥是加工内螺纹的工具，其外形和螺钉相似。为了承担切削工作，须在丝锥的端部磨出切削锥，并沿纵向开槽以容纳切屑及得到前角。丝锥有手用丝锥和机用丝锥两种，常用高速钢、碳素工具钢或合金钢制成。丝锥的结构简单，使用方便，所以应用十分广泛。

（一）丝锥的种类

丝锥按照加工螺纹的种类不同分为普通三角螺纹丝锥、圆柱管螺纹丝锥和圆锥管螺纹丝锥；按照使用方法的不同分为手用丝锥和机用丝锥两类，如图 9-24 所示。

手用普通螺纹丝锥分粗牙和细牙两种，可攻通孔或不通孔螺纹，它常用于单件小批量生产或各种修配工作中。将 2 支或 2 支以上丝锥组成一组，依次使用一组丝锥完成一个螺纹孔的切削加工，这样的一组丝锥称为成组丝锥。成组丝锥能减轻每支丝锥的单齿切削负荷。在成组丝锥中有两种形式，即等径丝锥和不等径丝锥，如图 9-25 所示。

一般在车床上攻螺纹时用机用丝锥一次攻制成形。它与手用丝锥相似，只是在柄部多一条环形槽，用以防止丝锥从夹头中脱落。

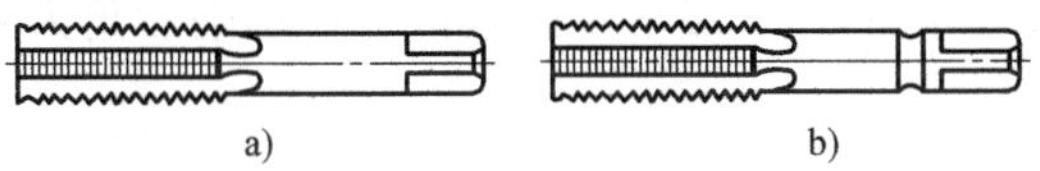

图 9-24　丝锥
a）手用丝锥　b）机用丝锥

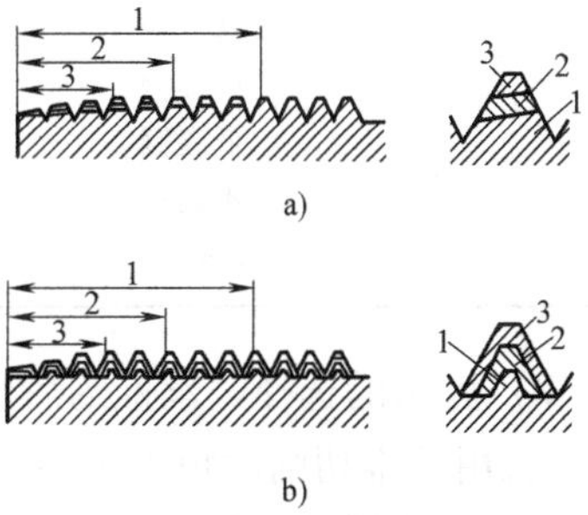

图 9-25　成组丝锥的切削用量分布
a）等径丝锥　b）不等径丝锥
1—头锥　2—二锥　3—三锥

1）等径丝锥。一般2～3支丝锥为一组，头锥、二锥和三锥的大径、中径和小径都相同，所不同的只是切削锥长度和切削圆锥角不同。在加工通孔螺纹时，只需要使用头锥就可一次加工完成螺纹成品尺寸，所以效率较高。但是这种丝锥所承受的负载大，丝锥容易磨损，而且加工的螺纹精度和表面粗糙度都较差。

2）不等径丝锥。一组丝锥中，每支丝锥的大径、中径和小径都不相同，只有三锥才具有螺纹要求的轮廓和尺寸。此外，每支丝锥的切削锥长度和切削圆锥角也各不相同，这种丝锥可以保证各个锥的切削负荷分配合理，因此加工螺纹也省力，丝锥磨损均匀，加工的螺纹精度和表面粗糙度都较好。但它的头锥、二锥不能单独使用，只有通过三锥加工后才能符合螺纹参数的要求。

习惯中，高速钢磨牙丝锥定名为机用丝锥。机用普通螺纹丝锥也分粗牙和细牙两种，其通过攻螺纹夹头装夹在机床上使用，主要用于较大批量和直径较大的螺纹孔。

（二）丝锥的构造

丝锥主要由柄部和工作部分组成，工作部分包括切削部分和校准部分。切削部分担任主要的切削任务，牙型由浅入深，逐渐变得完整，保证丝锥容易攻入孔内，并使各牙切削的金属量大致相等。柄部的方榫用来插入丝锥铰杠中，用来传递扭矩。常用的丝锥有3～4条容屑槽，丝锥容屑槽数的多少，取决于丝锥的类型、直径尺寸及加工条件等。槽的形状可以形成切削部分锋利的切削刃和前角，并可容纳切屑。端部磨出圆锥角可以使切削负荷分布在几个刀尺上，使受力均匀和切削省力。校准部分有完整的牙型，主要用来校准和修光已切出的螺纹。丝锥螺纹公差带：机用丝锥为H1、H2和H3三种；手用丝锥为H4一种。

（三）丝锥切削部分的几何参数

1）前角的选择。丝锥的前角主要根据被加工材料选择。一般常见的丝锥公称切削前角为8°～10°。在实际使用时丝锥前角的选择见表9-2。

表9-2　丝锥前角的选择

被加工材料	前角/(°)
铸青铜	0
铸　铁	5
高碳钢	5
黄　铜	10
中碳钢	10
低碳钢	15
不锈钢	15～20
铝、铝合金	20～30

2）后角的选择。丝锥的后角是通过铲磨获得的。一般常见的丝锥公称切削后角为4°～6°，机用丝锥切削后角为8°～12°。

（四）丝锥的标记

丝锥的种类、规格较多，每一种丝锥都有相应的标记。一套一只的粗牙普通螺纹丝锥以螺纹代号和公称直径来表示，如M10，M为螺纹代号，10为公称直径；普通细牙螺纹以螺纹代号和公称直径乘以螺距来表示，例如M10×1.25。

二、攻螺纹的方法

(一) 攻螺纹前螺纹底孔直径的确定

攻螺纹前，必须先加工出螺纹底孔，螺纹底孔直径应比螺纹小径稍大些。攻螺纹时，丝锥的切削刃除起切削作用外，还对工件材料产生挤压作用，被挤压的金属材料会凸起并向工件螺纹牙型的顶端移动，嵌在丝锥刀齿根部的空隙中，从而使攻螺纹后螺纹孔小径小于原底孔直径。如果攻螺纹前，底孔直径与螺纹小径相同，则攻螺纹时，丝锥刀底根部与工件螺纹牙顶没有足够的容屑空间，丝锥就会被挤压出来的材料卡住，容易造成崩刃和折断。如果底孔直径钻的过大，会使螺纹的牙型高度达不到要求，使强度降低。所以攻螺纹时，螺纹底孔直径的大小必须根据工件材料性质、塑性的好坏、钻孔时的扩张量和螺纹直径大小等方面进行考虑，使攻螺纹时有足够的空隙来容纳被挤出的材料，同时还能保证所加工的螺纹牙型的完整。攻螺纹前，螺纹底孔直径的确定可用经验公式（9-2）、（9-3）计算得出或通过查表得出（见表9-3）。

表9-3　普通粗牙螺纹攻螺纹前钻底孔直径　　（单位：mm）

公称直径		3	4	5	6	8	10	12	14	16	20
螺距		0.5	0.7	0.8	1	1.25	1.5	1.75	2	2	2.5
底孔直径	铸铁	2.5	3.3	4.1	4.9	6.6	8.4	10.1	11.8	13.8	17.3
	钢	2.5	3.3	4.2	5	6.7	8.5	10.2	12	14	17.5

攻不通孔螺纹时，由于丝锥切削部分不能攻出完整的螺纹，所以光孔深度（H）至少要等于螺纹长度（L）和丝锥切削部分长度之和，丝锥切削部分长度大致等于内螺纹大径的0.7倍。即 $H=L+0.7D$。孔口倒角可用120°锪钻或麻花钻，其直径大于螺纹大径尺寸，也可用车刀倒角。

(二) 在车床上攻螺纹的方法

在车床上攻螺纹需先找正尾座中心。对于小于M16的内螺纹，一般采用钻孔、倒角后直接用丝锥攻出一次成形的方法，也可以采用分锥切削法，用头锥、二锥依次攻入螺纹孔内。用攻螺纹工具在车床上攻螺纹的方法是把攻螺纹工具装在尾座锥孔内，如图9-26所示，同时把丝锥装进攻螺纹工具方孔中，移动尾座向工件靠近并固定，根据螺纹所需长度在攻螺纹工具上做好标记，然后起动车床，转动尾座手轮使丝锥在孔中攻入1～2个牙，此时手轮可停止转动，让攻螺纹工具自动跟随丝锥前进直到需要的尺寸，最后开倒车退出丝锥。攻螺纹时应加注切削液，以减小螺纹的表面粗糙度值。攻螺纹时，针对钢件的切削速度为3～15m/min，针对铸铁、青铜件的切削速度为6～24m/min。加工出的内螺纹质量可用螺纹塞规进行检查。

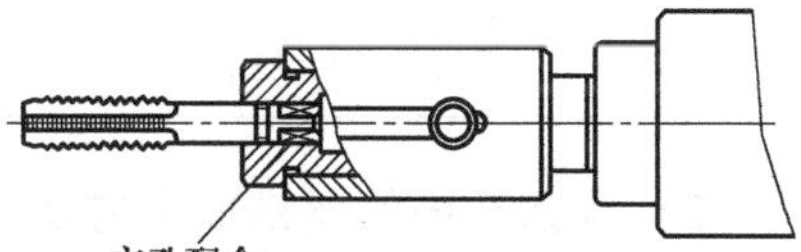

图9-26　攻螺纹工具

三、容易产生的问题和防止方法

(一) 攻螺纹常见问题及防止方法

攻螺纹时经常会出现丝锥损坏和零件报废等缺陷。攻螺纹常见问题及防止方法见表9-4。

表 9-4　攻螺纹常见问题及防止方法

问题	产生原因	防止方法
螺纹烂牙	1. 螺纹底孔直径太小 2. 丝锥校准部分全部攻出螺纹孔，退出丝锥时造成烂牙 3. 头锥攻螺纹位置偏斜，二锥、三锥强行纠正 4. 二锥、三锥与头锥不重合而强行攻螺纹 5. 攻不通孔螺纹时，丝锥到底后仍强行攻削 6. 丝锥刀齿上粘有积屑瘤 7. 切削液选用不合适	1. 查底孔直径，合格后再攻螺纹 2. 丝锥校准部分不能全部攻出螺纹孔 3. 当头锥攻入1~2圈后，如有歪斜，应及时纠正 4. 换用二锥、三锥时，应先用手将其旋入到不能旋入时，再用铰杠攻螺纹 5. 攻制不通孔螺纹时，要在丝锥上做出深度标记 6. 用石油进行修磨 7. 选用合适的切削液
螺纹歪斜	攻螺纹时，丝锥与螺纹底孔不同轴	钻底孔后不改变工件位置，直接攻螺纹
螺纹牙深不够	1. 攻螺纹之前，底孔直径太大 2. 丝锥的磨损	1. 底孔直径要合适，要正确钻孔 2. 修磨或更换丝锥
螺纹表面粗糙度过大	1. 丝锥前、后面粗糙度粗 2. 丝锥前、后角太小 3. 丝锥不锋利或磨钝 4. 丝锥刀齿上粘有积屑瘤 5. 未选用合适的切削液 6. 切屑拉伤螺纹表面	1. 重新修磨丝锥或更换丝锥 2. 重新刃磨丝锥或更换丝锥 3. 修磨丝锥或更换丝锥 4. 用油石进行修磨或更换丝锥 5. 选用合适的切削液 6. 经常倒转丝锥，采用左旋容屑槽
丝锥崩牙及丝锥断在孔中	1. 工件材料硬度过高，有硬点、砂眼和杂物等 2. 底孔过小，切屑堵塞，丝锥卡死孔中 3. 丝锥不正，单边受力大或强行纠正 4. 攻不通孔时丝锥已攻到底了，仍用力攻削 5. 切削速度过高 6. 工件材料过硬又粘	1. 攻螺纹前，检查清理砂眼和夹渣等，攻螺纹速度要慢，添加切削液 2. 底孔合适，攻螺纹时丝锥要经常倒转 3. 丝锥应和孔端面垂直，不宜强行纠正 4. 应根据深度在丝锥上作标记，或机攻时采用安全卡头 5. 选择合适的切削速度 6. 对材料做适当处理，以改善其切削性能，采用锋利的丝锥

（二）断入孔内的丝锥取出方法

1）当孔外有折断丝锥的露出部分时，可用尖嘴钳或台虎钳夹住伸出部分反拧出来，或用样冲反方向冲出来。

2）当丝锥折断部分在孔内时，可用三根钢丝插入丝锥槽中反向旋转取出。

3）用上述两种方法均难取出丝锥时，可以用气焊的方法，在折断的丝锥上堆焊一个弯曲成90°的杆，转动弯杆将其拧出。

【技能训练】

在车床上用丝锥攻螺纹训练，材料：45，如图9-27所示。

加工步骤：

1）夹住外圆车端面。

2）用中心钻钻定位孔。

3）钻 ϕ8.5mm 通孔，或钻 ϕ10.25mm 通孔，或

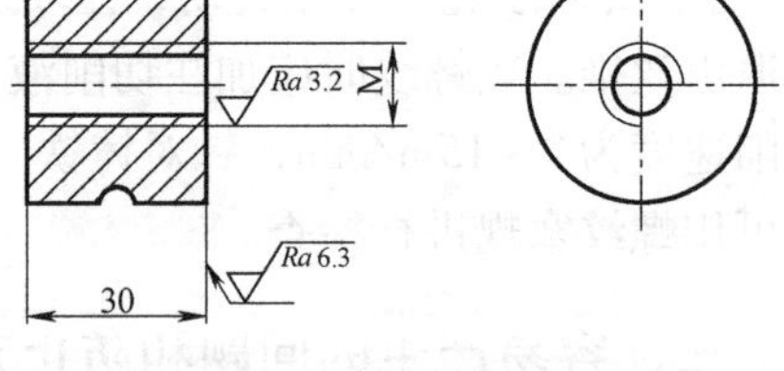

技术要求
未注公差尺寸按照IT12加工和检验

图 9-27　在车床上攻螺纹

钻 ϕ14mm 通孔。

4）螺孔两端倒角。

5）攻螺纹 M10 或 M12 或 M16。

6）检查。

【练习与思考】

1. 丝锥分为哪几类？
2. 攻螺纹前确定螺纹底孔直径的经验公式是什么？
3. 简述在车床上攻螺纹的方法。
4. 简述攻螺纹常见问题及防止方法。
5. 从工件中取出断丝锥的方法有哪些？

第十章　车削梯形螺纹

课题一　内、外梯形螺纹车刀的刃磨

【学习目标】

1. 了解梯形螺纹车刀的角度要求。
2. 掌握梯形螺纹车刀的刃磨方法。
3. 了解梯形螺纹车刀刃磨时的注意事项。

【相关知识】

梯形螺纹一般用作传动，其精度要求较高。梯形螺纹有米制和英制两类，米制梯形螺纹的牙型角为30°，英制的为29°，一般常用的是米制梯形螺纹。梯形螺纹车刀分外梯形螺纹车刀、内梯形螺纹车刀，如图10-1所示。梯形螺纹车刀可以分为粗车刀和精车刀两种，外梯形螺纹粗、精车刀的形状如图10-2所示。梯形螺纹的螺距和螺纹升角较大，车削加工难度大。

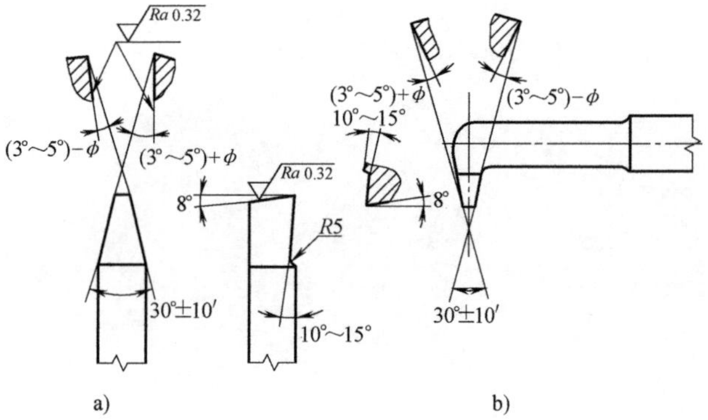

图10-1　内、外梯形螺纹车刀

a）外梯形螺纹车刀　b）内梯形螺纹车刀

一、梯形螺纹车刀的角度

1）粗车刀两刃夹角应小于螺纹牙型角，精车刀两刃夹角应等于螺纹牙型角。

2）粗车刀的刀头宽度应为1/3螺距宽，精车刀的刀头宽度应等于牙底槽宽减0.05mm。

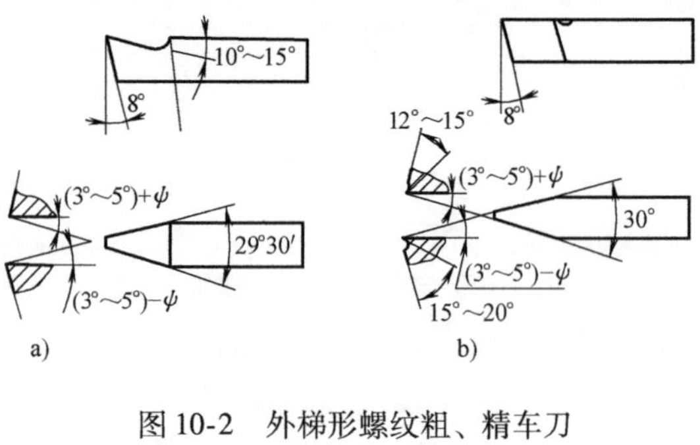

图10-2　外梯形螺纹粗、精车刀

a）外梯形螺纹粗车刀　b）外梯形螺纹精车刀

3）粗车刀纵向前角一般为15°左右，精车刀为了保证牙型角正确，纵向前角应等于0°。

4）纵向后角一般为6°~8°。

5）进给方向的两侧切削刃后角为（3°~5°）+螺纹升角，背离进给方向的两侧刀刃后角为（3°~5°）-螺纹升角。

二、梯形螺纹车刀的刃磨要求

1）用样板校对刃磨两切削刃夹角，样板如图 10-3 所示。

2）有纵向前角的两刃夹角应进行修正。

3）车刀刃口要平直、光滑，两侧副切削刃必须对称，刀头不能发生歪斜。

4）用油石研磨去各切削刃的飞边。

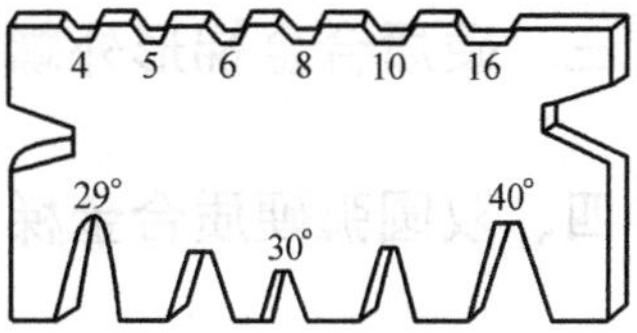

图 10-3　梯形螺纹车刀样板

三、梯形螺纹车刀的一般刃磨步骤

1）粗磨切削刃两侧后面。

2）粗、精磨前刀面。

3）精磨切削刃两侧后面，走刀方向后角应大于背离走刀方向后角，刀尖角用样板修正。

4）修正刀尖后角，应注意刀尖横刃宽度应小于槽底宽度。

5）用油石精研各刀面。

四、刃磨梯形螺纹车刀的注意事项

1）刃磨过程中，应随时测量，留 0.05 ~0.1mm 的研磨余量。

2）刃磨两侧副后角时，必须考虑螺纹的左、右旋向和螺纹升角的大小，然后确定两侧副后角的增减。

3）内螺纹车刀的刀尖角的角平分线应和刀杆垂直。

4）刃磨高速钢车刀，应随时放入水中冷却，以防退火导致硬度降低。

5）刃磨硬质合金车刀，不可把刀头部分放入水中冷却，可把刀柄部分浸入水中冷却。

【技能训练】

一、高速钢梯形外螺纹粗车刀刃磨训练，如图 10-4 所示。

二、高速钢梯形外螺纹精车刀刃磨训练，如图 10-5 所示。

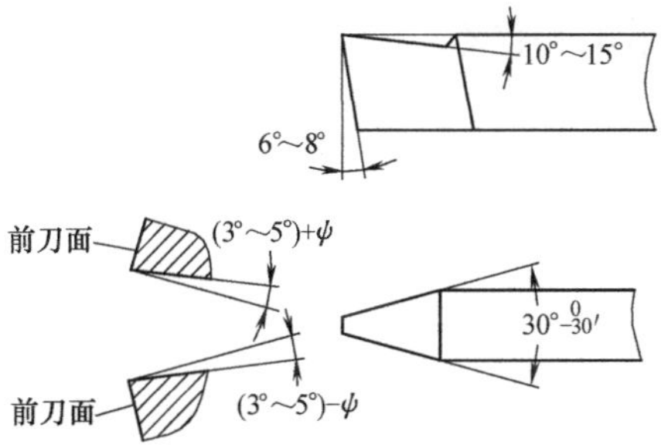

图 10-4　高速钢梯形外螺纹粗车刀刃磨

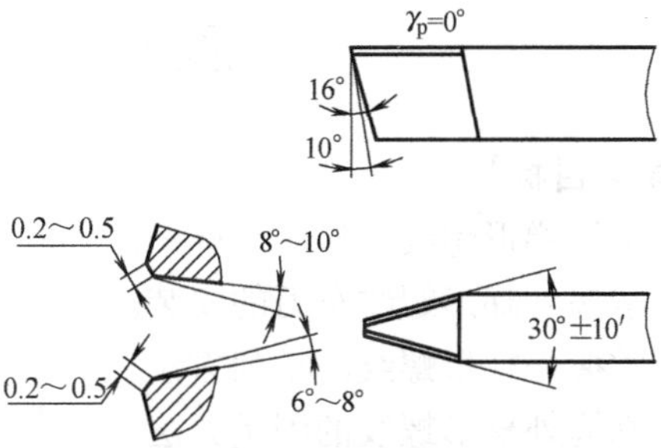

图 10-5　高速钢梯形外螺纹精车刀刃磨

三、硬质合金梯形外螺纹车刀刃磨训练，如图 10-6 所示。

四、双圆弧硬质合金梯形外螺纹车刀刃磨训练，如图 10-7 所示。

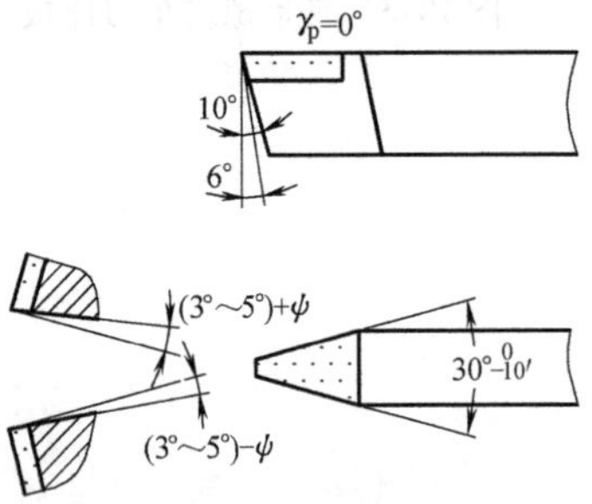

图 10-6　硬质合金梯形外螺纹车刀刃磨

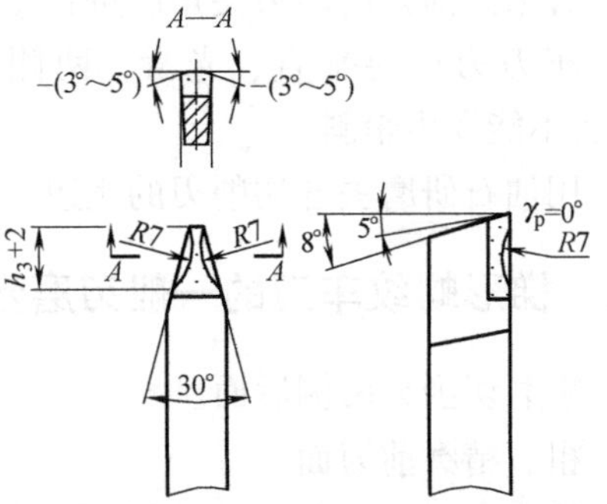

图 10-7　双圆弧硬质合金梯形外螺纹车刀刃磨

五、梯形内螺纹车刀刃磨训练，如图 10-8 所示。

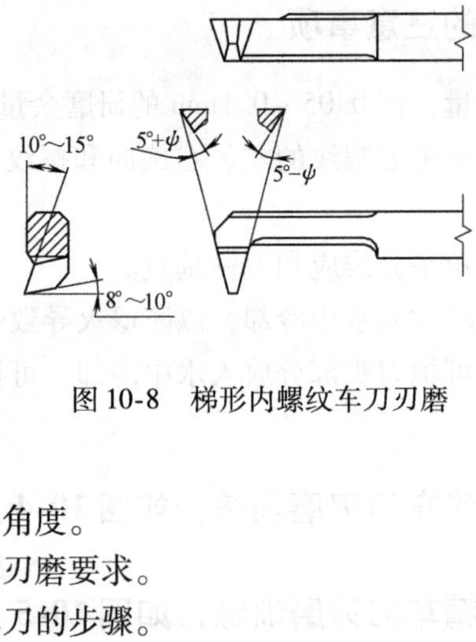

图 10-8　梯形内螺纹车刀刃磨

【练习与思考】

1. 简述梯形螺纹车刀的角度。
2. 简述梯形螺纹车刀的刃磨要求。
3. 简述刃磨梯形螺纹车刀的步骤。

课题二　车削外梯形螺纹

【学习目标】

1. 了解梯形螺纹的作用和标记。
2. 掌握外梯形螺纹车刀的安装。
3. 掌握外梯形螺纹的车削方法。
4. 掌握外梯形螺纹的测量方法。

【相关知识】

梯形螺纹的轴向剖面形状是等腰梯形，常用于传动，精度高。梯形螺纹按螺纹所处在零件表面的位置可分为梯形外螺纹和梯形内螺纹。车床上的长丝杠和中小滑板的丝杠等都具有梯形外螺纹。

一、梯形螺纹的标记

（一）普通梯形螺纹的标记

简单的普通梯形螺纹的标记由螺纹特征代号“Tr”、公称直径和导程的毫米值表示，如 Tr40×3、Tr40×3LH 等，“LH”指的是左旋螺纹，右旋螺纹不需标注。

（二）精度较高的梯形螺纹的标记

精度较高的梯形螺纹的标记由简单的普通梯形螺纹的标记、公差带代号及旋合长度代号组成，三者用“-”分开。

二、梯形螺纹的技术要求

1）螺纹中径必须与基准轴颈同轴，其大径尺寸应小于公称尺寸。

2）螺纹配合是以中径配合定心，车削梯形螺纹时，必须保证中径尺寸公差。

3）螺纹的牙型角要正确，两牙型半角应相等。

4）螺纹两侧面的表面粗糙度值要小。

三、工件的安装

1）车削梯形螺纹时，由于切削力较大，一般采用一夹一顶或两顶尖的装夹方式。

2）安装工件时，常在工件的夹紧处车削出限位支承的位置，防止工件的轴向窜动或移位，避免乱牙或撞坏车刀。

3）车削螺距较大的梯形螺纹时，采用一夹一顶的装夹方式，一般用单动卡盘夹紧，保证其安装牢固。

4）车削精度较低、螺纹较短、螺距较小的梯形螺纹时，也可用自定心卡盘进行装夹。

四、梯形螺纹车刀的选择和安装

（一）梯形螺纹车刀的选择

加工梯形螺纹在低速切削时，一般选用高速钢车刀；在高速切削时，应选用硬质合金车刀。

（二）车刀的安装

1）车刀主切削刃必须与工件轴线等高，同时应和工件轴线平行。

2）螺纹车刀刀尖角的平分线应垂直于工件的轴线。用样板找正装夹，以免产生螺纹半角误差，如图 10-9 所示。

3）刀头伸出不要过长，一般为刀杆厚度的 1.5 倍，约 30mm。

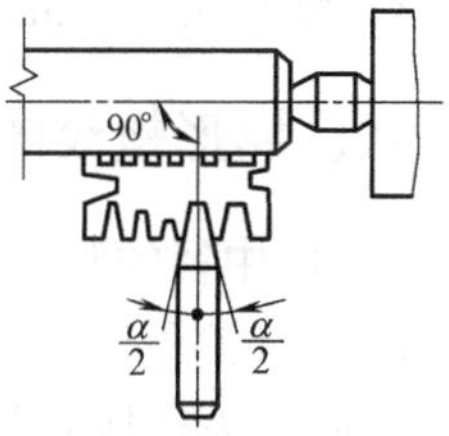

图 10-9　用对刀样板安装梯形螺纹车刀

五、车床的选择和调整

1）挑选精度较高、磨损较少的车床。

2）合理调整机床各处间隙，对床鞍、中、小滑板的配合部分进行检查和调整，注意控制机床主轴的轴向窜动、径向圆跳动以及丝杠轴向窜动。

3）选用磨损较少的交换齿轮。

六、车削梯形外螺纹前对工件的工艺要求

1）在开始车削梯形螺纹前，工件外圆的直径应比螺纹的公称直径小 0.1 ~ 0.2mm。

2）在开始车削梯形螺纹前，工件外圆端面处倒角应略小于梯形螺纹的小径。

3）车开始车削梯形螺纹前，工件外圆的表面粗糙度值要小，避免在车削螺纹时牙顶崩裂。

4）在车削梯形螺纹过程中，车削退刀槽时，梯形螺纹退刀槽的槽底直径应小于梯形螺纹的小径。

七、梯形螺纹的车削方法

1）对于螺距小于 4mm 和精度要求不高的梯形外螺纹，可用一把梯形螺纹车刀，并用左右切削法或斜进法，粗车、精车至尺寸要求，如图 10-10 所示。

2）螺距在 4 ~ 8mm 和精度要求较高的梯形外螺纹，一般采用左右切削法或车削直槽法。

① 粗车、半精车梯形螺纹，螺纹大径留 0.3mm 左右余量，并倒角。

② 选用刀头宽度稍小于槽底宽的车槽刀，如图 10-11a 所示，粗车螺纹。

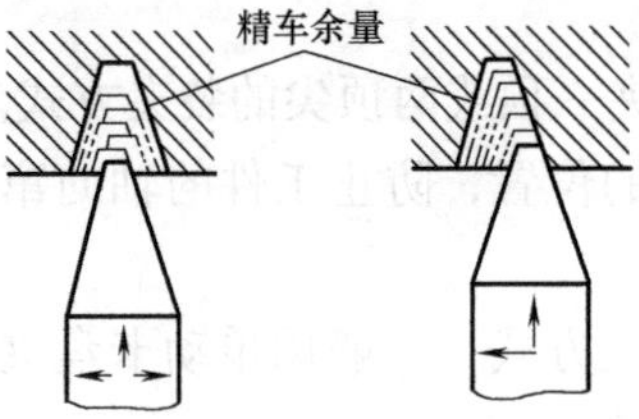

a)　　b)

图 10-10　螺距小于 4mm 时的进刀法

a）左右切削法　b）斜进法

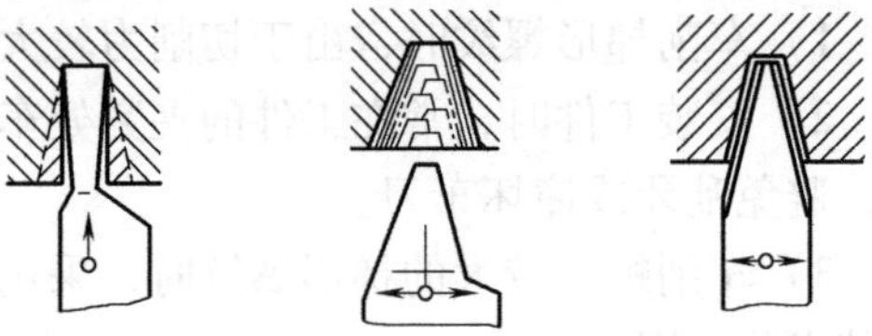

a)　　b)　　c)

图 10-11　梯形螺纹的车削方法

a）车削直槽法　b）左右切削法　c）精车

③ 用梯形螺纹车刀采用左右切削法，粗车、半精车梯形螺纹两侧面，每边留 0.1 ~ 0.2mm 的精车余量，如图 10-11b 所示，螺纹小径精车至尺寸。

④ 选用精车梯形螺纹车刀，采用左右切削法完成螺纹加工，如图 10-11c 所示。

3）螺距大于 8mm 的梯形外螺纹，一般采用车削阶梯槽的方法加工。

八、梯形螺纹的测量方法

（一）中径的测量

1. 三针测量法

这种方法是测量螺纹中径的一种比较精密的方法，适于测量精度要求较高、螺纹升角小于 4°的螺纹工件的中径尺寸。测量时，把三根直径相等的量针放置在螺纹相对应的螺旋槽中，用公法线千分尺量出两边量针顶点之间的距离 M，如图 10-12 所示。三针测量法采用的量针一般是专门制造的。量针的直径尺寸不能过大，也不能过小，最大不能在放入螺旋槽时被顶在螺纹牙尖上，最小不能在放入螺旋槽时和牙底相碰。

2. 单针测量法

这种方法的特点是只需使用一根量针放置在螺旋槽中，测量时需用千分尺量出螺纹大径与量针顶点之间的距离 A。测量直径和螺距较大螺纹的中径时，用单针测量比三针测量方便、简单，如图 10-13 所示。

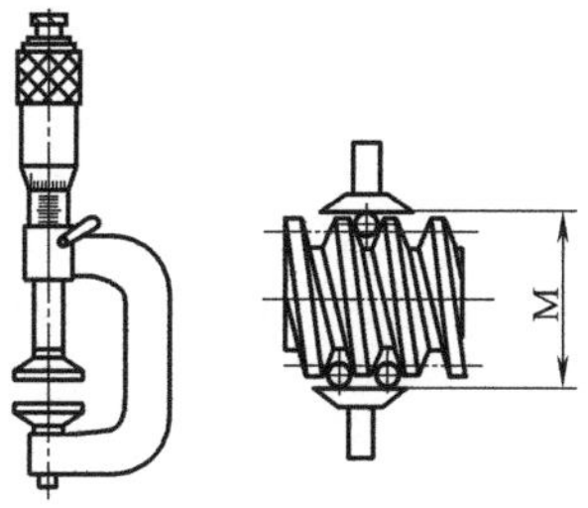

图 10-12　三针测量法

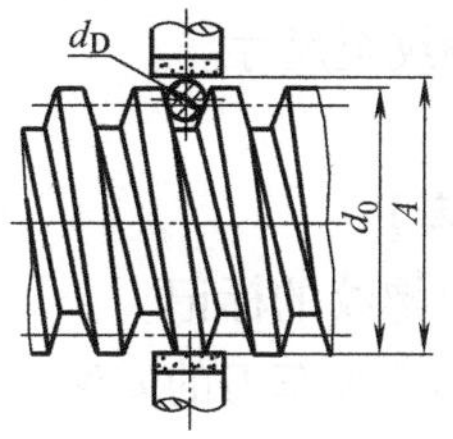

图 10-13　单针测量法

3. 测量齿厚检测螺纹中径

对于精度要求不高的梯形螺纹，可用齿厚游标卡尺测量齿厚的方法来检测螺纹中径。

（二）大径的测量

一般用游标卡尺或外径千分尺测量。

（三）螺距的测量

可用标准螺纹环规测量螺距，也可用钢直尺或螺纹样板检测。

九、车梯形外螺纹的注意事项

1）应将小滑板调整得紧一些，防止车削时车刀移位，产生乱牙。

2）梯形螺纹车刀两侧副切削刃应平直，否则工件牙型角不正确。精车时切削刃应保持锋利，使得螺纹两侧面表面粗糙度小。

3）车削梯形螺纹时为防止“扎刀”，可采用弹性刀杆。

4）在车梯形螺纹过程中，禁止用棉纱揩擦工件。

5）工件在精车前，最好重新修正顶尖孔，以保证同轴度公差。

【技能训练】

车梯形外螺纹操作训练，材料：45，如图 10-14 所示。

加工步骤：

1）夹持 ϕ34mm 外圆毛坯，伸出 90mm 左右，找正夹紧。

2）车端面，钻中心孔 A2.5/3.5，将外圆尺寸车至 $\phi33^{+0.1}_{0}$mm。

3）车轴端外圆 ϕ20mm、长 20mm 至尺寸，倒角 $C1$、$C2$。

4）调头夹持 $\phi33^{+0.1}_{0}$mm 外圆，找正夹紧。

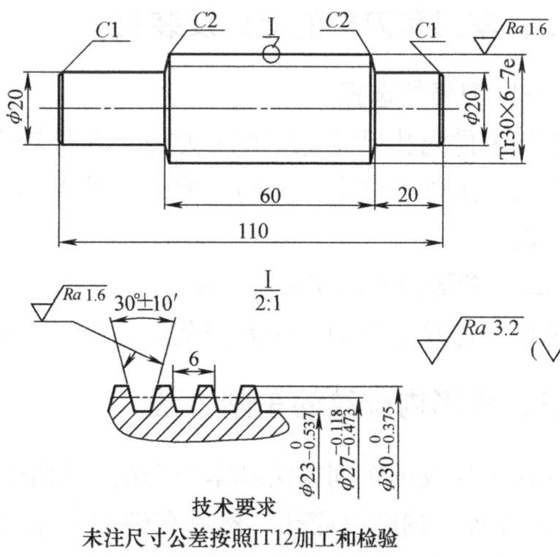

图 10-14　车梯形外螺纹

5）车轴端外圆 ϕ20mm、长 30mm 至尺寸，倒角 $C1$、$C2$。

6）夹持 ϕ20mm、长 30mm 外圆并用后顶尖支承。

7）车梯形螺纹大径至尺寸 $\phi 30_{-0.1}^{0}$mm。

8）粗车、半精车 Tr30×6—7e 螺旋槽。

9）精车螺纹大径至 $\phi 30_{-0.375}^{0}$mm。

10）精车螺纹至尺寸。

11）检验。

【练习与思考】

1. 简述梯形螺纹的标记。
2. 简述梯形螺纹车刀的安装。
3. 简述梯形螺纹的车削方法。
4. 梯形螺纹中径的测量方法有哪几种？

课题三　车削梯形内螺纹

【学习目标】

1. 掌握孔径的计算方法。
2. 掌握梯形内螺纹的车削方法。
3. 了解车削梯形内螺纹时的注意事项。

【相关知识】

一、梯形内螺纹孔径和刀头宽度的计算

一般利用公式计算梯形内螺纹孔径，计算公式与三角形内螺纹孔径计算公式一致，其孔径公差可查梯形螺纹有关公差表。车削梯形内螺纹的车刀的刀头宽度比外梯形螺纹牙顶宽要稍大一些。

二、车刀和刀杆的选择及装夹

（一）刀杆的选择

根据工件内孔尺寸选择车刀刀杆，孔径较小时采用整体式内螺纹车刀，其几何角度、刀具材料与梯形外螺纹车刀相同。梯形内螺纹车刀一般磨有前角，可通过计算来修正刀尖角，也可查表。

（二）梯形内螺纹车刀的装夹

梯形内螺纹车刀的装夹方法基本上跟车三角形内螺纹时的装夹方法相同。

三、梯形内螺纹的车削方法

梯形内螺纹的车削方法基本与车削三角形内螺纹相同。

1）先加工内螺纹底孔，然后在端面上车出一个轴向深 1～2mm、孔径等于螺纹公称尺寸的内台阶，作为对刀基准，如图 10-15 所示。

2）粗车时采用斜进法，保证车刀刀尖和对刀基准有 0.1～0.15mm 的间隙。

3）精车时采用左右切削法，使刀尖逐渐与对刀基准接触，精车螺纹两侧面。

4）调整中滑板分度值至零位，以分度值零位为基准，不进刀车削 2～3 次，使其消除刀杆的弹性变形，保证梯形螺母的精度要求。

5）车制配对的螺母时，为保证车出的螺母与螺杆牙型角一致，可采用梯形螺纹专用对刀样板，如图 10-16 所示，以样板的基准面靠紧工件的外圆表面来找正车刀的正确位置。

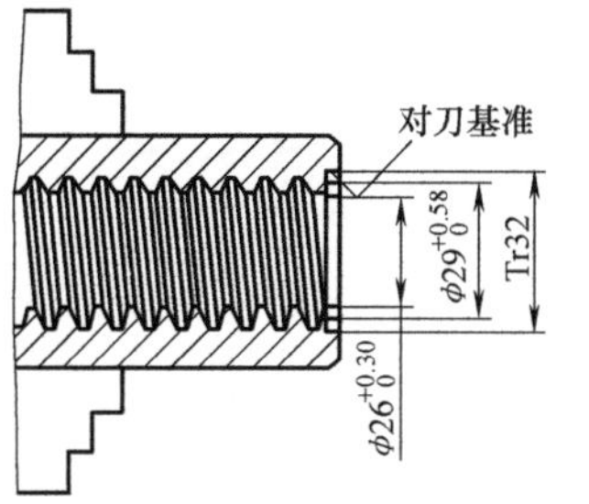

图 10-15　车削梯形螺母时的对刀基准

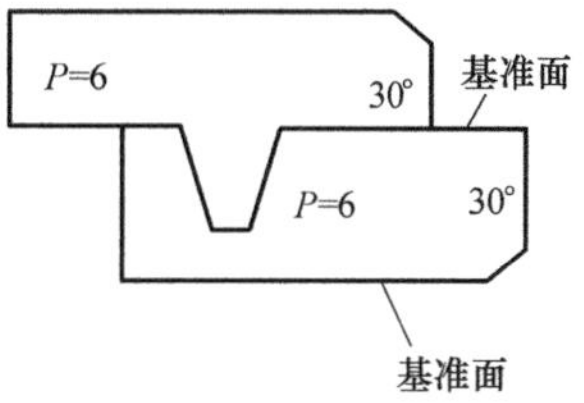

图 10-16　梯形螺纹专用样板

四、车削梯形内螺纹时的注意事项

1）刃磨时切削刃要直，装刀角度要正确。

2）尽可能利用刻度盘控制退刀，以防刀杆与孔壁相碰。

3）在车削铸铁梯形内螺纹时，容易产生螺纹型面崩碎，用直进法车削，切削深度不能太大。

4）在内螺纹车好后，作为对刀基准的台阶可利用倒内孔角去除，如长度允许可把台阶车去再倒角。

【技能训练】

车梯形内螺纹操作，材料：45，如图 10-17 所示。

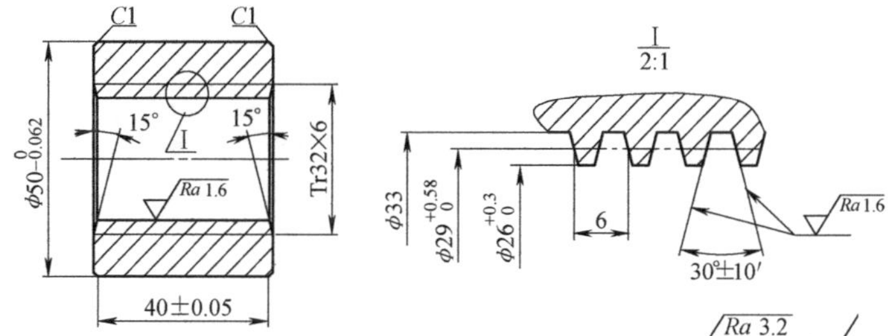

图 10-17　车梯形内螺纹

加工步骤：

1）夹持 ϕ50mm 外圆，找正夹紧。

2）车端面，钻中心孔。

3）粗、精车内孔至 $\phi26^{+0.5}_{0}$mm，孔口倒角 $C1$。

4）车梯形内螺纹至图样要求。

5）检验。

【练习与思考】

1. 简述梯形内螺纹的车削方法。

2. 简述梯形内螺纹的车削时的注意事项。

第十一章　车削蜗杆和多线螺纹

课题一　车削蜗杆

【学习目标】

1. 了解蜗杆一般技术要求。
2. 掌握蜗杆的车削方法。
3. 掌握蜗杆的测量方法。
4. 了解车削蜗杆容易产生的问题和注意事项。

【相关知识】

一、蜗杆的一般技术要求

蜗轮蜗杆为一种减速传动机构，在传动中蜗轮与蜗杆啮合，蜗杆各部分的尺寸是按照蜗轮的齿来计算的，如图 11-1 所示。蜗杆的齿型与螺纹很相似。蜗杆分为米制蜗杆和英制蜗杆两种，我国目前采用米制蜗杆，常用的米制蜗杆按照齿型有阿基米德蜗杆和法向直廓蜗杆，一般阿基米德蜗杆应用更广。

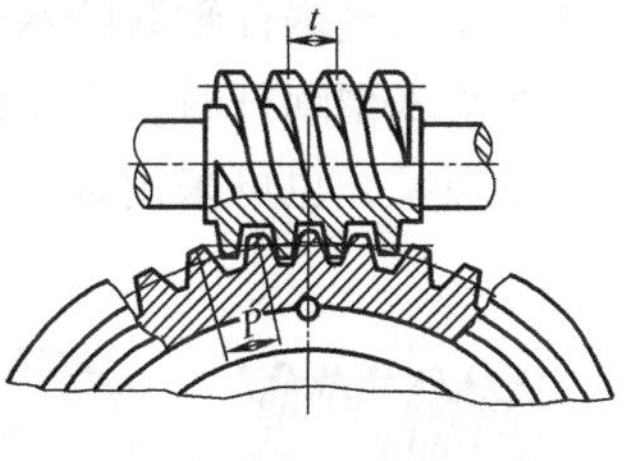

图 11-1　蜗杆与蜗轮的传动

由于蜗杆的齿型较深，切削面积大，在车削加工时比一般的梯形螺纹要困难些。蜗杆的一般技术要求为：

1）蜗杆的基圆齿距必须等于蜗轮的基圆齿距。

2）蜗杆分度圆上的法向或轴向齿厚公差要符合要求。

3）齿型要符合图样要求，两侧面必须表面粗糙度值小。

4）保证蜗杆分度圆径向跳动量公差。

二、蜗杆车刀

蜗杆车刀一般选用高速钢车刀。

（一）蜗杆粗车刀

1）车刀左右切削刃之间的夹角要小于两倍压力角。

2）刀头宽度应小于齿根槽宽。

3）切削钢料时，应磨有 10°～15°的纵向前角，径向后角为 6°～8°，左刃后角为 3°～5°加上导程角，右刃后角为 3°～5°减去导程角。

4）刀尖倒圆。

（二）蜗杆精车刀

1）车刀左、右两切削刃之间夹角等于两倍压力角。

2）径向前角应为 0°，这样可以保证车出蜗杆的压力角正确。

3）两刃应磨有15°~20°的较大前角，使左、右切削刃锋利。

4）精车刀只能精车两侧齿面，车刀前端切削刃不能用来车削槽底。

蜗杆的导程角较大，车削时使前角、后角发生较大变化，切削不顺利。采用可调节的刀杆，进行粗加工就可克服切削不顺利，如图11-2所示。精车时为了保持精度，刀头要水平安装。

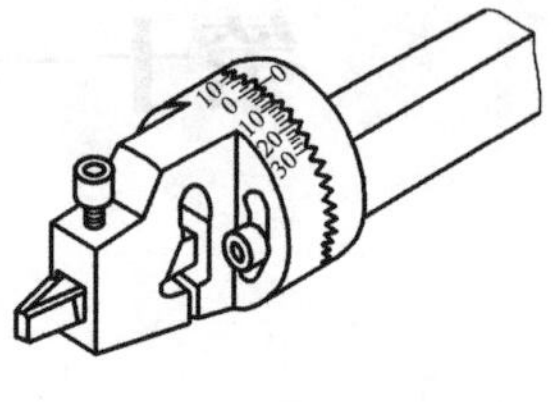

图11-2　可按导程角调节的刀杆

三、车蜗杆的方法

（一）蜗杆车刀的刃磨

蜗杆螺纹车刀一般选用高速钢车刀，刃磨时，顺走刀方向一面的后角必须相应加上导程角。

（二）蜗杆车刀的装夹

1）水平装刀法。使车刀两侧切削刃组成的平面处于水平位置，且与蜗杆轴线等高。车削阿基米德蜗杆，特别是精车的时候，采用水平装刀法可以保证其蜗杆齿型的正确，如图11-3所示。

2）垂直装刀法。使蜗杆车刀两侧切削刃组成的平面垂直于蜗杆齿面，两侧切削刃夹角的平分线在通过蜗杆轴线的水平面上。车削法向直廓蜗杆采用垂直装刀法，如图11-4所示。在粗车阿基米德蜗杆时，为了避免因导程角引起一侧切削刃工作后角变小对其影响，避免振动和扎刀现象，也可采用垂直装刀法。

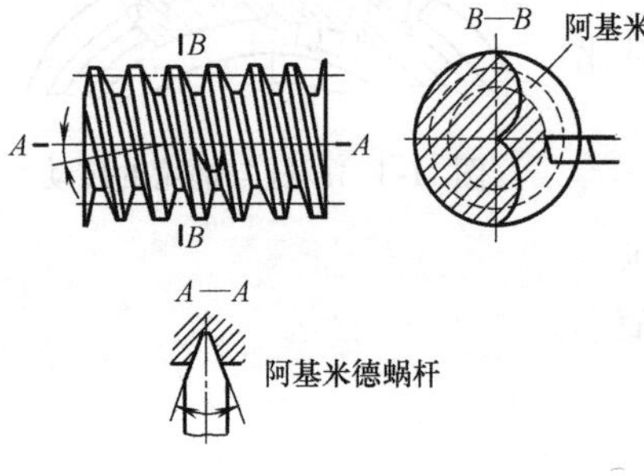

图11-3　阿基米德蜗杆

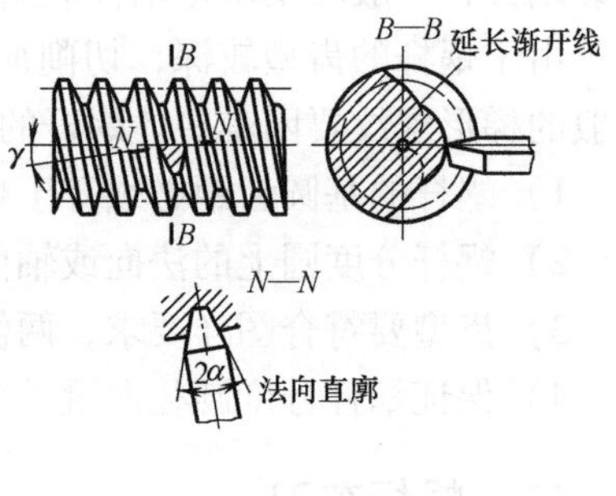

图11-4　法向直廓蜗杆

3）车削模数较小的蜗杆时，车刀装夹可用对刀样板来找正车刀刀尖角位置；车削模数较大的蜗杆时，车刀装夹可用游标万能角度尺来找正车刀刀尖角位置。使用游标万能角度尺找正的方法是将游标万能角度尺的一边靠住工件外圆，观察另一边和车刀刃口的间隙，如有偏差，应松开压紧螺钉，重新装夹来调整刀尖角度的位置，使车刀刀尖角的角平分线垂直于工件轴线，如图11-5所示。

（三）车削方法

蜗杆的车削方法和车削梯形螺纹基本相同。由于蜗杆的导程不是整数，车削蜗杆时不能使用提开合螺母的方法，只能使用倒顺车法切削。采用倒顺车法切削时，可根据模数的大小，采用左右切削法或切槽法粗车，半精车后留0.2~0.4mm精车余量。由于蜗杆的螺距大，齿型深，切削面大，因此在精车时，采用均匀的单面车削，同时控制切削用量，防止啃刀及扎刀现象，保证齿根圆直径，将齿型修整清晰。

四、蜗杆的测量方法

1）用三针和单针测量中径，方法与测量梯形螺纹相同。

2）齿顶圆直径可用千分尺测量。

3）轴向齿距主要由车床传动链保证，可用钢直尺或游标卡尺粗略测量。

4）可以利用齿厚游标卡尺测量蜗杆分度圆处的齿厚，此法适用于精度要求不高的蜗杆。测量时将齿厚游标卡尺读数调整到齿顶高，法向卡入齿部，即使齿厚卡尺和蜗杆轴线相交成一个螺纹升角的角度，测出的最小读数即为蜗杆分度圆处的法向齿厚，如图 11-6 所示。但蜗杆零件图上一般给出的是轴向齿厚，所以必须进行换算。

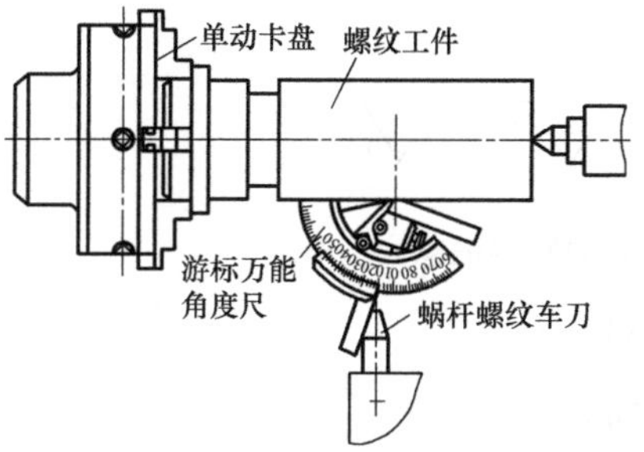

图 11-5　用游标万能角度尺来找正车刀刀尖角位置

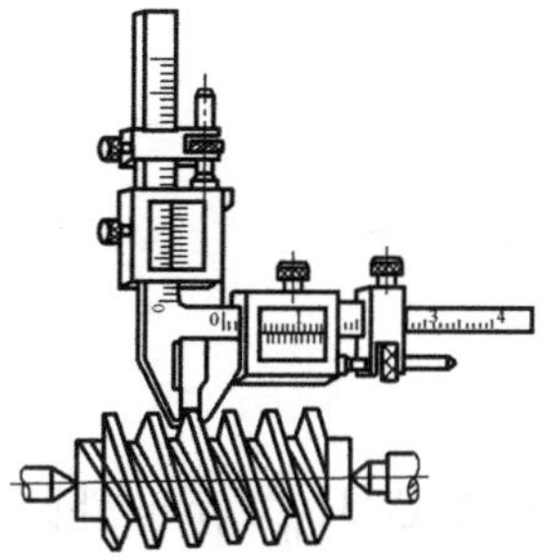

图 11-6　用齿厚游标卡尺测量蜗杆齿厚

五、容易产生的问题和注意事项

1）车削蜗杆时，在车第一刀后应验证螺距。

2）由于蜗杆的导程角较大，蜗杆车刀的两侧后角应适当增减。

3）鸡心夹头应靠紧卡爪并夹紧工件，否则车削蜗杆时容易移位，损坏工件。

4）精车时，工件要以两顶尖孔定位装夹，以保证同轴度和加工精度。在加工过程中，需随时检查前后顶尖的松紧情况。

5）加工模数较大的蜗杆，应提高工件的装夹刚度，减小机床床鞍与导轨之间的间隙，减小窜动量，并尽量缩短工件的长度，采用一夹一顶的装夹方式。

6）车削时，应采用低速车削，充分加注切削液。

【技能训练】

车蜗杆操作训练，材料：45，如图 11-7 所示。

加工步骤：

1）用自定心卡盘装夹坯料，坯料伸出长度约 80mm。

2）车端面，钻中心孔 A2. 5/3. 5。

3）粗车齿顶圆直径至 ϕ37mm，长度大于 60mm。

4）粗车 $\phi23_{-0.052}^{\ 0}$mm 外圆至 ϕ24mm，长 19. 5mm。

5）调头装夹 ϕ37mm 外圆，找正并夹紧，车端面保证总长 100mm，钻中心孔 A2. 5/3. 5。

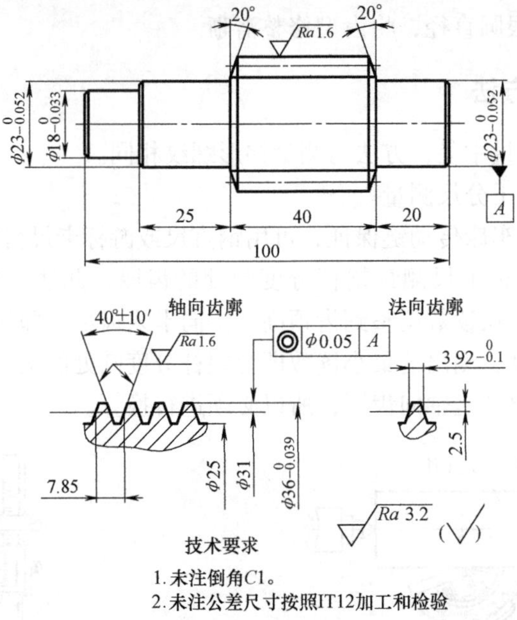

图 11-7　车蜗杆

6）粗车 $\phi23_{-0.052}^{\ 0}$ mm 外圆至 ϕ24mm，长 39.5mm。

7）粗车 $\phi18_{-0.033}^{\ 0}$ mm 外圆至 ϕ20mm，长 14.5mm。

8）用两顶尖装夹工件，分别精车蜗杆齿顶圆直径至 $\phi36_{-0.039}^{\ 0}$ mm，两端各阶台外圆至 $\phi23_{-0.052}^{\ 0}$ mm 及 $\phi18_{-0.033}^{\ 0}$ mm，并倒角 $C1$，表面粗糙度达到图样要求。

9）车蜗杆至图样要求。

10）检验。

【练习与思考】

1. 简述蜗杆的车削方法。
2. 简述蜗杆的测量方法。
3. 简述车削蜗杆容易产生的问题和注意事项。

课题二　车削多线螺纹

【学习目标】

1. 掌握多线螺纹的分线方法。
2. 掌握车削多线螺纹的方法。

【相关知识】

一、多线螺纹

沿两条或两条以上的螺旋线所形成的螺纹称为多线螺纹。多线螺纹每旋转一周，沿轴线方向移动 n 倍螺距（n 为螺纹线数）。单线螺纹的导程与螺距相等，多线螺纹的导程等于其螺距与线数的乘积。多线螺纹的螺距必须相等，多线螺纹每条螺纹的牙型角、中径处螺距要相等。多线螺纹常用于快速进退机构。

二、车削多线螺纹的分线方法

（一）轴向分线法

1）用小滑板刻度确定移动量来分线。在车好一条螺旋槽后利用小滑板刻度使车刀移动一个螺距的距离，再车第二条螺旋槽，从而达到分线的目的。此方法一般适用于多线螺纹的粗车，与单件小批量生产。

2）用百分表确定小滑板的移动量来进行分线。根据百分表上的读数来确定小滑板移动量，如图 11-8 所示。此方法适用于分线精度要求较高的单件生产，但百分表的测量范围有限，其移动距离较小，加工螺距较大或线数较多的螺纹时，会对分线有很大的影响。

3）用百分表和量块确定小滑板的移动量来进行分线。该方法分线的精度较高，适用于加工导程较大的多线螺纹，但在车削过程中应经常找正百分表的零位，如图 11-9 所示。

图 11-8　用百分表确定小滑板的移动量来进行分线

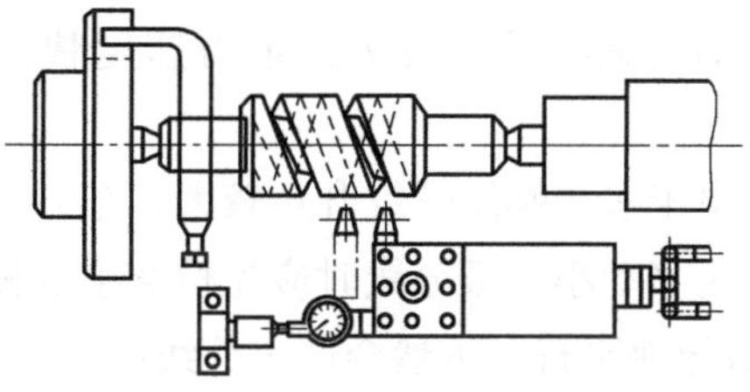

图 11-9　用百分表和量块确定小滑板的移动量来进行分线

（二）圆周分线法

1）利用自定心卡盘、单动卡盘分线。当工件采用两顶尖，并用自定心卡盘或单动卡盘代替拨盘时，用卡爪对第二、第三、第四线的多线螺纹进行分线。在车好一条螺旋槽后，只用松开顶尖，把工件连同鸡心夹头转过一个角度，由卡盘上另一只卡爪拨动，再顶好顶尖，就可加工另外一条螺旋槽。此方法简单，但精度差。

2）利用主轴交换齿轮分线。当车床主轴交换齿轮的齿数是螺纹线数的整数倍时，可以利用主轴交换齿轮进行分线，如图 11-10 所示。分线时，应注意的是，开合螺母不能提起，齿轮必须向同一个方向转动。

三、车削多线螺纹的方法

采用左右切削法，其车削顺序如图 11-11 所示，加工时按照下列方法进行。

1）粗车第一条螺旋槽，记住中、小滑板分度值。

2）进行分线粗车第二条、第三条……第 n 条螺旋线，中滑板分度值应与车第一条螺旋槽时相同。

3）为了保证多线螺纹的螺距精度，车削每一条螺旋槽时，小滑板借刀量必须相等。

4）精车时应先车第一条螺旋槽侧面，并记住小滑板背吃刀量。

5）从零位开始计算，将小滑板向前移动一个螺距，精车第二条螺旋槽侧面，背吃刀量

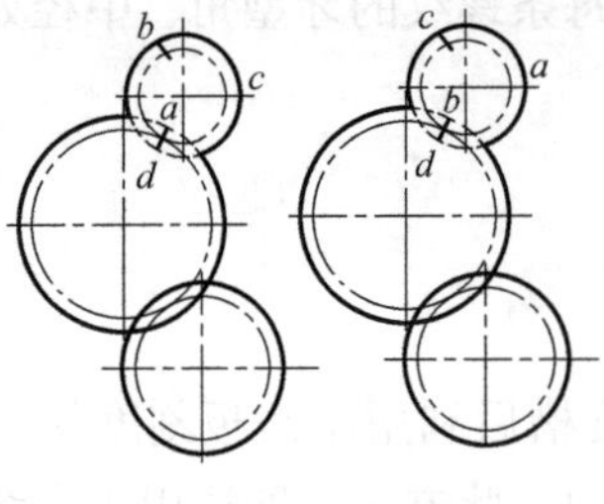

图 11-10　利用交换齿轮分线

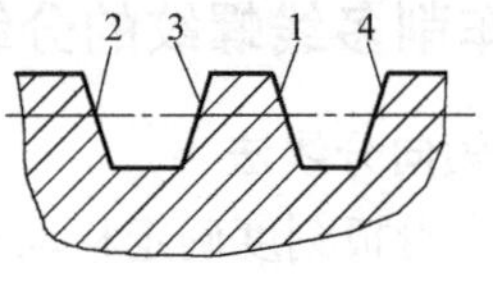

图 11-11　双线梯形螺纹车削顺序

与车第一条螺旋槽侧面相同。

6）将车刀移动，精车侧面，并记住背吃刀量。

7）将小滑板后摇一个螺距，车第一条螺旋槽侧面4，背吃刀量与车第二条螺旋槽侧面3相同。

四、容易产生的问题和注意事项

1）多线螺纹异程较大，走刀速度快，车削时要注意车刀、刀架、滑板碰撞卡盘和尾座。

2）由于多线螺纹螺纹升角较大，车刀的两侧后角要相应增减。

3）用移动小滑板分线时应先检查小滑板行程量是否满足要求；小滑板移动方向必须和机床床身导轨平行，不然会产生分线误差，其找正的方法是利用已车好的螺纹大径，保证小滑板导轨的有效行程对床身导轨平行度公差；在每次分线时，小滑板手柄转动方向要相同，不然会由于丝杠和螺母之间的间隙而产生误差；在采用直进法车削小螺距多线螺纹时，要注意调整小滑板的间隙，不能过松，预防切削时位移对分线精度造成影响。

4）用百分表分线时，百分表的测量杆应平行于工件轴线，不然也会产生误差。

5）多线螺纹分线不正确的原因有：小滑板移动距离过大或过小；车刀修磨后，未检查是否对准原来轴向位置，使轴向定位不准；工件没有完全夹紧，切削力一旦过大就会造成工件微量的移动，同样会使分线不正确。

【技能训练】

车梯形多线螺纹，材料：45，如图 11-12 所示。

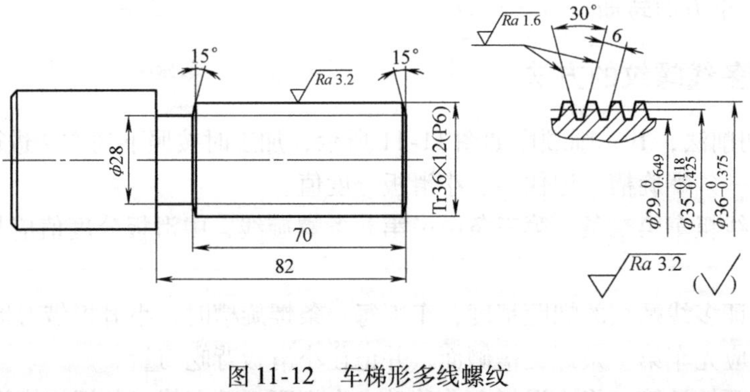

图 11-12　车梯形多线螺纹

加工步骤：

1）装夹工件，使工件伸出 90mm 左右，并找正。

2）粗、精车外圆 ϕ36mm × 82mm。

3）车槽，保证尺寸 ϕ28mm × 12mm。

4）两侧 15°倒角。

5）粗车 Tr36 × 12（P6）螺纹。

6）精车 Tr36 × 12（P6）螺纹达到要求。

7）检验。

【练习与思考】

1. 简述多线螺纹的分线方法。

2. 简述车削多线螺纹的方法。

第十二章　车削偏心工件

课题一　在自定心卡盘上车偏心工件

【学习目标】

1. 掌握在自定心卡盘上垫垫片车偏心件的方法。
2. 掌握垫片厚度的计算。

【相关知识】

一、偏心轴

零件的外圆与外圆、外圆与内孔的轴线相互平行但不重合的工件就称为偏心工件。偏心件偏心部分的轴线和基准轴线之间的距离称为偏心距。外圆与外圆的轴线平行而不重合的偏心工件称为偏心轴；外圆的轴向尺寸较小的偏心轴也称为偏心盘，如图 12-1 所示。在机械传动中，回转运动变为往复直线运动或往复直线运动变为回转运动，一般都是利用偏心零件来完成的，如汽车发动机中的曲轴等。

二、采用自定心卡盘装夹偏心工件

（一）偏心原理

偏心轴、偏心套一般都在车床上加工。其加工原理基本相同，都是通过采用适当的装夹方法，将需要加工的偏心外圆或内孔的轴线校正到与车床主轴轴线重合的位置后，再进行车削加工。

用自定心卡盘装夹工件进行车削，主要用于加工长度较短、形状简单、加工精度要求不高、数量较多、偏心距≤6mm 的偏心工件。在自定心卡盘中的任意一个卡爪与工件外圆柱面的接触部位，垫上一块预先选好厚度的垫片，使得工件的轴线相对于车床主轴的轴线产生等于工件偏心距的位移，在相应的卡爪上做上记号，把工件夹紧并校正，即可车削，如图 12-2 所示。

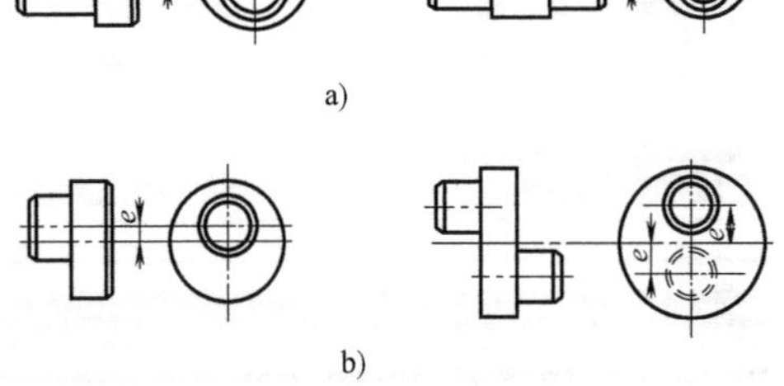

图 12-1　偏心工件

a）偏心轴　b）偏心盘

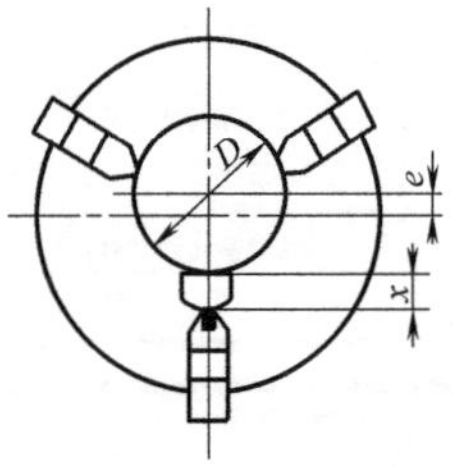

图 12-2　采用自定心卡盘装夹并车削偏心工件

（二）垫片厚度计算

垫片的厚度 x 可按公式计算：

$$x = 1.5e \pm k$$

$$k \approx 1.5\Delta e$$

式中　x——垫片厚度，mm；

e——偏心距，mm；

k——偏心距修正值，正、负值应按实测结果确定，mm；

Δe——试切后，实测偏心距误差，mm。

三、用自定心卡盘装夹偏心件的车削方法

1）夹紧偏心件的一端，根据图样要求车削基准轴线的外圆，达到要求。

2）通过公式计算出垫片厚度，并按尺寸加工好垫片。

3）装夹偏心件，在自定心卡盘上垫上垫片。

4）找正并夹紧偏心件。

5）粗车外圆。

6）检查偏心距，如偏心距不合适，需找正垫片的厚度。

7）精车外圆达到要求。

8）检验。

四、自定心卡盘装夹偏心件的车削注意事项

1）垫片材料的选择，应避免装夹时发生挤压变形，材料要有一定的硬度。

2）垫片与卡爪接触一面应做成相匹配的圆弧面，如果垫片做成平面的，则在垫片与爪脚之间将会产生间隙，造成偏心距误差。

3）安装工件时，应用百分表找正工件外圆，检查外圆素线与车床主轴轴线是否平行。

4）由于工件偏心，起动车床前，车刀应远离工件，防止工件撞击车刀，造成打刀。

5）粗车偏心工件时，为了防止硬质合金刀片碎裂，车刀应有一定的负刃倾角，因为粗车偏心工件时，切削余量极不均匀，为断续切削，会产生一定的冲击和振动。

6）车偏心工件时，建议使用高速钢车刀车削。

7）刚开始进给车削偏心件时，进给量和背吃刀量要小。

8）装夹后为了校验偏心距，可用量程较大的百分表在圆周上测量。

【技能训练】

车偏心轴操作训练，材料：45，如图12-3所示。

加工步骤：

1）车光轴，保证外圆尺寸为 $\phi 38_{-0.039}^{\ 0}$ mm，倒角 $C1$。

2）切断，保证总长65mm。

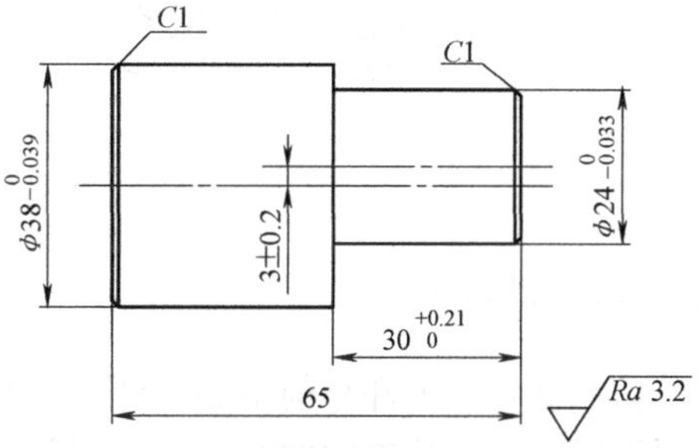

技术要求

未注公差尺寸按照IT12加工和检验

图 12-3　车偏心轴

3）在 V 形铁上划线，在偏心圆上打样冲眼。

4）在自定心卡盘上垫上垫片，夹持 $\phi38_{-0.039}^{\ 0}$mm 外圆。

5）先用划针盘初步找正工件偏心圆。

6）再用百分表精确找正工件，保证偏心距。

7）校正偏心距。

8）粗车偏心轴。

9）检查偏心距（当还剩 0.5mm 左右精车余量时，复检偏心距并视情况作相应调整）。

10）精车偏心圆外径，达到外径 $\phi24_{-0.033}^{\ 0}$mm、长度 $30_{\ 0}^{+0.21}$mm 的尺寸要求。

11）倒角 $C1$。

12）检验。

【练习与思考】

1. 简述用自定心卡盘装夹偏心件的车削方法。
2. 简述自定心卡盘装夹偏心件的车削注意事项。

课题二　在单动卡盘上车偏心工件

【学习目标】

1. 掌握偏心工件的划线方法。
2. 掌握用单动卡盘安装和找正工件。
3. 掌握在单动卡盘上车偏心工件的方法。

【相关知识】

一、偏心套

外圆与内孔的轴线相互平行但不重合的偏心零件叫做偏心套。偏心套是由外圆表面与内孔表面组成的，如图 12-4 所示。在车床上车削偏心套的方法有：用单动卡盘安装工件车削偏心套、用专用偏心轴安装工件车削偏心套、用自定心卡盘安装工件车削偏心套。

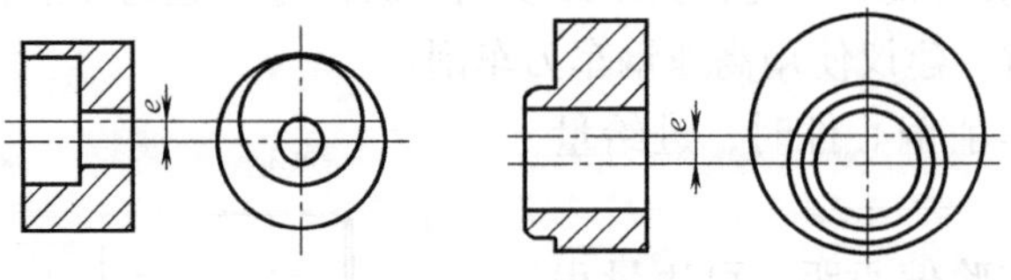

图 12-4　偏心套

二、偏心件的划线

用单动卡盘安装工件车削偏心工件，一般适用于精度要求不高、偏心距小、工件长度较短、不便于用两顶尖装夹的偏心工件。用单动卡盘安装工件车削偏心轴或偏心套时，必须先划线确定偏心工件的位置，找正划好的偏心中心线，使偏心中心线跟车床主轴轴线重合。偏心找好正以后，还应找正工件外圆侧素线，使侧素线与车床主轴轴线平行。

偏心工件的划线步骤如下：

1）首先把工件毛坯车成一根光轴，光轴的外圆表面应光滑，其两端面应与轴线垂直。

2）在轴的两端面和外圆上涂色，然后把它放在V形铁上进行划线，用划针先在端面上和外圆上划一组与工件中心线等高的水平线。相应的方法是：用游标高度尺测量轴的最高素线，记录数值，将该数值减去半径尺寸得到水平线的分度值，依据水平线的分度值在工件端面上划线，如图12-5a所示。

3）把工件旋转90°，用90°角尺对齐已划好的端面线，如图12-5b所示。再在端面上和外圆上划另一组水平线，在端面形成十字交叉线，十字交叉线的交点为基准轴心，如图12-5c所示。

4）用游标高度尺向上或向下移动一个偏心距 e，在两端面和两侧外圆划出封闭线，在端面形成十字交叉点，该点为偏心部分的轴心，如图12-5d所示。

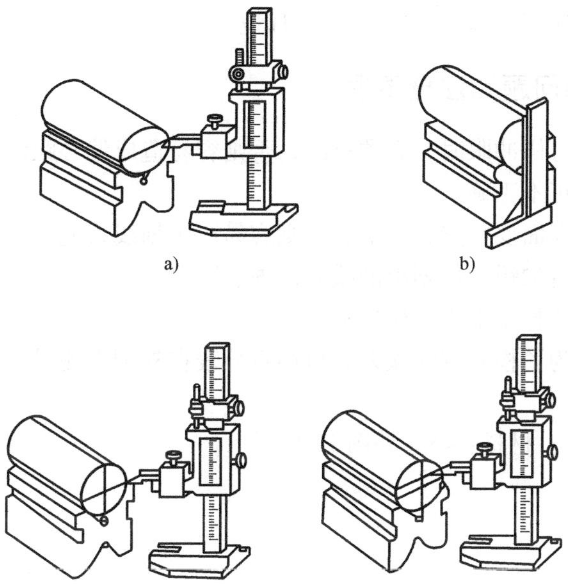

图12-5　偏心工件的划线

5）用样冲在所划出的十字交叉线上打好样冲眼。要求样冲眼中心位置正确，不能歪斜，样冲眼坑要浅，应小而圆，否则会产生偏心距误差，如图12-6所示。

三、用单动卡盘安装和找正工件

1）把划好线的工件装在单动卡盘上。单动卡盘的四个卡爪沿周围均匀分布，每个卡爪能单独径向移动。在装夹时，先调节卡盘的两爪，使其呈对称位置，另外两爪呈不对称位置，其偏离主轴中心的距离大致等于工件的偏心距，工件偏心圆点在卡盘中央，如图12-7所示。

2）在床面上放好小平板和划针盘，针尖对准偏心圆线，找正偏心圆。然后把针尖对准外圆水平线，如图12-8所示，自左至右检查水平线是否水平。把工件转动90°，用同样的方法检查另一条水平线，然后紧固卡脚和复查工件装夹情况。由于存在划线误差和找正误差，用划线来找正，适用于加工精度要求不高的偏心工件。

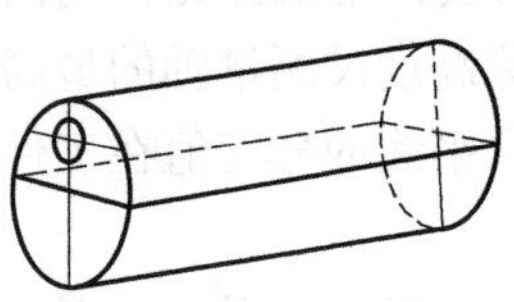

图 12-6　划偏心

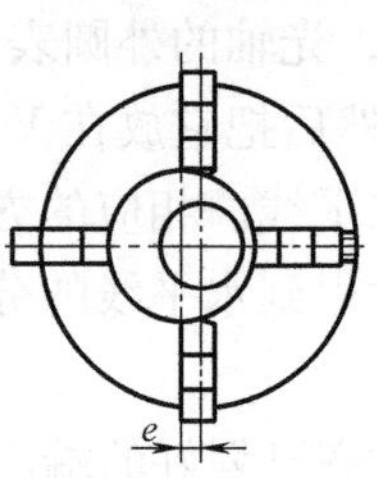

图 12-7　单动卡盘装夹偏心工件的方法

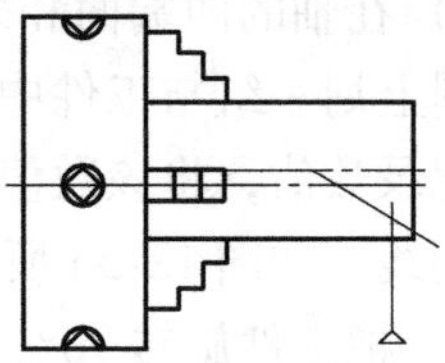

图 12-8　找正侧素线

3）工件经找正后，将四爪成对、均匀地拧紧一遍，并检查确认侧素线和偏心圆周线在紧固时没有位移，即可进行切削。在初切削时，进给量和背吃刀量要小，等工件车圆后，切削用量可以增加，否则就会损坏车刀或使工件移位。

四、容易产生的问题和注意事项

1）在所划的线上打样冲眼时，必须打准，否则容易造成偏心距误差。

2）装夹工件时找正不正确。

3）平板、划针盘底面要平整、清洁，否则容易产生划线误差。

4）划针头部要保持尖锐，使划出的线条清晰、准确。

5）找正后，应防止拧紧卡爪发生位移。

6）工件装夹后，为了检查划线误差，可用百分表在外圆上测量。

【技能训练】

车偏心套操作训练，材料：45，如图 12-9 所示。

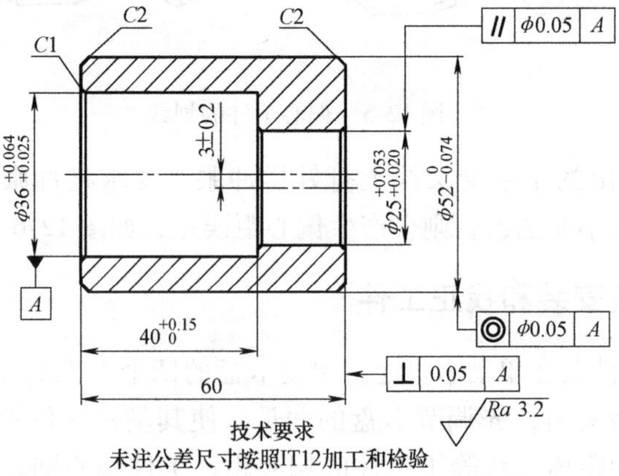

图 12-9　车偏心套

加工步骤：

1）为留工艺凸台，工件毛坯为 $\phi55 \times 75$mm 棒料。装夹毛坯外圆，找正后，车工艺凸台 $\phi45 \times 10$mm，$Ra6.3\mu$m。

2）工件调头夹 ϕ45mm 处，找正夹紧。

3）粗、精车外圆至 $\phi52_{-0.074}^{0}$mm，长 61mm，Ra3.2μm。

4）钻孔 ϕ34mm，深 39mm。

5）粗、精车内孔至 $\phi36_{+0.025}^{+0.064}$mm，深 $40_{0}^{+0.15}$mm，Ra1.6μm。

6）孔口倒角 C1。

7）工件调头切去工艺凸台车端面，保证总长 60mm。

以上步骤均用自定心卡盘装夹车削。

8）划线，在偏心圆上打样冲眼。

9）垫铜片，用单动卡盘装夹 $\phi52_{-0.074}^{0}$mm 外圆面。

10）先用划针盘初步找正工件偏心圆，再用百分表精确找正工件，保证偏心距。

11）钻通孔 ϕ23mm。

12）粗、精车内孔至 $\phi25_{+0.020}^{+0.053}$mm，Ra1.6μm。

13）孔口倒角 C1。

14）检验。

【练习与思考】

1. 简述偏心工件的划线方法。

2. 简述用单动卡盘安装和找正工件。

第十三章　车工（初级工）训练习题

【技能训练一】车阶梯轴（一）（见图 13-1）

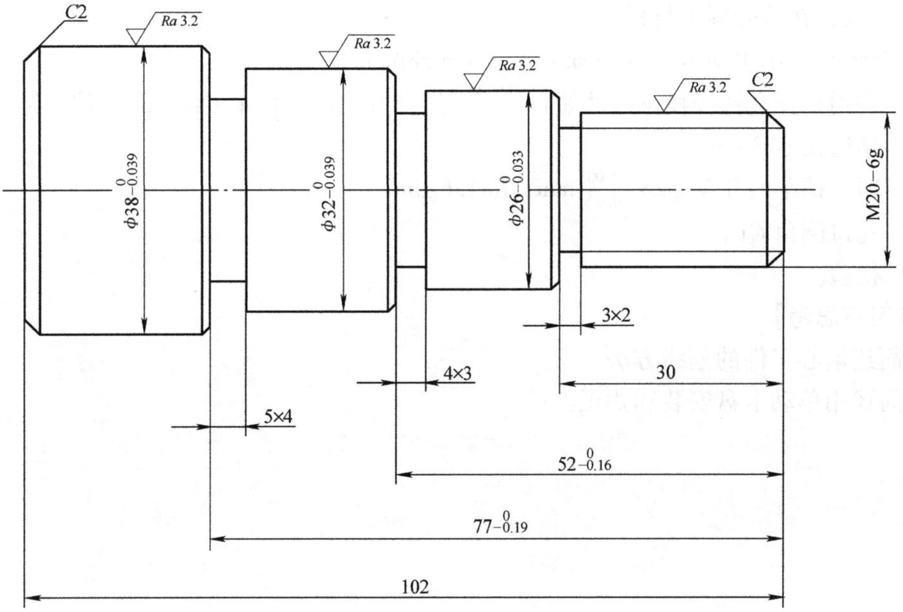

技术要求

$\sqrt{Ra\ 6.3}$ (√)

1.未注倒角C1。
2.未注公差尺寸按照 IT12加工和检验。

图 13-1　车阶梯轴(一)

	习题名称	练习时间	材料	件数
	车阶梯轴(一)		45	

车阶梯轴(一)考核评分表

序号	考核内容	技术要求	配分	评分标准	得分
1	外径尺寸	$\phi26_{-0.033}^{0}$ mm	10	符合要求得分	
2		$\phi32_{-0.039}^{0}$ mm	10	符合要求得分	
3		$\phi38_{-0.039}^{0}$ mm	10	符合要求得分	
4	长度尺寸	$52_{-0.16}^{0}$ mm	9	符合要求得分	
5		$77_{-0.19}^{0}$ mm	9	符合要求得分	
6	普通螺纹	M20-6g	12	符合要求得分	
7	倒角	C1(3 处)、C2(2 处)	5	符合要求得分	
8	表面粗糙度	Ra3. 2μm(4 处)	8	降级不得分	
9	未注公差尺寸	IT12	7	一处超差扣 0. 5 分	
10	安全操作	严格遵守安全操作规定	10	符合要求得分	
11	工量刀具放置	位置合理、放置整齐	5	符合要求得分	
12	设备清洁保养	相关规定要求	5	符合要求得分	
					成绩:

【技能训练二】车阶梯轴（二）（见图 13-2）

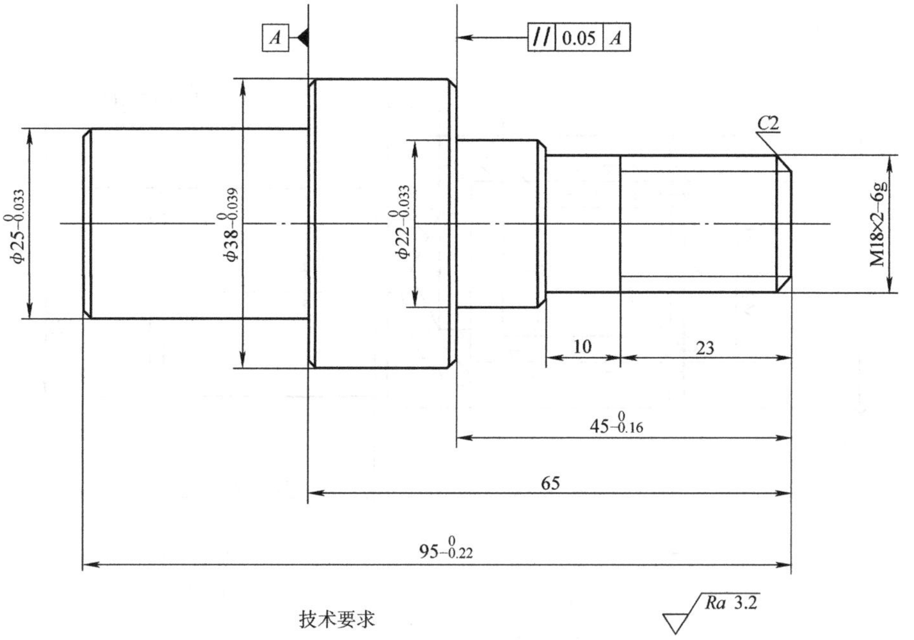

图 13-2 车阶梯轴(二)

	习题名称	练习时间	材料	件数
	车阶梯轴(二)		45	

车阶梯轴(二)考核评分表

序号	考核内容	技术要求	配分	评分标准	得分
1	外径尺寸	$\phi22_{-0.033}^{0}$ mm	9	符合要求得分	
2		$\phi25_{-0.033}^{0}$ mm	9	符合要求得分	
3		$\phi38_{-0.039}^{0}$ mm	9	符合要求得分	
4	长度尺寸	$45_{-0.16}^{0}$ mm	9	符合要求得分	
5		$95_{-0.22}^{0}$ mm	9	符合要求得分	
6	平行度公差	0.05mm	8	符合要求得分	
7	普通螺纹	M18×2-6g	10	符合要求得分	
8	倒角	C1(4处)、C2(各1分)	5	符合要求得分	
9	表面粗糙度	Ra3.2μm	7	一处降级扣1分	
10	未注公差尺寸	IT12	5	一处超差扣0.5分	
11	安全操作	严格遵守安全操作规定	10	符合要求得分	
12	工量刀具放置	位置合理、放置整齐	5	符合要求得分	
13	设备清洁保养	相关规定要求	5	符合要求得分	

成绩:

【技能训练三】车偏心轴（见图 13-3）

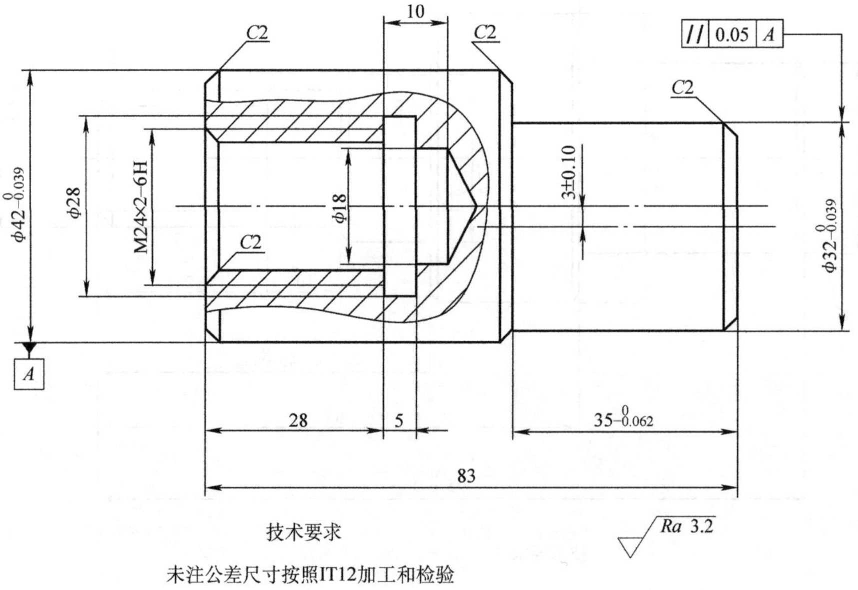

图 13-3　车偏心轴

	习题名称	练习时间	材料	件数
	车偏心轴		45	

车偏心轴考核评分表

序号	考核内容	技术要求	配分	评分标准	得分
1	外径尺寸	$\phi32_{-0.039}^{\ 0}$ mm	8	符合要求得分	
2		$\phi42_{-0.039}^{\ 0}$ mm	8	符合要求得分	
3	长度尺寸	$35_{-0.062}^{\ 0}$ mm	5	符合要求得分	
4	偏心距	(3 ±0. 10) mm	15	符合要求得分	
5	平行度公差	0. 05mm	10	符合要求得分	
6	普通螺纹	M24 ×2-6H	10	符合要求得分	
7	倒角	C2(4 处)	4	符合要求得分	
8	表面粗糙度	Ra3. 2μm	10	一处降级扣 1 分	
9	未注公差尺寸	IT12	10	一处超差扣 0. 5 分	
10	安全操作	严格遵守安全操作规定	10	符合要求得分	
11	工量刀具放置	位置合理、放置整齐	5	符合要求得分	
12	设备清洁保养	相关规定要求	5	符合要求得分	
					成绩：

【技能训练四】车莫氏锥度锥柄（见图 13-4）

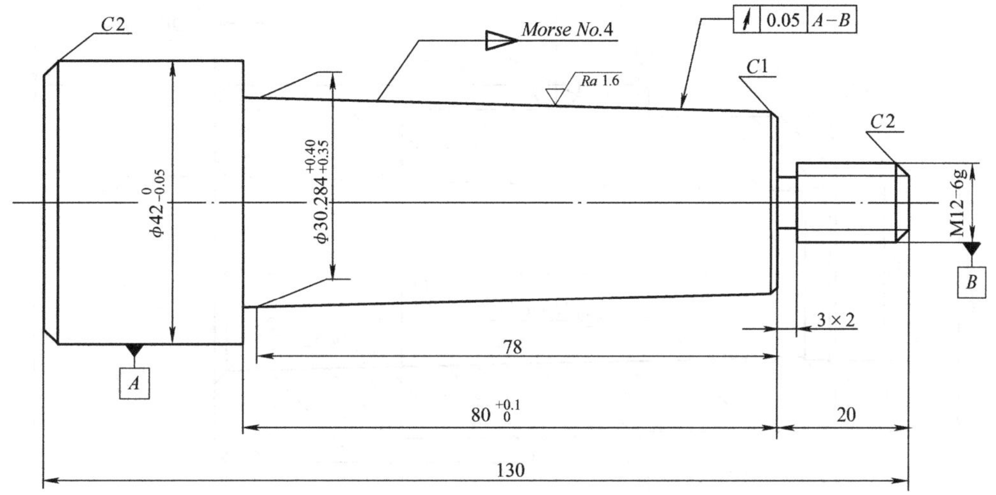

技术要求
1. 莫氏锥度用套规涂色检验，接触面积≥65%。
2. 未注公差尺寸按照 IT12 加工和检验。

Ra 3.2 (√)

图 13-4　车莫氏锥度锥柄

	习题名称	练习时间	材料	件数
	车莫氏锥度锥柄		45	

车莫氏锥度锥柄考核评分表

序号	考核内容	技术要求	配分	评分标准	得分
1	外径尺寸	$\phi42\,^{0}_{-0.05}$mm	8	符合要求得分	
2		$\phi30.284\,^{+0.40}_{+0.35}$mm	8	符合要求得分	
3	莫氏 4 号锥度外圆锥面	接触面积≥65%	16	符合要求得分	
4	长度尺寸	$80\,^{+0.1}_{0}$mm	5	符合要求得分	
5	斜向圆跳动公差	0.05mm	10	符合要求得分	
6	普通螺纹	M12-6g	8	符合要求得分	
7	倒角	C2(2 处)、C1(1 处)	6	符合要求得分	
8	表面粗糙度	Ra1.6μm	7	降级不得分	
9		Ra3.2μm	4	一处降级扣 0.5 分	
10	未注公差尺寸	IT12	8	一处超差扣 0.5 分	
11	安全操作	严格遵守安全操作规定	10	符合要求得分	
12	工量刀具放置	位置合理、放置整齐	5	符合要求得分	
13	设备清洁保养	相关规定要求	5	符合要求得分	
				成绩：	

【技能训练五】车莫氏锥度锥套（见图 13-5）

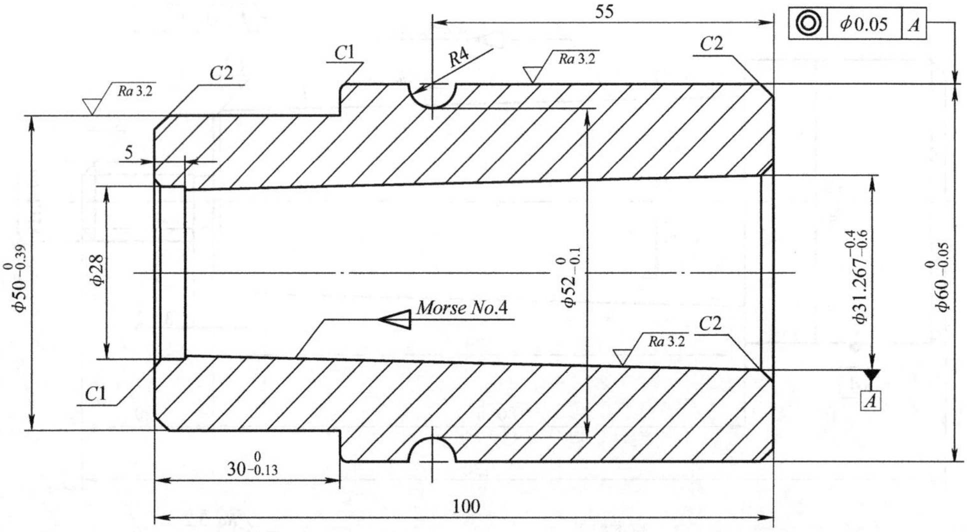

技术要求

$\sqrt{Ra\ 6.3}$ ($\sqrt{}$)

1. 莫氏锥度用塞规涂色检验，接触面积≥60%。
2. 未注公差尺寸按照 IT12 加工和检验。

图 13-5　车莫氏锥度锥套

习题名称	练习时间	材料	件数
车莫氏锥度锥套		45	

车莫氏锥度锥套考核评分表

序号	考核内容	技术要求	配分	评分标准	得分
1	外径尺寸	$\phi 60^{\ 0}_{-0.05}$ mm	8	符合要求得分	
2		$\phi 50^{\ 0}_{0.39}$ mm	8	符合要求得分	
3		$\phi 31.267^{-0.4}_{-0.6}$ mm	8	符合要求得分	
4		$\phi 52^{\ 0}_{-0.1}$ mm	9	符合要求得分	
5	莫氏 4 号锥度内圆锥面	接触面积≥60%	15	符合要求得分	
6	长度尺寸	$30^{\ 0}_{-0.13}$ mm	5	符合要求得分	
7	同轴度公差	φ0.05mm	9	符合要求得分	
8	倒角	C2(3 处)、C1(2 处)	5	符合要求得分	
9	表面粗糙度	Ra3.2μm(3 处)	6	降级不得分	
10		Ra6.3μm	3	一处降级扣 0.5 分	
11	未注公差尺寸	IT12	4	一处超差扣 0.5 分	
12	安全操作	严格遵守安全操作规定	10	符合要求得分	
13	工量刀具放置	位置合理、放置整齐	5	符合要求得分	
14	设备清洁保养	相关规定要求	5	符合要求得分	
					成绩：

【技能训练六】车 V 带轮（见图 13-6）

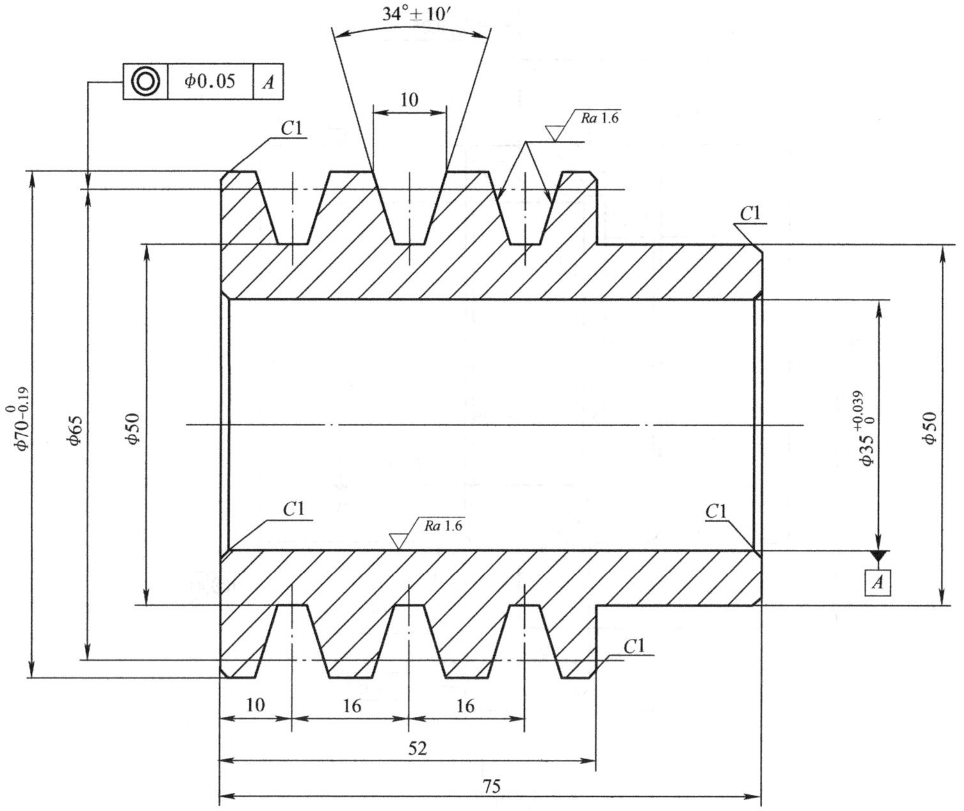

技术要求

未注公差尺寸按照IT12 加工和检验

$\sqrt{Ra\ 3.2}$ ($\sqrt{}$)

图 13-6 车 V 带轮

	习题名称	练习时间	材料	件数
	车 V 带轮		HT250	

车 V 带轮考核评分表

序号	考核内容	技术要求	配分	评分标准	得分
1	外径尺寸	$\phi35^{+0.039}_{0}$mm	10	符合要求得分	
2		$\phi70^{0}_{-0.19}$mm	10	符合要求得分	
3	V 形槽角度	34° ±10′(3 处)	24	符合要求得分	
4	同轴度公差	φ0.05mm	10	符合要求得分	
5	倒角	C1(5 处)	10	符合要求得分	
6	表面粗糙度	Ra1.6μm	6	降级不得分	
7		Ra3.2μm	4	一处降级扣 0.5 分	
8	未注公差尺寸	IT12	6	一处超差扣 0.5 分	
9	安全操作	严格遵守安全操作规定	10	符合要求得分	
10	工量刀具放置	位置合理、放置整齐	5	符合要求得分	
11	设备清洁保养	相关规定要求	5	符合要求得分	
					成绩:

【技能训练七】车轴承座（见图 13-7）

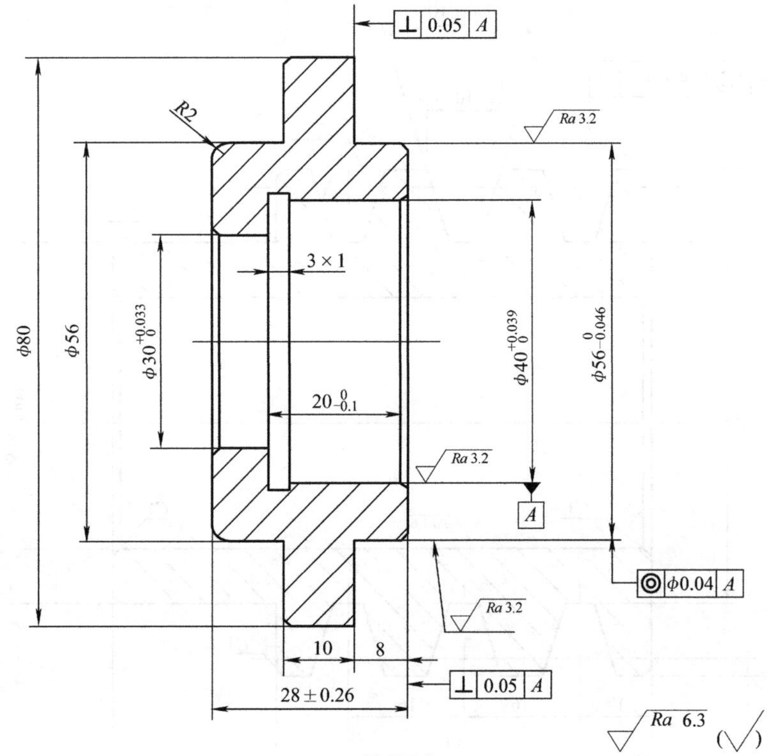

技术要求

1. 全部倒角 $C1$。
2. 未注公差尺寸按照 IT12 加工和检验。

图 13-7　车轴承座

习题名称	练习时间	材料	件数
车轴承座		HT250	

车轴承座考核评分表

序号	考核内容	技术要求	配分	评分标准	得分
1	内径尺寸	$\phi40^{+0.039}_{0}$ mm	9	符合要求得分	
2		$\phi30^{+0.033}_{0}$ mm	9	符合要求得分	
3	外径尺寸	$\phi56^{0}_{-0.046}$ mm	9	符合要求得分	
4	长度尺寸	(28 ±0.26) mm	4	符合要求得分	
5	垂直度公差	0.05mm（2 处）	16	符合要求得分	
6	同轴度公差	ϕ0.04mm	8	符合要求得分	
7	倒角	$C1$（2 处）	4	符合要求得分	
8	倒圆	$R2$mm	3	符合要求得分	
9	表面粗糙度	$Ra3.2\mu m$	8	降级不得分	
10	未注公差尺寸	IT12	10	一处超差扣 0.5 分	
11	安全操作	严格遵守安全操作规定	10	符合要求得分	
12	工量刀具放置	位置合理、放置整齐	5	符合要求得分	
13	设备清洁保养	相关规定要求	5	符合要求得分	

成绩：

【技能训练八】车螺纹套（见图 13-8）

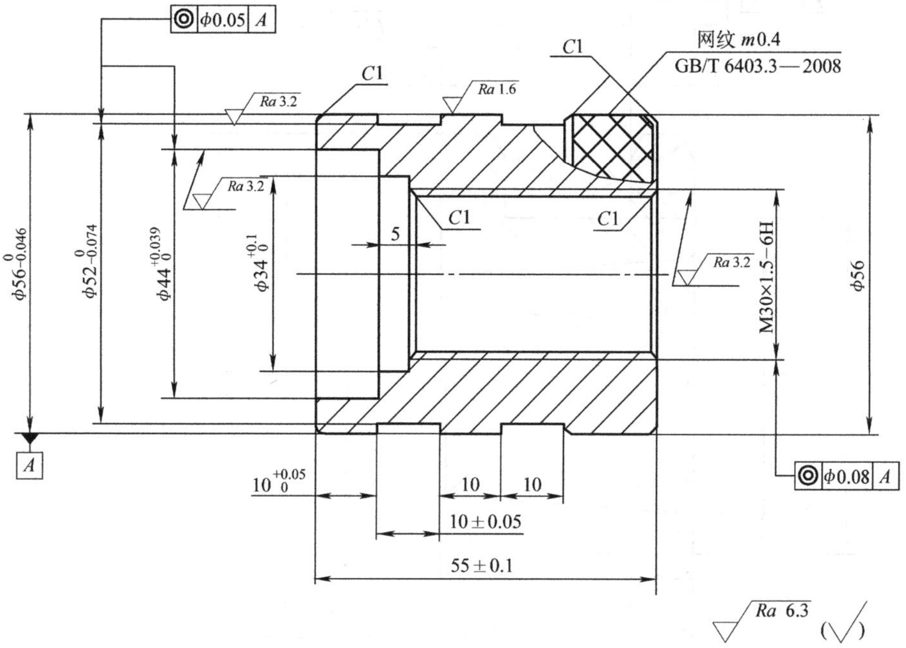

技术要求

1. 调质 235HBW。
2. 未注公差尺寸按照 IT12 加工和检验。

图 13-8 车螺纹套

	习题名称	练习时间	材料	件数
	车螺纹套		45	

车螺纹套考核评分表

序号	考核内容	技术要求	配分	评分标准	得分
1	内径尺寸	$\phi44^{+0.039}_{0}$ mm	7	符合要求得分	
2		$\phi34^{+0.1}_{0}$ mm	3	符合要求得分	
3	外径尺寸	$\phi52^{0}_{-0.074}$ mm	7	符合要求得分	
4		$\phi56^{0}_{-0.046}$ mm	7	符合要求得分	
5	长度尺寸	(10 ±0.05) mm	3	符合要求得分	
6		$10^{+0.05}_{0}$ mm	7	符合要求得分	
7	同轴度公差	ϕ0.05mm	7	符合要求得分	
8		ϕ0.08mm	7	符合要求得分	
9	普通螺纹	M30 ×1.5-6H	7	符合要求得分	
10	倒角	C1(4 处)	4	符合要求得分	
11	网纹 m0.4	GB/T 6403.3—2008	7	符合要求得分	
12	表面粗糙度	Ra1.6μm(1 处)、Ra3.2μm(3 处)	8	降级不得分	
13	未注公差尺寸	IT12	6	一处超差扣 0.5 分	
14	安全操作	严格遵守安全操作规定	10	符合要求得分	
15	工量刀具放置	位置合理、放置整齐	5	符合要求得分	
16	设备清洁保养	相关规定要求	5	符合要求得分	
				成绩：	

【技能训练九】车链轮坯（见图 13-9）

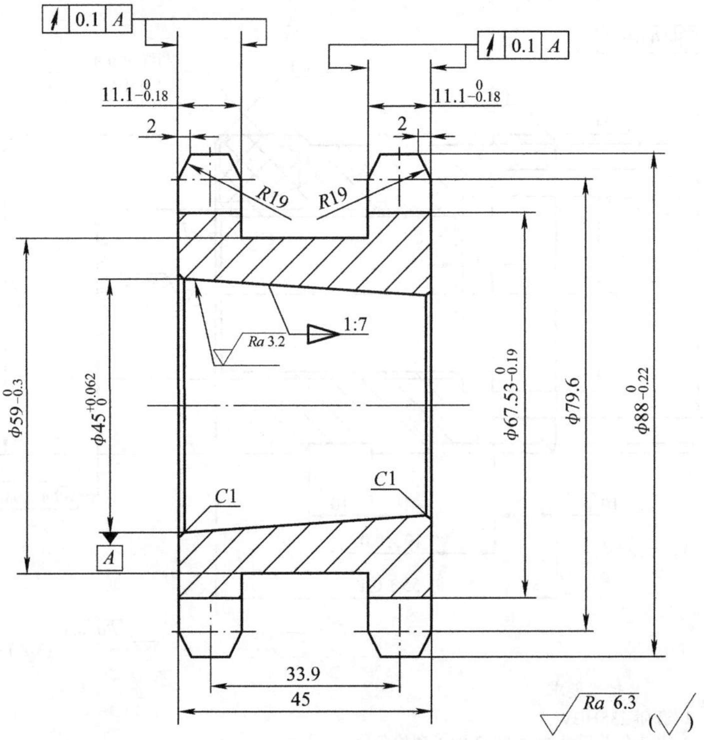

技术要求

1. 锥度用塞规涂色检验，接触面积≥60%。
2. 未注公差尺寸按照 IT12 加工和检验。

图 13-9　车链轮坯

习题名称	练习时间	材料	件数
车链轮坯		45	

车链轮坯考核评分表

序号	考核内容	技术要求	配分	评分标准	得分
1	内径尺寸	$\phi45^{+0.062}_{0}$ mm	7	符合要求得分	
2	外径尺寸	$\phi59^{0}_{-0.3}$ mm	5	符合要求得分	
3		$\phi67.53^{0}_{-0.19}$ mm	5	符合要求得分	
4		$\phi88^{0}_{-0.22}$ mm	5	符合要求得分	
5	长度尺寸	$11.1^{0}_{-0.18}$ mm(2 处)	10	符合要求得分	
6	轴向圆跳动公差	0.1mm(4 处)	12	符合要求得分	
7	1:7 锥度内锥面	接触面积≥60%	14	符合要求得分	
8	倒角	C1(2 处)	2	符合要求得分	
9	表面粗糙度	Ra3.2μm	8	降级不得分	
10		Ra6.3μm	4	一处降级扣 0.5 分	
11	未注公差尺寸	IT12	6	一处超差扣 0.5 分	
12	安全操作	严格遵守安全操作规定	10	符合要求得分	
13	工量刀具放置	位置合理、放置整齐	5	符合要求得分	
14	设备清洁保养	相关规定要求	5	符合要求得分	
					成绩：

【技能训练十】车三件台阶组合件（见图 13-10a、13-10b，13-10c，13-10d）

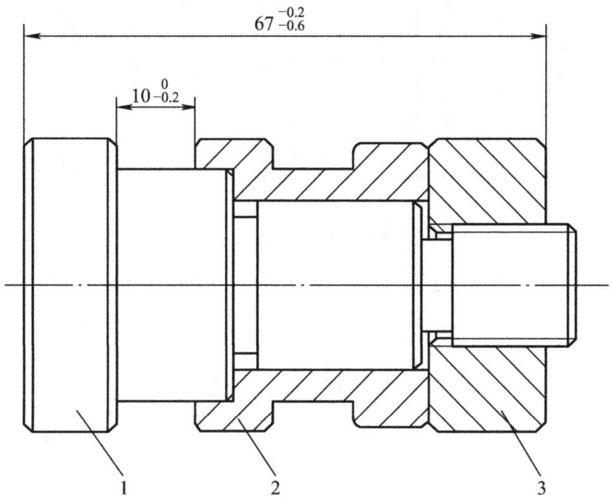

a） 三件台阶组合件

	3	螺母	45	1
	2	套	45	1
习题名称	1	轴	45	1
车三件台阶组合件	件号	件名	材料	件数

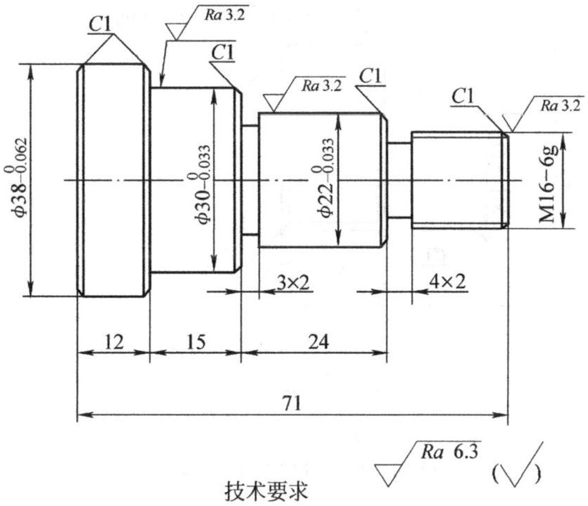

技术要求

未注公差尺寸按照IT12加工和检验

b） 轴

件号	习题名称	练习内容	练习时间	材料	件数
1	车三件台阶组合件	轴		45	1

图 13-10 车三件台阶组合件

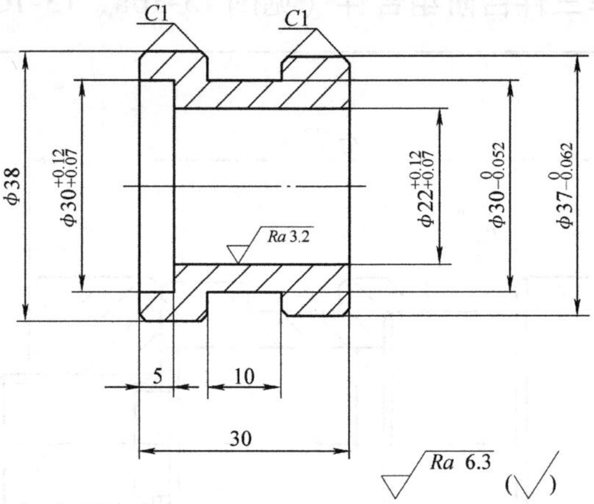

技术要求
未注公差尺寸按照IT12加工和检验

c） 套

件号	习题名称	练习内容	练习时间	材料	件数
2	车三件台阶组合件	套		45	1

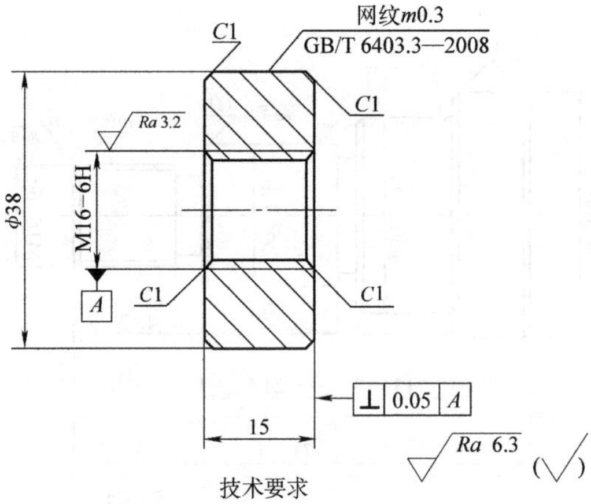

技术要求
未注公差尺寸按照 IT12 加工和检验

d） 螺母

件号	习题名称	练习内容	练习时间	材料	件数
3	车三件台阶组合件	螺母		45	1

图 13-10 车三件台阶组合件（续）

车三件台阶组合件考核评分表					
序号	考核内容	技术要求	配分	评分标准	得分
轴					
1	外径尺寸	$\phi22_{-0.033}^{0}$mm	5	符合要求得分	
2		$\phi30_{-0.033}^{0}$mm	5	符合要求得分	
3		$\phi38_{-0.062}^{0}$mm	5	符合要求得分	
4	普通螺纹	M16-6g	5	符合要求得分	
5	倒角	*C*1(5 处)	2.5	符合要求得分	
6	表面粗糙度	*Ra*3.2μm	3	降级不得分	
套					
7	外径尺寸	$\phi37_{-0.062}^{0}$mm	5	符合要求得分	
8		$\phi30_{-0.052}^{0}$mm	5	符合要求得分	
9	内径尺寸	$\phi22_{+0.07}^{+0.12}$mm	5	符合要求得分	
10		$\phi30_{+0.07}^{+0.12}$mm	5	符合要求得分	
11	倒角	*C*1(4 处)	2	符合要求得分	
12	表面粗糙度	*Ra*3.2μm	2	降级不得分	
螺　母					
13	普通螺纹	M16-6H	5	符合要求得分	
14	垂直度	0.05mm	2	符合要求得分	
15	网纹 *m*0.3	GB/T 6403.3—2008	3	符合要求得分	
16	表面粗糙度	*Ra*3.2μm	2.5	降级不得分	
配　合					
17		$67_{-0.6}^{-0.2}$mm	4	符合要求得分	
18		$10_{-0.2}^{0}$mm	4	符合要求得分	
19	螺纹旋合	灵活	4	符合要求得分	
20	未注公差尺寸	(轴、套、螺母)IT12	6	一处超差扣0.5分	
21	安全操作	严格遵守安全操作规定	10	符合要求得分	
22	工量刀具放置	位置合理、放置整齐	5	符合要求得分	
23	设备清洁保养	相关规定要求	5	符合要求得分	
					成绩:

第十四章 车工（中级工）训练习题

【技能训练一】 车锥度轴（一）（见图 14-1）

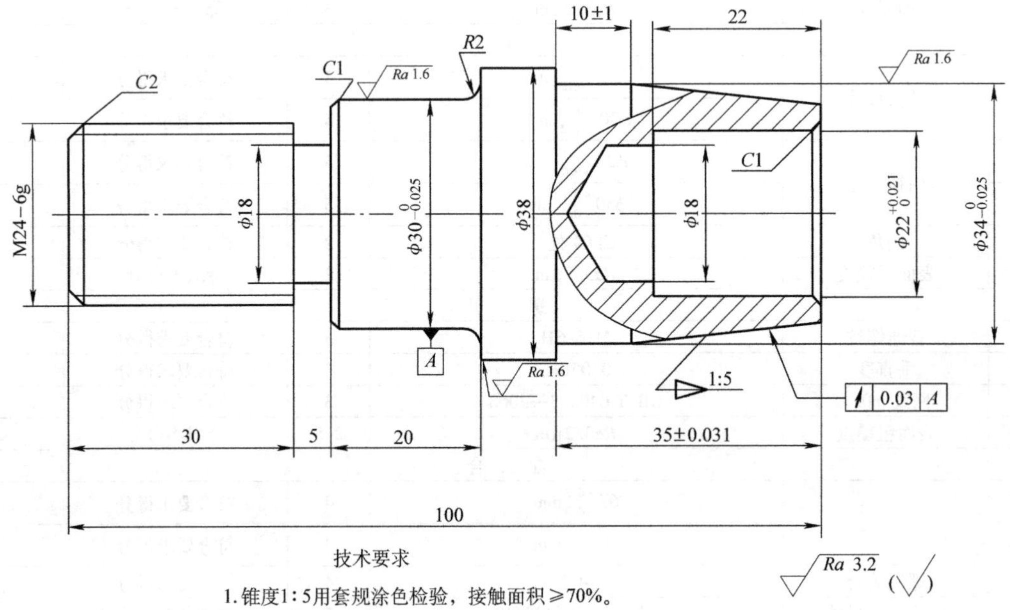

技术要求

1. 锥度1:5用套规涂色检验，接触面积≥70%。
2. 未注公差尺寸按照IT12加工和检验。

图 14-1 车锥度轴(一)

	习题名称	练习时间	材料	件数
	车锥度轴(一)		45	

车锥度轴(一)考核评分表

序号	考核内容	技术要求	配分	评分标准	得分
1	内径尺寸	$\phi22^{+0.021}_{0}$mm	9	符合要求得分	
2	外径尺寸	$\phi30^{0}_{-0.025}$mm	9	符合要求得分	
3		$\phi34^{0}_{-0.025}$mm	9	符合要求得分	
4	长度尺寸	(35 ±0.031)mm	9	符合要求得分	
5	斜向圆跳动公差	0.03mm	9	符合要求得分	
6	1:5 锥度外圆锥面	接触面积≥70%	12	符合要求得分	
7	倒角	C1(2 处)C2(1 处)	3	符合要求得分	
8	倒圆	R2mm	1	符合要求得分	
9	表面粗糙度	Ra1.6μm	8	降级不得分	
10		Ra3.2μm	6	一处降级扣 0.5 分	
11	未注公差尺寸	IT12	5	一处超差扣 0.5 分	
12	安全操作	严格遵守安全操作规定	10	符合要求得分	
13	工量刀具放置	位置合理、放置整齐	5	符合要求得分	
14	设备清洁保养	相关规定要求	5	符合要求得分	
					成绩：

【技能训练二】 车锥度套（一）（见图 14-2）

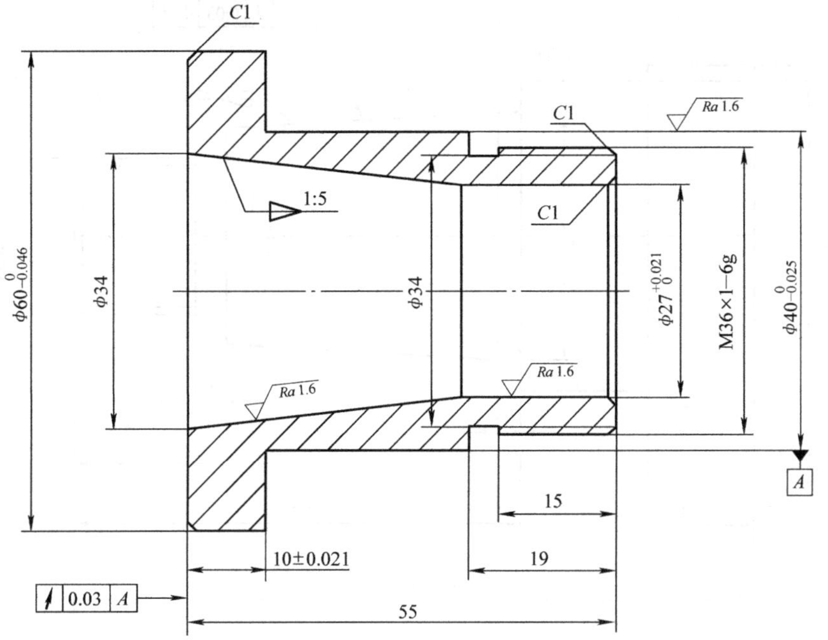

Ra 3.2 (√)

技术要求

1.锥度1∶5用塞规涂色检验，接触面积≥65%。
2.未注公差尺寸按照IT12加工和检验。

图 14-2　车锥度套(一)

	习题名称	练习时间	材料	件数
	车锥度套(一)		45	

车锥度套(一)考核评分表

序号	考核内容	技术要求	配分	评分标准	得分
1	内径尺寸	$\phi27^{+0.021}_{\ 0}$mm	10	符合要求得分	
2	外径尺寸	$\phi40^{\ 0}_{-0.025}$mm	8	符合要求得分	
3		$\phi60^{\ 0}_{-0.046}$mm	8	符合要求得分	
4	长度尺寸	(10 ±0.021)mm	8	符合要求得分	
5	轴向圆跳动公差	0.03mm	8	符合要求得分	
6	1∶5 锥度内圆锥面	接触面积≥65%	12	符合要求得分	
7	普通螺纹	M36 ×1-6g	10	符合要求得分	
8	倒角	C1(2 处)	2	符合要求得分	
9	表面粗糙度	Ra1.6μm	8	降级不得分	
10		Ra3.2μm	8	一处降级扣 0.5 分	
11	未注公差尺寸	IT12	8	一处超差扣 0.5 分	
12	安全操作	严格遵守安全操作规定	5	符合要求得分	
13	工量刀具放置	位置合理、放置整齐	2.5	符合要求得分	
14	设备清洁保养	相关规定要求	2.5	符合要求得分	

成绩：

【技能训练三】 车锥度轴（二）（见图 14-3）

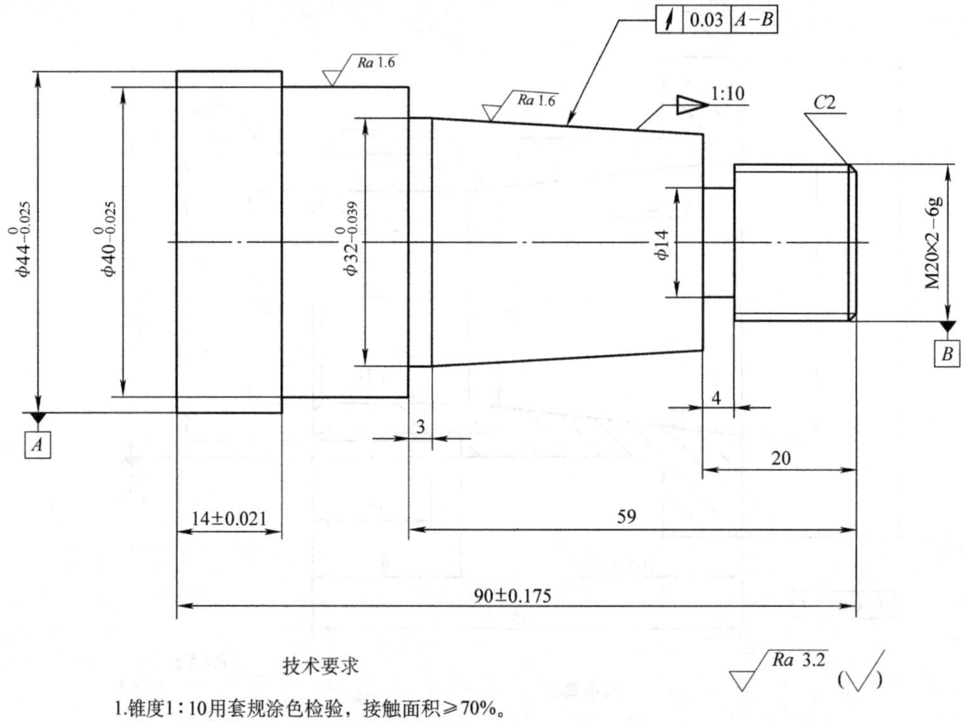

技术要求

1.锥度1∶10用套规涂色检验，接触面积≥70%。

2.未注公差尺寸按照IT12加工和检验。

图 14-3　车锥度轴(二)

	习题名称	练习时间	材料	件数
	车锥度轴(二)		45	

车锥度轴(二)考核评分表

序号	考核内容	技术要求	配分	评分标准	得分
1	外径尺寸	$\phi44^{\ 0}_{-0.025}$ mm	8	符合要求得分	
2		$\phi40^{\ 0}_{-0.025}$ mm	8	符合要求得分	
3		$\phi32^{\ 0}_{-0.039}$ mm	8	符合要求得分	
4	长度尺寸	(14 ±0.021) mm	8	符合要求得分	
5		(90 ±0.175) mm	5	符合要求得分	
6	斜向圆跳动公差	0.03	8	符合要求得分	
7	1∶10 锥度外圆锥面	接触面积≥70%	12	符合要求得分	
8	普通螺纹	M20 ×2-6g	8	符合要求得分	
9	倒角	C2	3	符合要求得分	
10	表面粗糙度	Ra1.6μm	8	降级不得分	
11		Ra3.2μm	4	一处降级扣 0.5 分	
12	未注公差尺寸	IT12	10	一处超差扣 0.5 分	
13	安全操作	严格遵守安全操作规定	5	符合要求得分	
14	工量刀具放置	位置合理、放置整齐	2.5	符合要求得分	
15	设备清洁保养	相关规定要求	2.5	符合要求得分	
					成绩：

【技能训练四】 车锥度套（二）（见图 14-4）

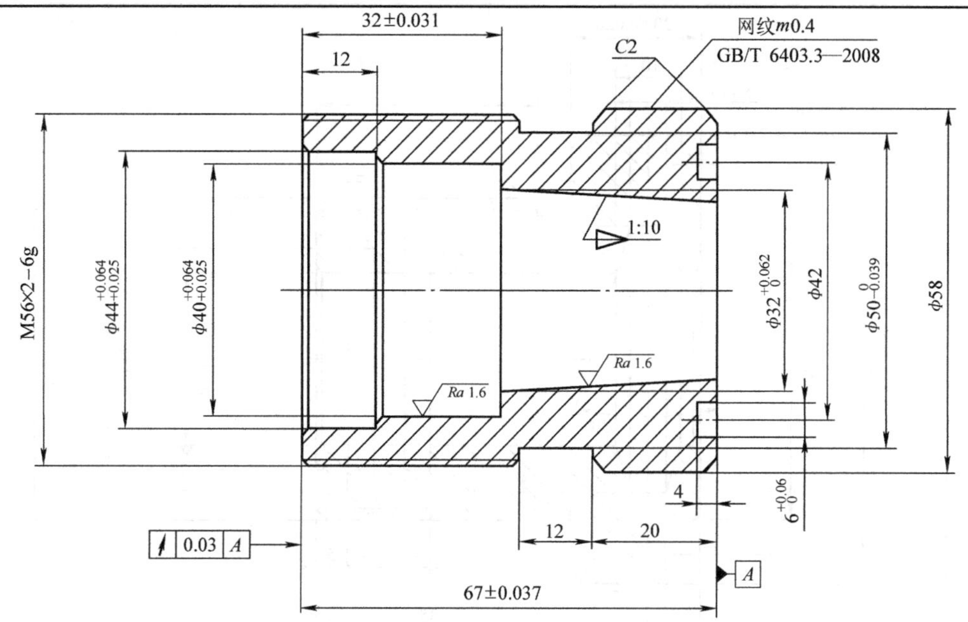

技术要求

1.锥度1∶10用塞规涂色检验，接触面积 ≥65%。
2.未注倒角C1。
3.未注公差尺寸按照IT12加工和检验。

Ra 3.2 (√)

图 14-4 车锥度套(二)

习题名称	练习时间	材料	件数
车锥度套(二)		45	

车锥度套(二)考核评分表

序号	考 核 内 容	技 术 要 求	配分	评 分 标 准	得分
1	内径尺寸	$\phi40^{+0.064}_{+0.025}$mm	8	符合要求得分	
2		$\phi44^{+0.064}_{+0.025}$mm	8	符合要求得分	
3		$\phi32^{+0.062}_{0}$mm	8	符合要求得分	
4	外径尺寸	$\phi50^{0}_{-0.039}$mm	8	符合要求得分	
5	长度尺寸	(32 ±0.031)mm	4	符合要求得分	
6		(67 ±0.037)mm	4	符合要求得分	
7	平行度公差	0.03mm	7	符合要求得分	
8	1:10 锥度内圆锥面	接触面积≥65%	7	符合要求得分	
9	普通螺纹	M56 ×2-6g	7	符合要求得分	
10	端面槽	$6^{+0.06}_{0}$mm	3	符合要求得分	
11	网纹 *m*0.4	GB/T 6403.3—2008	4	符合要求得分	
12	倒角	*C*2(2 处)、*C*1(4 处)	3	符合要求得分	
13	表面粗糙度	*Ra*1.6μm	7	降级不得分	
14		*Ra*3.2μm	5	一处降级扣 0.5 分	
15	未注公差尺寸	IT12	7	一处超差扣 0.5 分	
16	安全操作	严格遵守安全操作规定	5	符合要求得分	
17	工量刀具放置	位置合理、放置整齐	2.5	符合要求得分	
18	设备清洁保养	相关规定要求	2.5	符合要求得分	
				成绩：	

【技能训练五】 车螺纹套（见图 14-5）

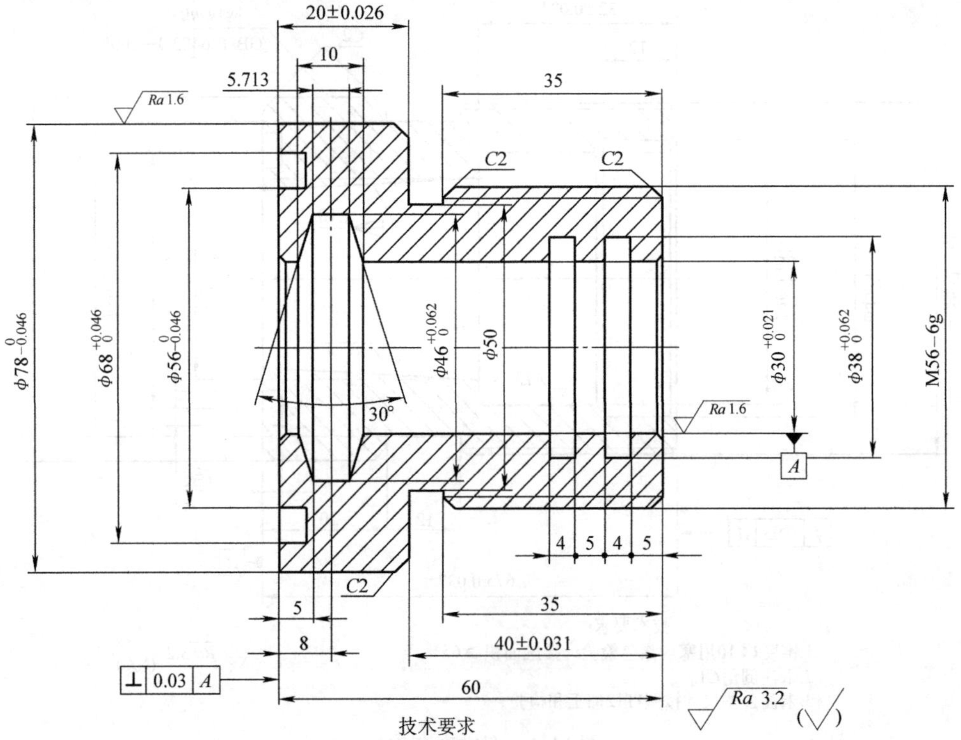

技术要求

未注公差尺寸按照IT12加工和检验

图 14-5　车螺纹套

	习题名称	练习时间	材料	件数
	车螺纹套		45	

车螺纹套考核评分表

序号	考核内容	技术要求	配分	评分标准	得分
1	内径尺寸	$\phi30^{+0.021}_{0}$ mm	10	符合要求得分	
2		$\phi38^{+0.062}_{0}$ mm	7	符合要求得分	
3		$\phi68^{+0.046}_{0}$ mm	8	符合要求得分	
4		$\phi46^{+0.062}_{0}$ mm	7	符合要求得分	
5	外径尺寸	$\phi56^{0}_{-0.046}$ mm	8	符合要求得分	
6		$\phi78^{0}_{-0.046}$ mm	8	符合要求得分	
7	长度尺寸	(40 ±0.031) mm	4	符合要求得分	
8		(20 ±0.026) mm	4	符合要求得分	
9	垂直度公差	0.03mm	7	符合要求得分	
10	普通螺纹	M56-6g	10	符合要求得分	
11	倒角	*C*2(3 处)	3	符合要求得分	
12	表面粗糙度	*Ra*1.6μm	6	降级不得分	
13		*Ra*3.2μm	4	一处降级扣 0.5 分	
14	未注公差尺寸	IT12	4	一处超差扣 0.5 分	
15	安全操作	严格遵守安全操作规定	5	符合要求得分	
16	工量刀具放置	位置合理、放置整齐	2.5	符合要求得分	
17	设备清洁保养	相关规定要求	2.5	符合要求得分	
					成绩：

【技能训练六】 车双偏心轴（见图 14-6）

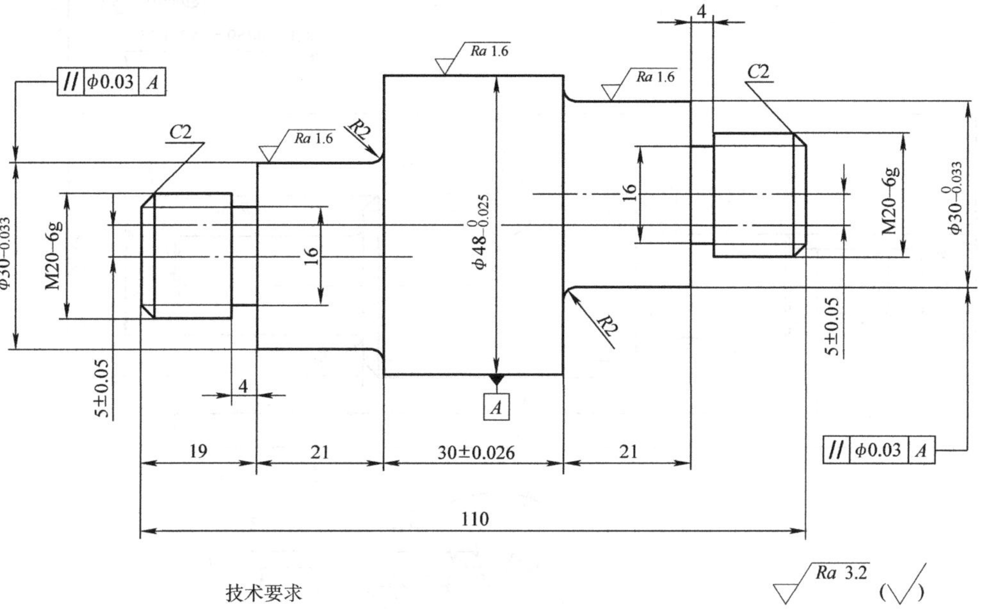

技术要求

未注公差尺寸按照IT12加工和检验

图 14-6　车双偏心轴

	习题名称	练习时间	材料	件数
	车双偏心轴		45	

车双偏心轴考核评分表

序号	考 核 内 容	技 术 要 求	配分	评 分 标 准	得分
1	外径尺寸	$\phi48{}_{-0.025}^{\ 0}$mm	10	符合要求得分	
2		$\phi30{}_{-0.033}^{\ 0}$mm(2 处)	14	符合要求得分	
3	长度尺寸	(30 ±0. 026)mm	5	符合要求得分	
4	偏心距	(5 ±0. 05)mm(2 处)	20	符合要求得分	
5	平行度公差	0. 03mm(2 处)	10	符合要求得分	
6	普通螺纹	M20-6g(2 处)	12	符合要求得分	
7	倒角	*C*2(2 处)	2	符合要求得分	
8	倒圆	*R*2mm(2 处)	2	符合要求得分	
9	表面粗糙度	*Ra*1. 6μm(3 处)	4. 5	降级不得分	
10		*Ra*3. 2μm	2. 5	一处降级扣 0. 5 分	
11	未注公差尺寸	IT12	8	一处超差扣 0. 5 分	
12	安全操作	严格遵守安全操作规定	5	符合要求得分	
13	工量刀具放置	位置合理、放置整齐	2. 5	符合要求得分	
14	设备清洁保养	相关规定要求	2. 5	符合要求得分	
					成绩：

【技能训练七】 车梯形螺纹轴（一）（见图 14-7）

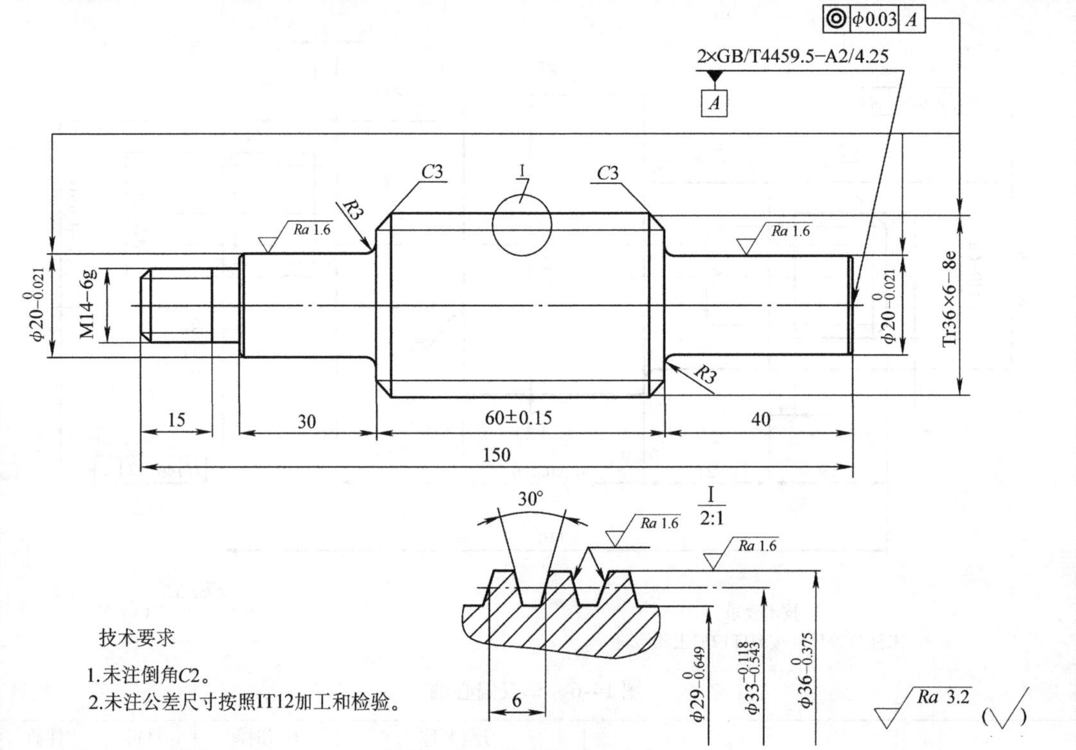

图 14-7 车梯形螺纹轴(一)

	习题名称	练习时间	材料	件数
	车梯形螺纹轴(一)		45	

车梯形螺纹轴(一)考核评分表

序号	考核内容	技术要求	配分	评分标准	得分
1	梯形螺纹	Tr36×6—8e	6	符合要求得分	
2		$\phi 29_{-0.649}^{0}$ mm	6	符合要求得分	
3	外径尺寸	$\phi 33_{-0.543}^{-0.118}$ mm	6	符合要求得分	
4		$\phi 36_{-0.375}^{0}$ mm	6	符合要求得分	
5	表面粗糙度	Ra1.6μm(3 处)	6	降级不得分	
6	其他尺寸	$\phi 20_{-0.021}^{0}$ mm(2 处)	18	符合要求得分	
7		(60±0.15)mm	4	符合要求得分	
8	同轴度公差	ϕ0.03mm(3 处)	12	符合要求得分	
9	普通螺纹	M14-6g	8	符合要求得分	
10	倒角	C3(2 处)、C2(3 处)	2.5	符合要求得分	
11	倒圆	R3mm(2 处)	2	符合要求得分	
12	表面粗糙度	Ra1.6μm(2 处)	4	降级不得分	
13		Ra3.2μm	4	一处降级扣 0.5 分	
14	未注公差尺寸	IT12	5.5	一处超差扣 0.5 分	
15	安全操作	严格遵守安全操作规定	5	符合要求得分	
16	工量刀具放置	位置合理、放置整齐	2.5	符合要求得分	
17	设备清洁保养	相关规定要求	2.5	符合要求得分	

成绩：

【技能训练八】 车梯形螺纹轴（二）（见图 14-8）

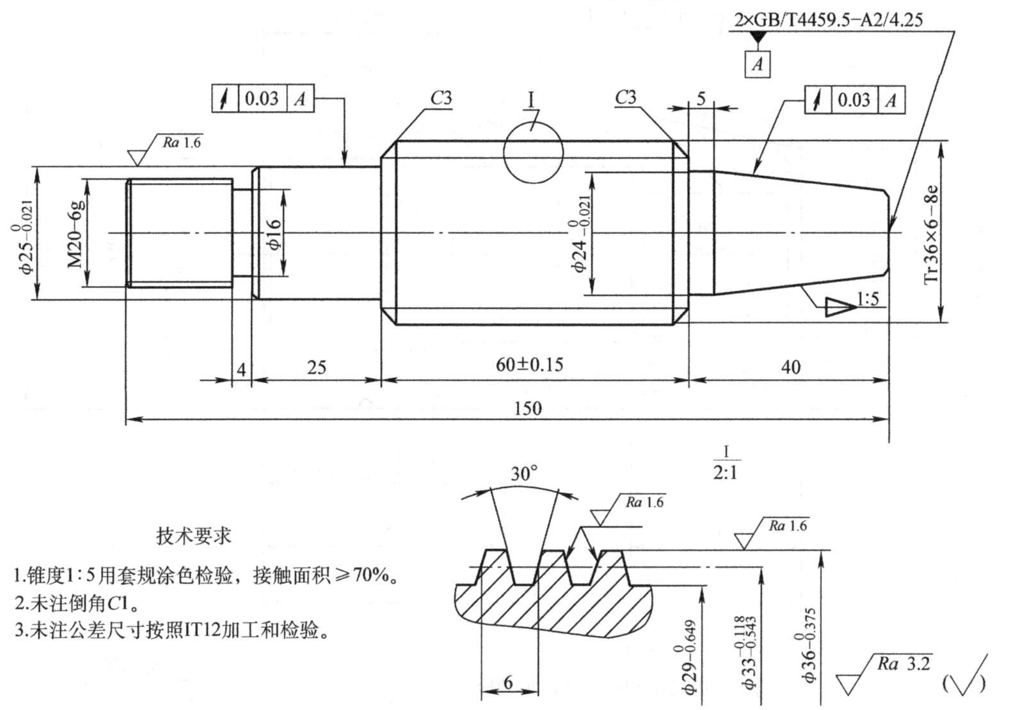

技术要求

1. 锥度1∶5用套规涂色检验，接触面积≥70%。
2. 未注倒角C1。
3. 未注公差尺寸按照IT12加工和检验。

图 14-8 车梯形螺纹轴(二)

习题名称	练习时间	材料	件数
车梯形螺纹轴(二)		45	

车梯形螺纹轴(二)考核评分表

序号	考 核 内 容	技 术 要 求	配分	评 分 标 准	得分
1	梯形螺纹	Tr36×6—8e	6	符合要求得分	
2		$\phi29_{-0.649}^{0}$ mm	5	符合要求得分	
3	外径尺寸	$\phi33_{-0.543}^{-0.118}$ mm	5	符合要求得分	
4		$\phi36_{-0.375}^{0}$ mm	5	符合要求得分	
5	表面粗糙度	*Ra*1.6μm(3 处)	6	降级不得分	
6	其他尺寸	$\phi24_{-0.021}^{0}$ mm	10	符合要求得分	
7		$\phi25_{-0.021}^{0}$ mm	10	符合要求得分	
8	长度尺寸	(60±0.15)mm	4	符合要求得分	
9	径向圆跳动公差	0.03mm(2 处)	8	符合要求得分	
10	普通螺纹	M20-6g	6	符合要求得分	
11	1:5 锥度外圆锥面	接触面积≥70%	8	符合要求得分	
12	倒角	*C*3(2 处)、*C*1(3 处)	5	符合要求得分	
13	表面粗糙度	*Ra*1.6μm	2	降级不得分	
14		*Ra*3.2μm	4	一处降级扣 0.5 分	
15	未注公差尺寸	IT12	6	一处超差扣 0.5 分	
16	安全操作	严格遵守安全操作规定	5	符合要求得分	
17	工量刀具放置	位置合理、放置整齐	2.5	符合要求得分	
18	设备清洁保养	相关规定要求	2.5	符合要求得分	
				成绩：	

【技能训练九】 车喷嘴（见图 14-9）

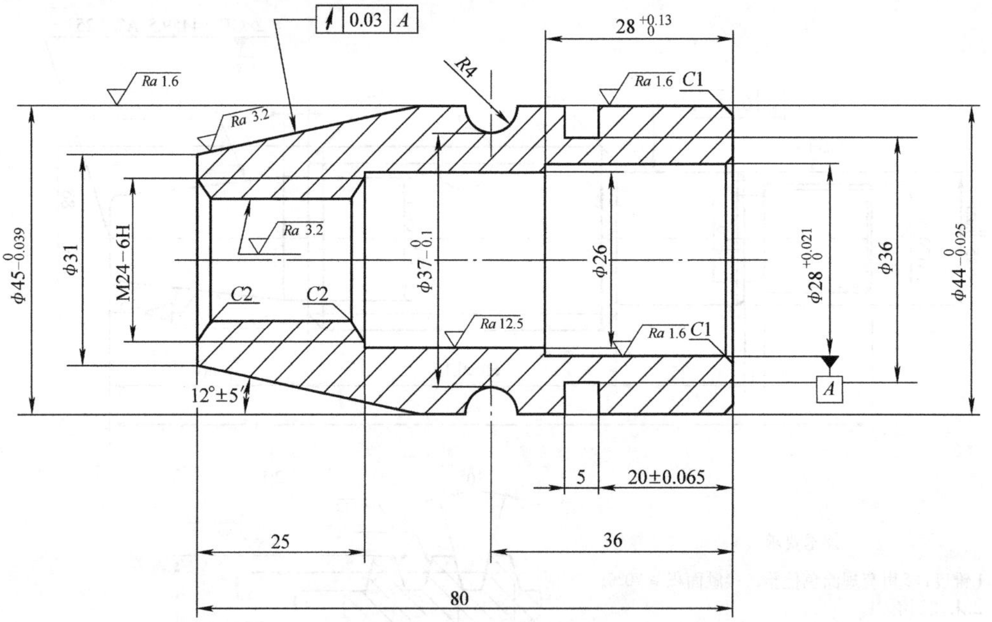

技术要求

未注公差尺寸按照IT12加工和检验

Ra 6.3 (√)

图 14-9 车喷嘴

	习题名称	练习时间	材料	件数
	车喷嘴		HT250	

车喷嘴考核评分表

序号	考 核 内 容	技 术 要 求	配分	评 分 标 准	得分
1	内径尺寸	$\phi28^{+0.021}_{0}$ mm	10	符合要求得分	
2	外径尺寸	$\phi44^{0}_{-0.025}$ mm	10	符合要求得分	
3		$\phi45^{0}_{-0.039}$ mm	8	符合要求得分	
4		$\phi37^{0}_{-0.1}$ mm	6	符合要求得分	
5	长度尺寸	(20 ± 0.065) mm	4	符合要求得分	
6		$28^{+0.13}_{0}$ mm	4	符合要求得分	
7	圆锥半角	12° ± 5′	10	符合要求得分	
8	斜向圆跳动公差	0.03mm	8	符合要求得分	
9	普通螺纹	M24-6H	8	符合要求得分	
10	倒角	C1(2 处)、C2(2 处)	4	符合要求得分	
11	表面粗糙度	Ra12.5μm、Ra1.6μm(3 处)、Ra3.2μm(2 处)	10	降级不得分	
12	未注公差尺寸	IT12	8	一处超差扣 0.5 分	
13	安全操作	严格遵守安全操作规定	5	符合要求得分	
14	工量刀具放置	位置合理、放置整齐	2.5	符合要求得分	
15	设备清洁保养	相关规定要求	2.5	符合要求得分	

成绩：

【技能训练十】　车偏心薄壁组合件（见图 14-10a，14-10b，14-10c，14-10d）

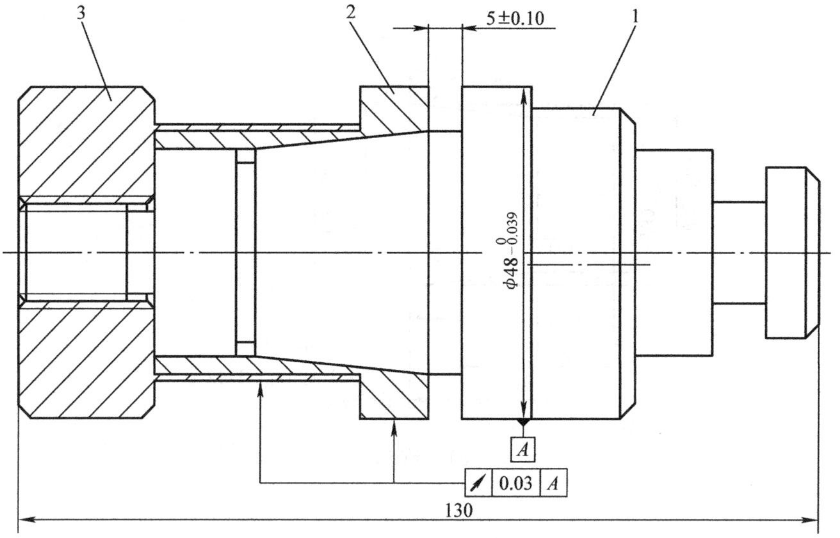

a）　偏心薄壁组合件

		3	薄壁套	45	1
		2	锥套	45	1
	习题名称	1	偏心轴	45	1
	车偏心薄壁组合件	件号	件名	材料	件数

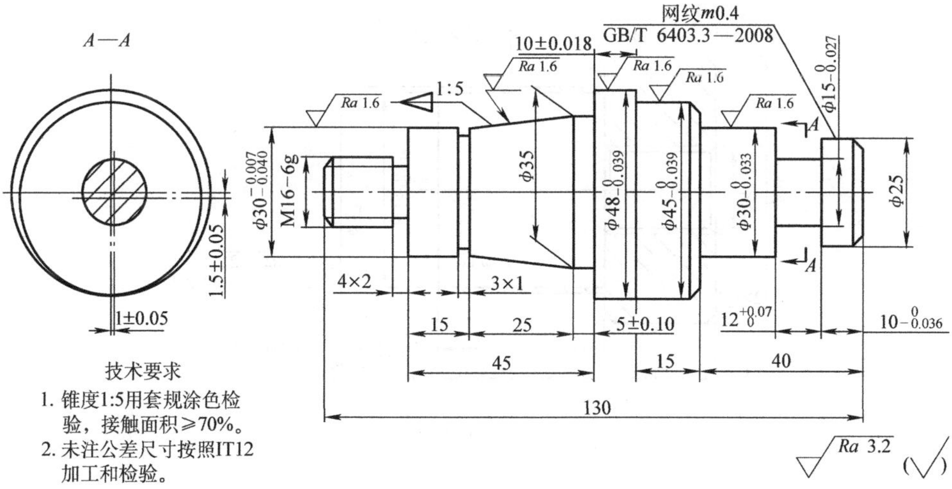

b）　偏心轴

	件号	习题名称	练习内容	练习时间	材料	件数
	1	车偏心薄壁组合件	偏心轴		45	1

图 14-10　车偏心薄壁组合件

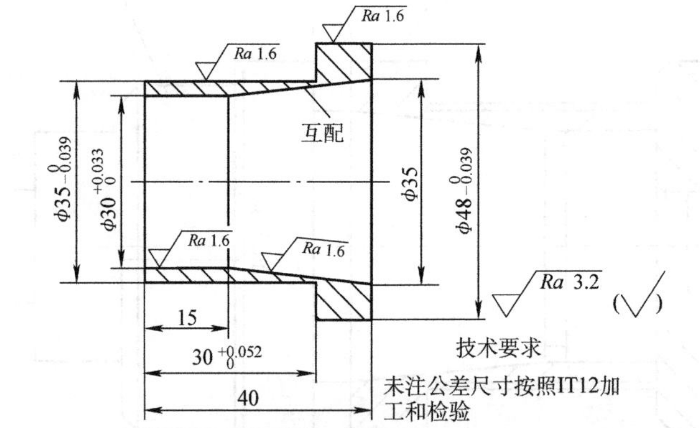

c） 锥套

件号	习题名称	练习内容	练习时间	材料	件数
2	车偏心薄壁组合件	锥套		45	1

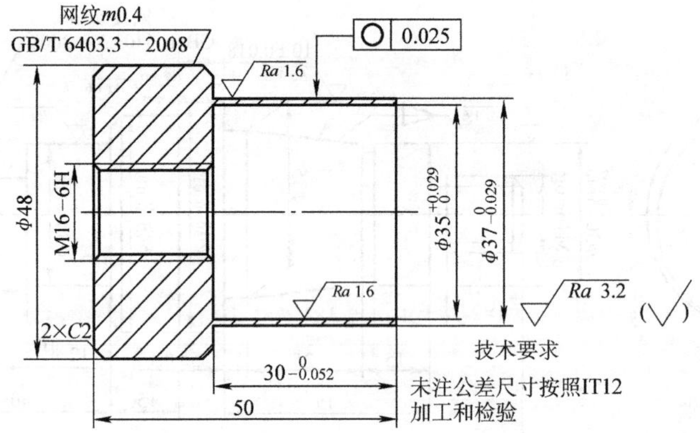

d） 薄壁套

件号	习题名称	练习内容	练习时间	材料	件数
3	车偏心薄壁组合件	薄壁套		45	1

图 14-10 车偏心薄壁组合件（续）

车偏心薄壁组合件考核评分表

序号	考核内容	技术要求	配分	评分标准	得分
	偏心轴		41		
1		$\phi15_{-0.027}^{0}$mm	3	符合要求得分	
2		$\phi30_{-0.033}^{0}$mm	3	符合要求得分	
3	外径尺寸	$\phi45_{-0.039}^{0}$mm	3	符合要求得分	
4		$\phi48_{-0.039}^{0}$mm	3	符合要求得分	
5		$\phi30_{-0.040}^{-0.007}$mm	3	符合要求得分	
6		$10_{-0.036}^{0}$mm	3	符合要求得分	
7	长度尺寸	$12_{0}^{+0.07}$mm	3	符合要求得分	
8		(5 ±0.10)mm	1	符合要求得分	
9		(10 ±0.018)mm	3	符合要求得分	
10	偏心距	(1.5 ±0.05)mm	3	符合要求得分	
11		(1 ±0.05)mm	3	符合要求得分	
12	1:5 锥度外圆锥面	接触面积≥70%	3	符合要求得分	
13	网纹 *m*0.4	GB/T 6403.3—2008	2	符合要求得分	
14	螺纹	M16-6g	2.5	符合要求得分	
15	表面粗糙度	*Ra*1.6μm(5 处)	2.5	降级不得分	
	锥套		14		
16	外径尺寸	$\phi48_{-0.039}^{0}$mm	3	符合要求得分	
17		$\phi35_{-0.039}^{0}$mm	3	符合要求得分	
18	内径尺寸	$\phi30_{0}^{+0.033}$mm	3	符合要求得分	
19	长度尺寸	$30_{0}^{+0.052}$mm	3	符合要求得分	
20	表面粗糙度	*Ra*1.6μm(4 处)	2	降级不得分	
	薄壁套		17		
21	内径尺寸	$\phi35_{0}^{+0.029}$mm	3	符合要求得分	
22	外径尺寸	$\phi37_{-0.029}^{0}$mm	3	符合要求得分	
23	长度尺寸	$30_{-0.052}^{0}$mm	3	符合要求得分	
24	普通螺纹	M16-6H	3	符合要求得分	
25	圆度公差	0.025mm	3	符合要求得分	
26	网纹 *m*0.4	GB/T 6403.3—2008	1	符合要求得分	
27	表面粗糙度	*Ra*1.6μm(2 处)	1	降级不得分	
	配合		15		
28		(5 ±0.10)mm	3	符合要求得分	
29	1:5 锥度内圆锥面	接触面积≥65%	3	符合要求得分	
30	径向圆跳动公差	0.03mm(2 处)	6	符合要求得分	
31	螺纹旋合	灵活	3	符合要求得分	
32	未注公差尺寸	(件1～件3)IT12	5	一处超差扣0.5分	
33	安全操作	严格遵守安全操作规定	5	符合要求得分	
34	工量刀具放置	位置合理、放置整齐	1.5	符合要求得分	
35	设备清洁保养	相关规定要求	1.5	符合要求得分	
					成绩：

第十五章　车工（高级工）训练习题

【技能训练一】　车蜗杆轴（一）（见图 15-1）

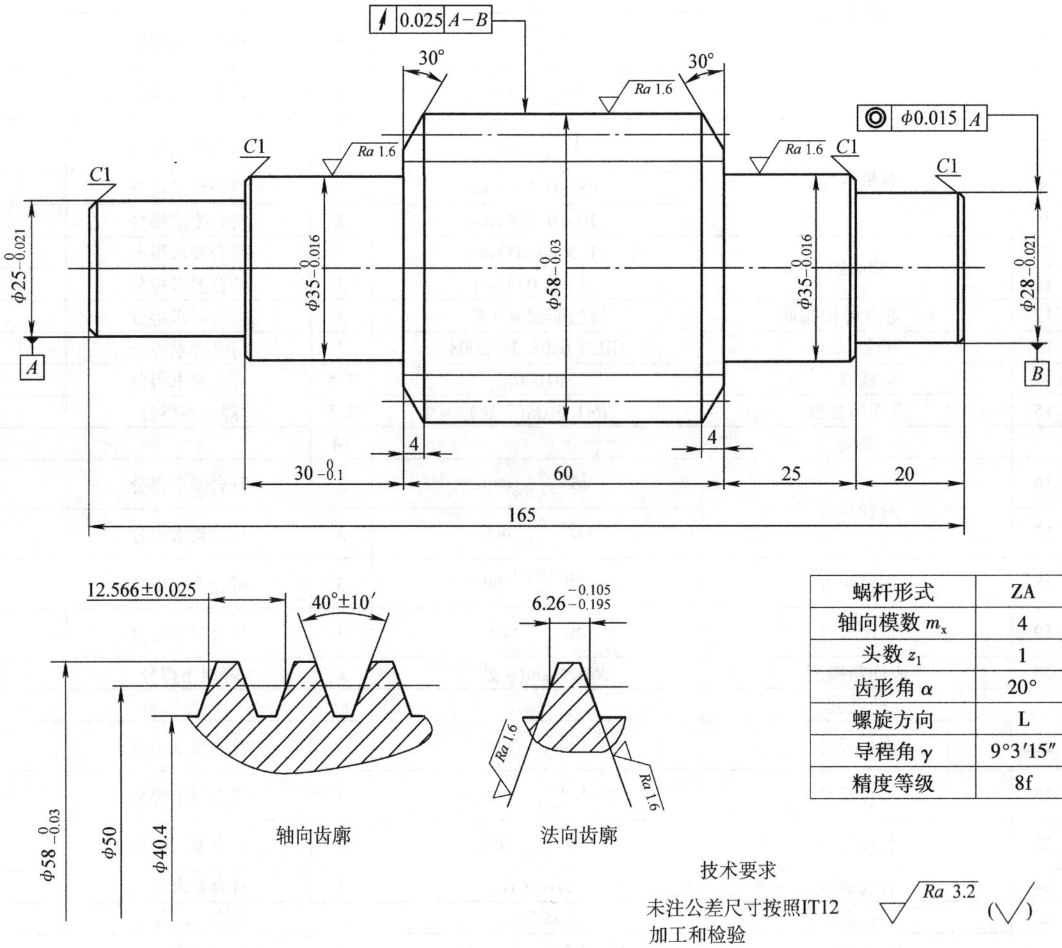

蜗杆形式	ZA
轴向模数 m_x	4
头数 z_1	1
齿形角 α	20°
螺旋方向	L
导程角 γ	9°3′15″
精度等级	8f

技术要求

未注公差尺寸按照IT12加工和检验

图 15-1　车蜗杆轴(一)

习题名称	练习时间	材料	件数
车蜗杆轴(一)		45	

车蜗杆轴(一)考核评分表

序号	考 核 内 容	技 术 要 求	配分	评 分 标 准	得分
1	蜗杆齿顶圆直径	$\phi58\ ^{0}_{-0.03}$mm	6	符合要求得分	
2	蜗杆导程	(12.566 ±0.025)mm	8	符合要求得分	
3	法向齿厚	$6.26\ ^{-0.105}_{-0.195}$mm	6	符合要求得分	
4	齿宽角	40° ±10′	6	符合要求得分	

序号	考核内容	技术要求	配分	评分标准	得分
5	表面粗糙度	Ra1.6μm(3处)	6	降级不得分	
6	径向圆跳动公差	0.025mm	5	符合要求得分	
7	其他尺寸	$\phi28\ _{-0.021}^{\ \ 0}$mm	6	符合要求得分	
8		$\phi25\ _{-0.021}^{\ \ 0}$mm	6	符合要求得分	
9		$\phi35\ _{-0.016}^{\ \ 0}$mm(2处)	14	符合要求得分	
10	同轴度公差	ϕ0.015mm	8	符合要求得分	
11	表面粗糙度	Ra1.6μm(3处)	4	降级不得分	
12		Ra3.2μm	4	一处降级扣0.5分	
13	未注公差尺寸	IT12	6	一处超差扣0.5分	
14	加工操作	规范	5	符合要求得分	
15	安全操作	严格遵守安全操作规定	5	符合要求得分	
16	工量刀具放置	位置合理、放置整齐	2.5	符合要求得分	
17	设备清洁保养	相关规定要求	2.5	符合要求得分	
					成绩：

【技能训练二】 车蜗杆轴（二）（见图15-2）

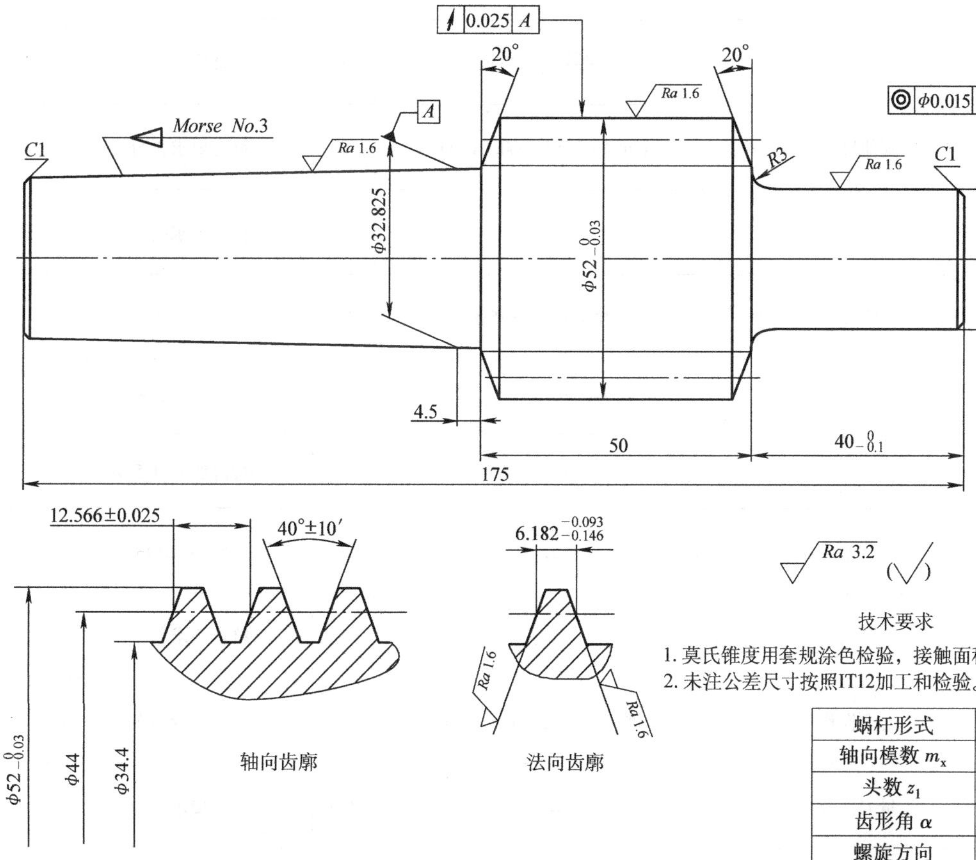

技术要求

1. 莫氏锥度用套规涂色检验，接触面积≥75%。
2. 未注公差尺寸按照IT12加工和检验。

蜗杆形式	ZA
轴向模数 m_x	4
头数 z_1	1
齿形角 α	20°
螺旋方向	R
导程角 γ	5°11′40″
精度等级	8f

图15-2　车蜗杆轴(二)

	习题名称	练习时间	材料	件数
	车蜗杆轴(二)		45	

车蜗杆轴(二)考核评分表					
序号	考核内容	技术要求	配分	评分标准	得分
1	蜗杆齿顶圆直径	$\phi 52_{-0.03}^{0}$mm	7	符合要求得分	
2	蜗杆导程	(12.566±0.025)mm	8	符合要求得分	
3	法向齿厚	$6.182_{-0.146}^{-0.093}$mm	7	符合要求得分	
4	齿宽角	40°±10′	7	符合要求得分	
5	表面粗糙度	$Ra1.6\mu m$(3处)	6	降级不得分	
6	径向圆跳动公差	0.025mm	7	符合要求得分	
7	其他尺寸	$\phi 26_{-0.021}^{0}$mm	7	符合要求得分	
8		(同轴度公差)$\phi 0.015$mm	8	符合要求得分	
9		$40_{-0.1}^{0}$mm	3	符合要求得分	
10	莫氏3号锥度外圆锥面	接触面积≥75%	10	符合要求得分	
11	表面粗糙度	$Ra1.6\mu m$(2处)	4	降级不得分	
12		$Ra3.2\mu m$	4	一处降级扣0.5分	
13	未注公差尺寸	IT12	7	一处超差扣1分	
14	加工操作	规范	5	符合要求得分	
15	安全操作	严格遵守安全操作规定	5	符合要求得分	
16	工量刀具放置	位置合理、放置整齐	2.5	符合要求得分	
17	设备清洁保养	相关规定要求	2.5	符合要求得分	
					成绩:

【技能训练三】 车多线梯形螺纹轴（见图15-3）

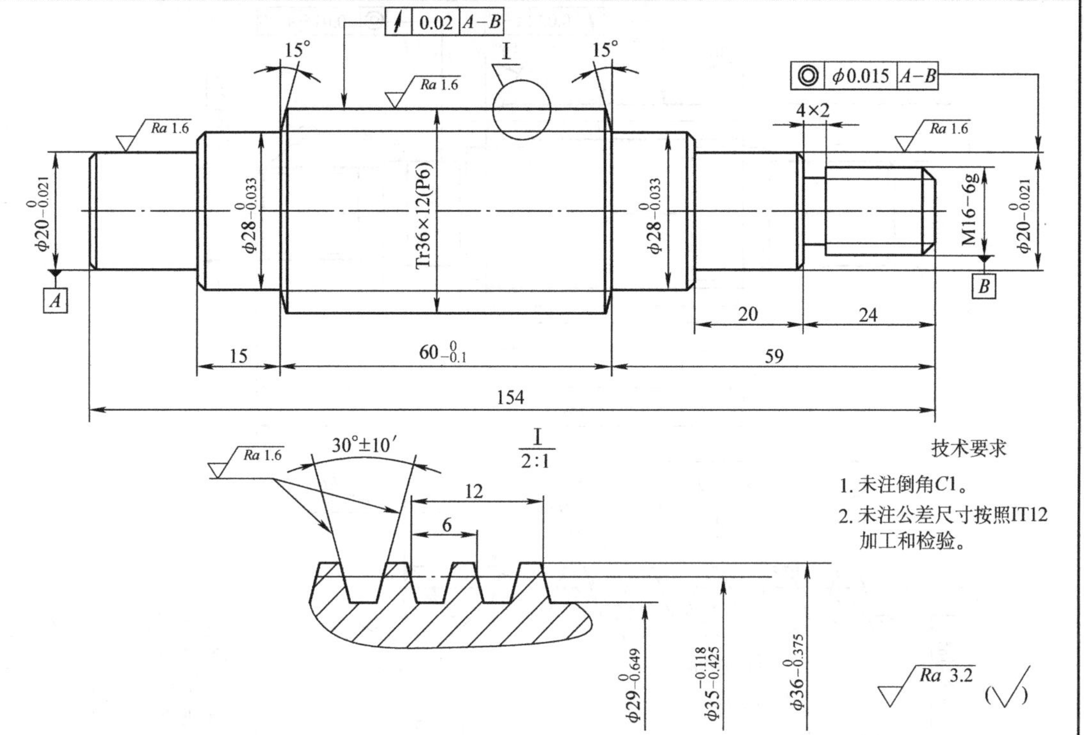

图15-3 车多线梯形螺纹轴

	习题名称	练习时间	材料	件数
	车多线梯形螺纹轴		45	

车多线梯形螺纹轴考核评分表

序号	考核内容	技术要求	配分	评分标准	得分
1	梯形螺纹	Tr36×12(P6)	7	符合要求得分	
2		$\phi36_{-0.375}^{0}$mm	5	符合要求得分	
3	外形尺寸	$\phi35_{-0.425}^{-0.118}$mm	5	符合要求得分	
4		$\phi29_{-0.649}^{0}$mm	5	符合要求得分	
5	齿宽角	30°±10′	7	符合要求得分	
6	径向圆跳动公差	0.02mm	7	符合要求得分	
7	表面粗糙度	Ra1.6μm(3处)	6	降级不得分	
8	其他尺寸	$\phi28_{-0.033}^{0}$mm(2处)	8	符合要求得分	
9		$\phi20_{-0.021}^{0}$mm(2处)	8	符合要求得分	
10		$60_{-0.1}^{0}$mm	3	符合要求得分	
11	同轴度公差	ϕ0.015mm	5	符合要求得分	
12	普通螺纹	M16-6g	6	符合要求得分	
13	表面粗糙度	Ra1.6μm(2处)	4	降级不得分	
14		Ra3.2μm	4	一处降级扣0.5分	
15	未注公差尺寸	IT12	5	一处超差扣0.5分	
16	加工操作	规范	5	符合要求得分	
17	安全操作	严格遵守安全操作规定	5	符合要求得分	
18	工量刀具放置	位置合理、放置整齐	2.5	符合要求得分	
19	设备清洁保养	相关规定要求	2.5	符合要求得分	
				成绩：	

【技能训练四】 车多头蜗杆轴（见图 15-4）

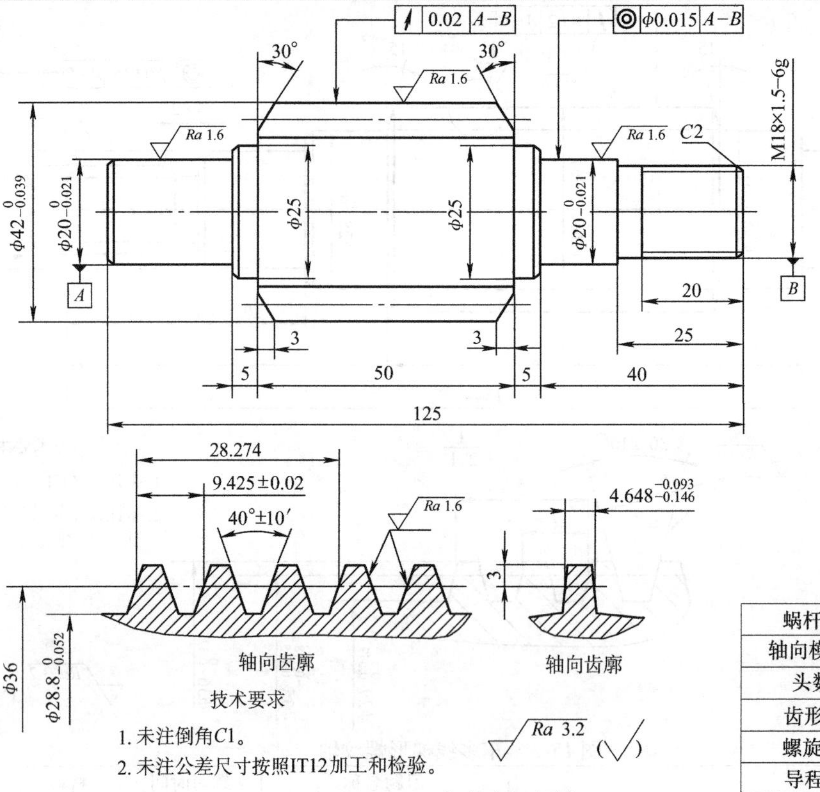

蜗杆形式	ZA
轴向模数 m_x	3
头数 z_1	3
齿形角 α	20°
螺旋方向	R
导程角 γ	14°2′10″
精度等级	8f

图 15-4　车多头蜗杆轴

习题名称	练习时间	材料	件数
车多头蜗杆轴		45	

车多头蜗杆轴考核评分表

序号	考核内容	技术要求	配分	评分标准	得分
1	蜗杆尺寸	$\phi28.8_{-0.052}^{0}$mm	8	符合要求得分	
2		$\phi42_{-0.039}^{0}$mm	8	符合要求得分	
3		(9.425 ±0.02)mm	6	符合要求得分	
4		$4.648_{-0.146}^{-0.093}$mm	7	符合要求得分	
5	齿宽角	40° ±10′	8	符合要求得分	
6	径向圆跳动公差	0.02mm	6	符合要求得分	
7	表面粗糙度	*Ra*1.6μm(3 处)	6	降级不得分	
8	其他尺寸	$\phi20_{-0.021}^{0}$mm(2 处)	10	符合要求得分	
9	同轴度公差	ϕ0.015mm	7	符合要求得分	
10	普通螺纹	M18 ×1.5-6g	5	符合要求得分	
11	表面粗糙度	*Ra*1.6μm(2 处)	4	降级不得分	
12		*Ra*3.2μm	3	一处降级扣 0.5 分	
13	未注公差尺寸	IT12	7	一处超差扣 0.5 分	
14	加工操作	规范	5	符合要求得分	
15	安全操作	严格遵守安全操作规定	5	符合要求得分	
16	工量刀具放置	位置合理、放置整齐	2.5	符合要求得分	
17	设备清洁保养	相关规定要求	2.5	符合要求得分	

成绩：

【技能训练五】 车传动轴（见图 15-5）

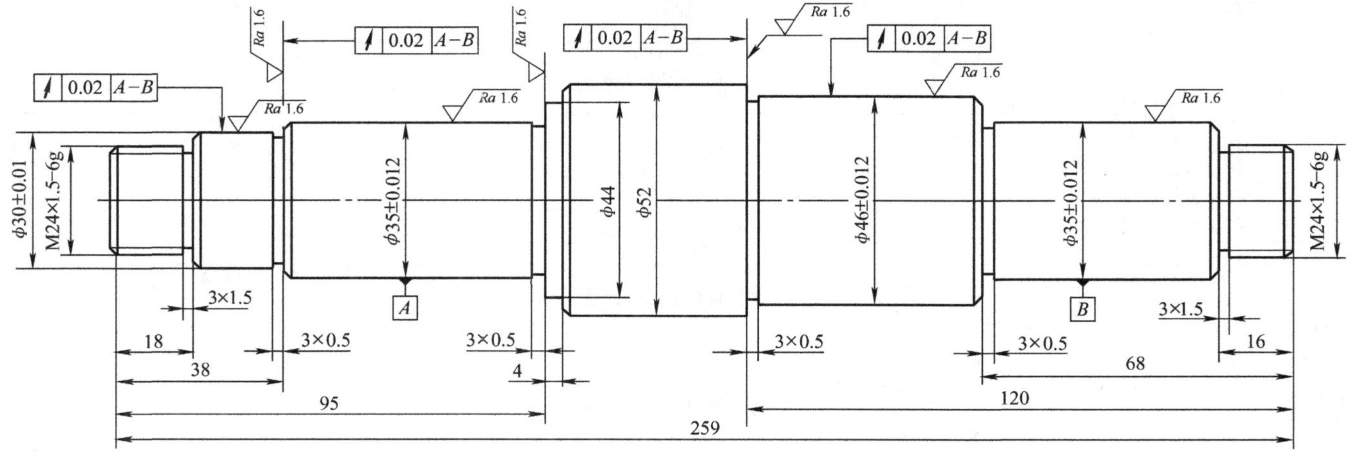

技术要求
1. 全部倒角 $C1$。
2. 未注公差尺寸按照 IT12 加工和检验。

图 15-5 车传动轴

习题名称	练习时间	材料	件数
车传动轴		45	

车传动轴考核评分表

序号	考核内容	技术要求	配分	评分标准	得分
1	外径尺寸	φ30 ±0.01mm	8	符合要求得分	
2		φ35 ±0.012mm（2 处）	16	符合要求得分	
3		φ46 ±0.012mm	8	符合要求得分	
4	径向圆跳动公差	0.02mm（2 处）	6	符合要求得分	
5	轴向圆跳动公差	0.02mm（2 处）	9	符合要求得分	
6	普通螺纹	M24×1.5-6g（2 处）	8	符合要求得分	
7	表面粗糙度	Ra1.6μm（7 处）	14	降级不得分	
8		Ra3.2μm	8	一处降级扣 0.5 分	
9	未注公差尺寸	IT12	8	一处超差扣 0.5 分	
10	加工操作	规范	5	符合要求得分	
11	安全操作	严格遵守安全操作规定	5	符合要求得分	
12	工量刀具放置	位置合理、放置整齐	2.5	符合要求得分	
13	设备清洁保养	相关规定要求	2.5	符合要求得分	
					成绩：

【技能训练六】 车偏心轴（见图 15-6）

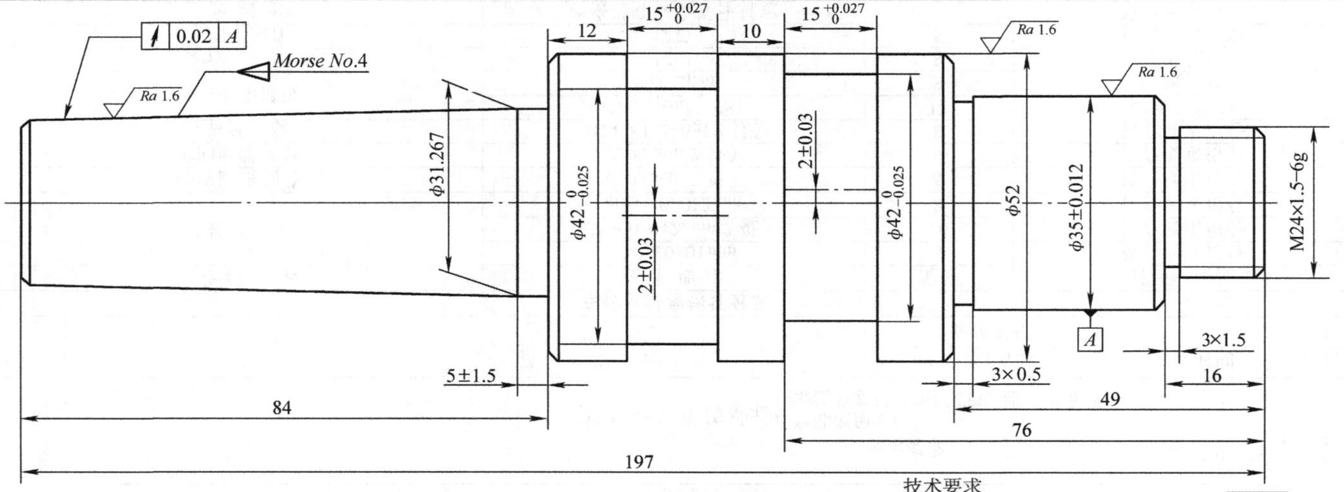

图 15-6 车偏心轴

技术要求

1. 全部倒角 $C1$。
2. 未注公差尺寸按照 IT12 加工和检验。

$\sqrt{Ra\ 3.2}$ ($\sqrt{}$)

习题名称	练习时间	材料	件数
车偏心轴		45	

车偏心轴考核评分表

序号	考核内容	技术要求	配分	评分标准	得分
1	外径尺寸	$\phi35\pm0.012$mm	7	符合要求得分	
2		$\phi42_{-0.025}^{0}$mm(2 处)	14	符合要求得分	
3		$\phi31.267$mm	7	符合要求得分	
4	偏心距	(2 ±0.03)mm(2 处)	20	符合要求得分	
5	莫氏 4 号锥度外圆锥面	接触面积≥75%	13	符合要求得分	
6	斜向圆跳动公差	0.02mm	6	符合要求得分	
7	普通螺纹	M24 ×1.5-6g	4	符合要求得分	
8	表面粗糙度	$Ra1.6\mu m$(3 处)	6	降级不得分	
9		$Ra3.2\mu m$	3	一处降级扣 0.5 分	
10	未注公差尺寸	IT12	5	一处超差扣 0.5 分	
11	加工操作	规范	5	符合要求得分	
12	安全操作	严格遵守安全操作规定	5	符合要求得分	
13	工量刀具放置	位置合理、放置整齐	2.5	符合要求得分	
14	设备清洁保养	相关规定要求	2.5	符合要求得分	

成绩：

【技能训练七】　车锥度轴（见图 15-7）

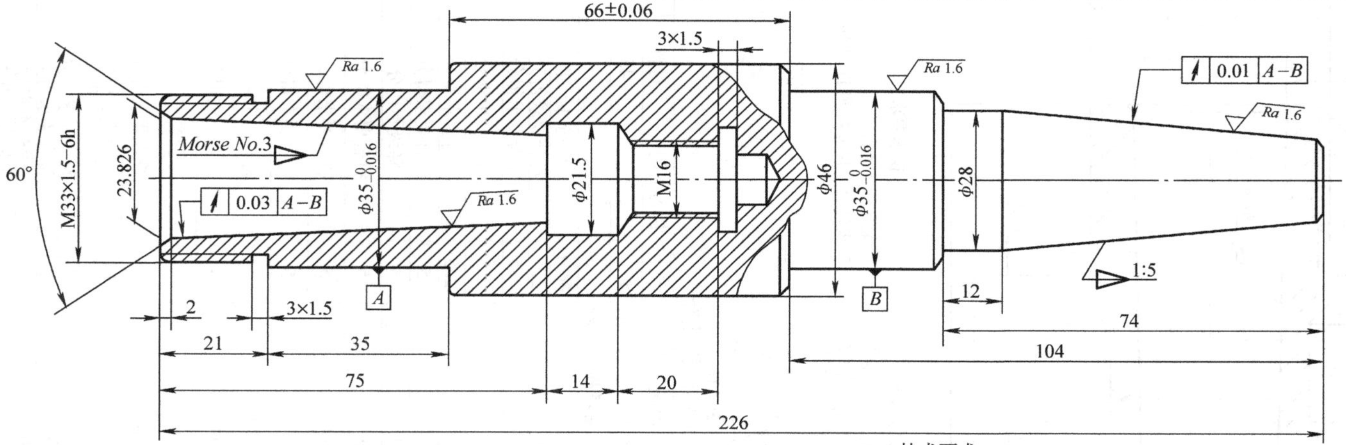

技术要求

图 15-7　车锥度轴

1. 全部倒角 C1。
2. 未注公差尺寸按照 IT12 加工和检验。

$\sqrt{Ra\ 3.2}$ ($\sqrt{}$)

习题名称	练习时间	材料	件数
车锥度轴		45	

车锥度轴考核评分表

序号	考核内容	技术要求	配分	评分标准	得分
1	外径尺寸	$\phi 35^{\ 0}_{-0.016}$ mm(2 处)	16	符合要求得分	
2	长度尺寸	(66 ±0.06) mm	7	符合要求得分	
3	莫氏 3 号锥度内圆锥面	接触面积≥70%	12	符合要求得分	
4	1:5 锥度外圆锥面	接触面积≥75%	12	符合要求得分	
5	斜向圆跳动公差	0.03mm	6	符合要求得分	
6		0.01mm	7	符合要求得分	
7	普通螺纹	M33 ×1.5-6h	7	符合要求得分	
8	表面粗糙度	Ra1.6μm(4 处)	8	降级不得分	
9		Ra3.2μm	3	一处降级扣 0.5 分	
10	未注公差尺寸	IT12	7	一处超差扣 0.5 分	
11	加工操作	规范	5	符合要求得分	
12	安全操作	严格遵守安全操作规定	5	符合要求得分	
13	工量刀具放置	位置合理、放置整齐	2.5	符合要求得分	
14	设备清洁保养	相关规定要求	2.5	符合要求得分	

成绩：

【技能训练八】 车双线梯形螺纹锥孔套（见图 15-8）

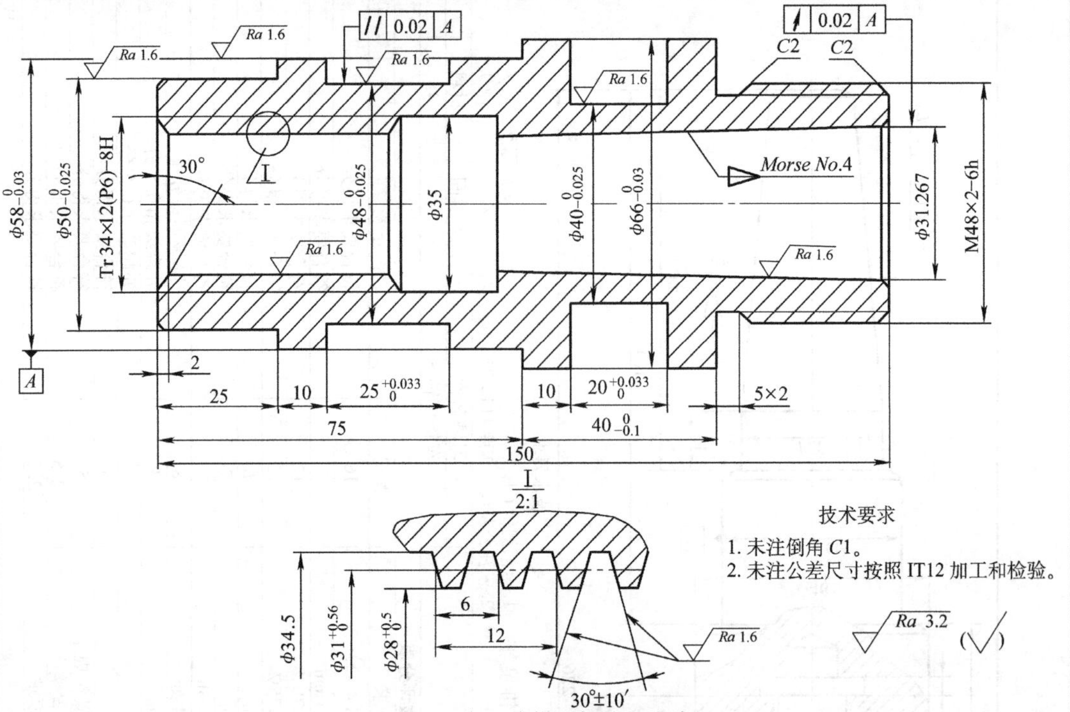

图 15-8 车双线梯形螺纹锥孔套

习题名称	练习时间	材料	件数
车双线梯形螺纹锥孔套		45	

车双线梯形螺纹锥孔套考核评分表

序号	考核内容	技术要求	配分	评分标准	得分
1	梯形螺纹	Tr34×12(P6)-8H	2.5	符合要求得分	
2		$\phi31^{+0.56}_{0}$mm	2.5	符合要求得分	
3	外形尺寸	$\phi28^{+0.5}_{0}$mm	2.5	符合要求得分	
4		$\phi34.5$	2.5	符合要求得分	
5	齿宽角	30°±10′	5	符合要求得分	
6	表面粗糙度	*Ra*1.6μm(2 处)	3	降级不得分	
7	其他尺寸	$\phi40^{0}_{-0.025}$mm	5	符合要求得分	
8		$\phi48^{0}_{-0.025}$mm	5	符合要求得分	
9		$\phi50^{0}_{-0.025}$mm	5	符合要求得分	
10		$\phi58^{0}_{-0.03}$mm	4	符合要求得分	
11		$\phi66^{0}_{-0.03}$mm	4	符合要求得分	
12		$20^{+0.033}_{0}$mm	4	符合要求得分	
13		$25^{+0.033}_{0}$mm	4	符合要求得分	
14	莫氏 4 号锥度内圆锥面	接触面积≥70%	10	符合要求得分	
15	平行度公差	0.02mm	5	符合要求得分	
16	斜向圆跳动公差	0.02mm	5	符合要求得分	
17	普通螺纹	M48×2-6h	5	符合要求得分	
18	表面粗糙度	*Ra*1.6μm(6 处)	4	降级不得分	
19		*Ra*3.2μm	3	一处降级扣 0.5 分	
20	未注公差尺寸	IT12	4	一处超差扣 0.5 分	
21	加工操作	规范	5	符合要求得分	
22	安全操作	严格遵守安全操作规定	5	符合要求得分	
23	工量刀具放置	位置合理、放置整齐	2.5	符合要求得分	
24	设备清洁保养	相关规定要求	2.5	符合要求得分	

成绩：

【技能训练九】 车双偏心薄壁套（见图 15-9）

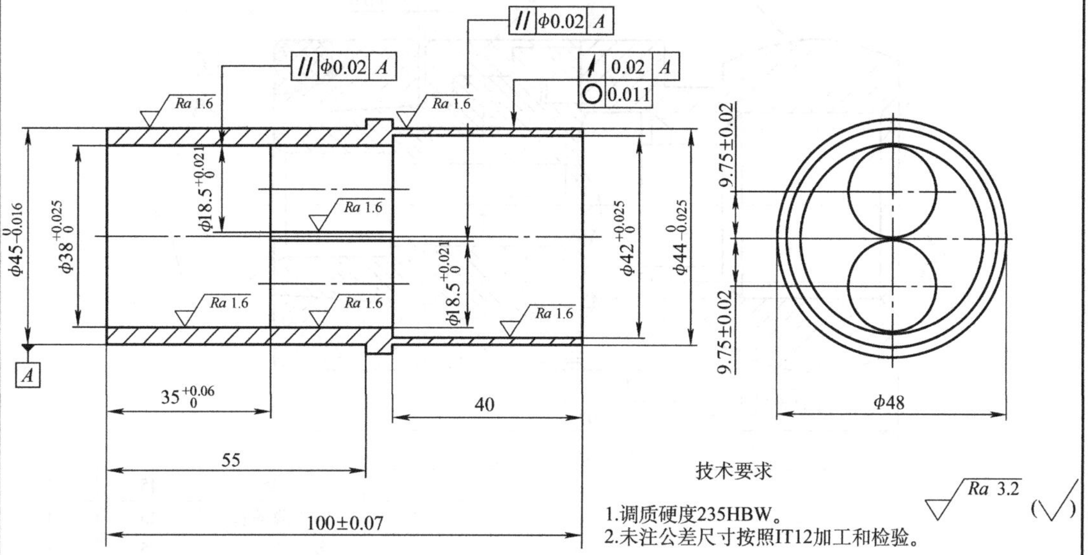

图 15-9 车双偏心薄壁套

习题名称	练习时间	材料	件数
车双偏心薄壁套		45	

车双偏心薄壁套考核评分表

序号	考核内容	技术要求	配分	评分标准	得分
1	内径尺寸	$\phi38^{+0.025}_{0}$ mm	5	符合要求得分	
2		$\phi42^{+0.025}_{0}$ mm	5	符合要求得分	
3		$\phi18.5^{+0.021}_{0}$ mm（2 处）	10	符合要求得分	
4	外径尺寸	$\phi44^{0}_{-0.025}$ mm	5	符合要求得分	
5		$\phi45^{0}_{-0.016}$ mm	7	符合要求得分	
6	深度尺寸	$35^{+0.06}_{0}$ mm	5	符合要求得分	
7	长度尺寸	(100 ±0.07) mm	5	符合要求得分	
8	偏心距	(9.75 ±0.02) mm（2 处）	14	符合要求得分	
9	平行度公差	ϕ0.02mm	5	符合要求得分	
10	径向圆跳动公差	0.02mm	5	符合要求得分	
11	圆度公差	0.011mm	5	符合要求得分	
12	表面粗糙度	*Ra*1.6μm（6 处）	6	降级不得分	
13		*Ra*3.2μm	3	一处降级扣 0.5 分	
14	未注公差尺寸	IT12	5	一处超差扣 0.5 分	
15	加工操作	规范	5	符合要求得分	
16	安全操作	严格遵守安全操作规定	5	符合要求得分	
17	工量刀具放置	位置合理、放置整齐	2.5	符合要求得分	
18	设备清洁保养	相关规定要求	2.5	符合要求得分	

成绩：

【技能训练十】 车偏心螺杆组合件(见图 15-10a, 15-10b, 15-10c, 15-10d, 15-10e)

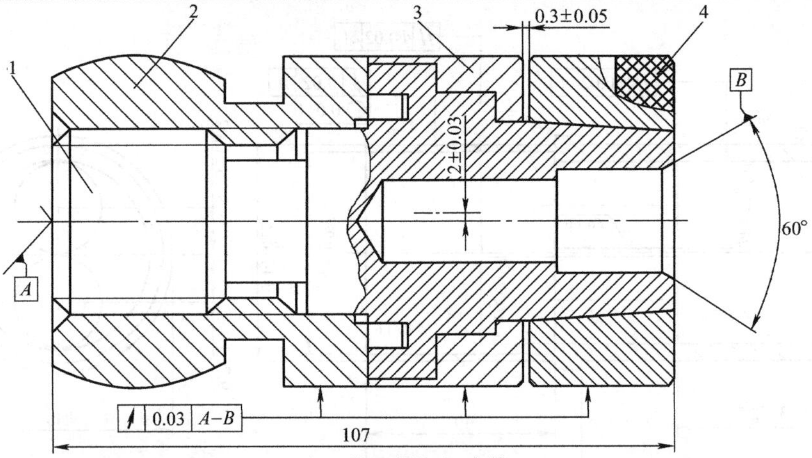

a) 偏心螺杆组合件

	4	锥套	45	1
	3	偏心薄壁套	45	1
	2	多线螺纹套	45	1
习题名称	1	偏心螺杆	45	1
车偏心螺杆组合件	件号	件名	材料	件数

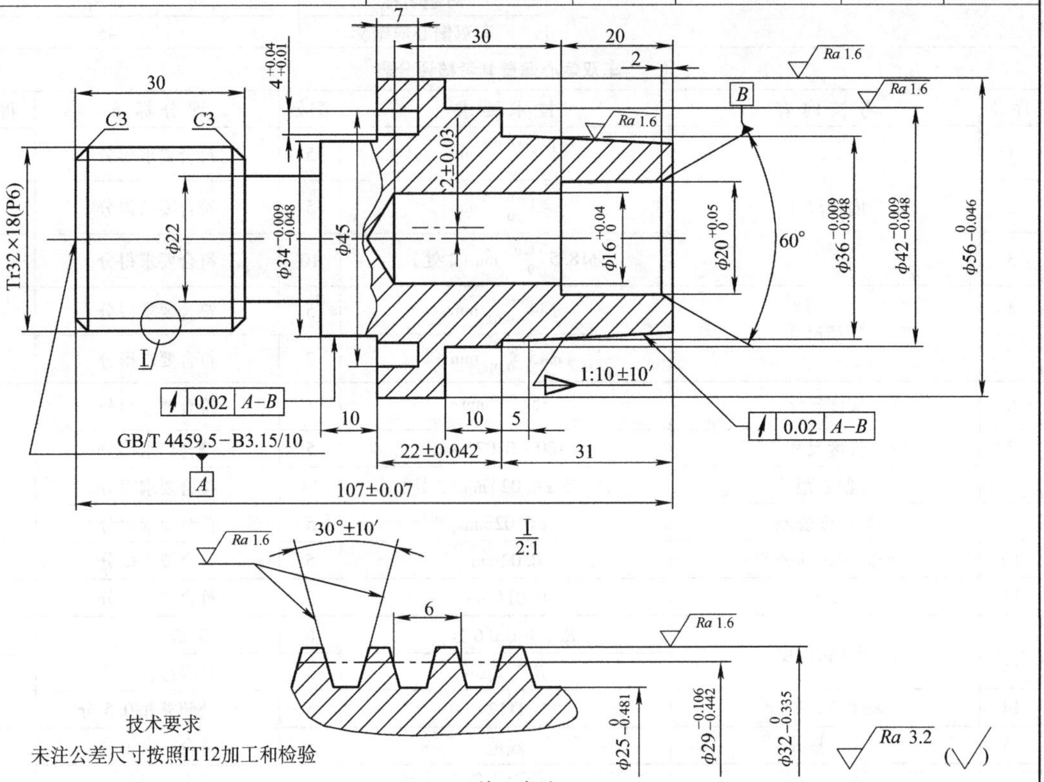

技术要求

未注公差尺寸按照IT12加工和检验

b) 偏心螺杆

件号	习题名称	练习内容	练习时间	材料	件数
1	车偏心螺杆组合件	偏心螺杆		45	1

图 15-10 车偏心

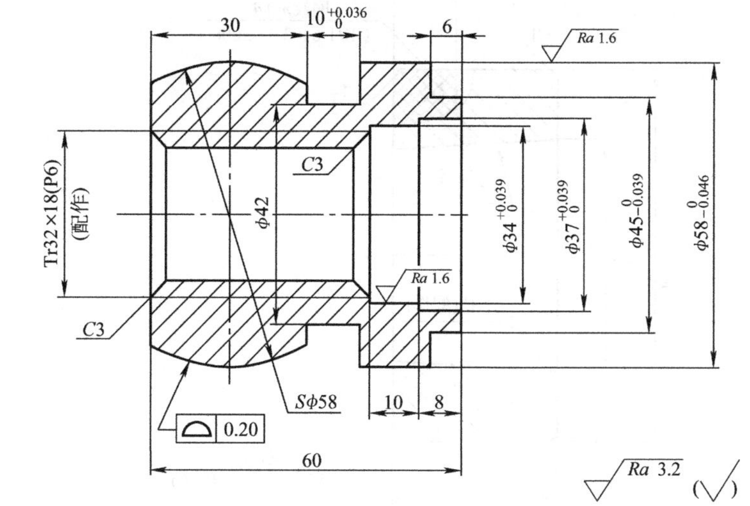

技术要求

未注公差尺寸按照IT12加工和检验

c） 多线螺纹套

	件号	习题名称	练习内容	练习时间	材料	件数
	2	车偏心螺杆组合件	多线螺纹套		45	1

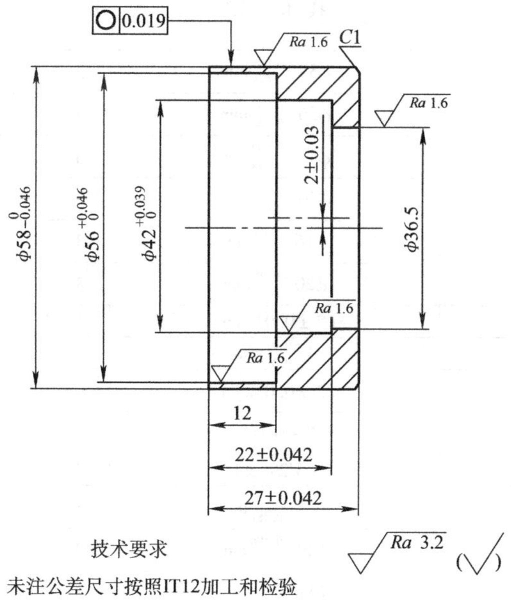

技术要求

未注公差尺寸按照IT12加工和检验

d） 偏心薄壁套

	件号	习题名称	练习内容	练习时间	材料	件数
	3	车偏心螺杆组合件	偏心薄壁套		45	1

螺杆组合件

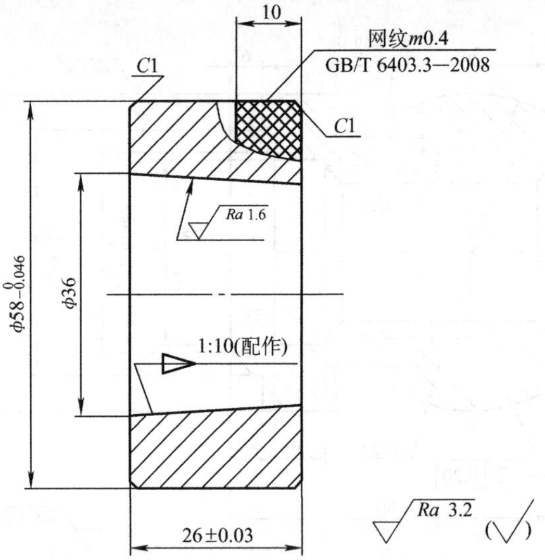

技术要求

未注公差尺寸按照IT12加工和检验

e） 锥套

图 15-10 车偏心螺杆组合件（续）

件号	习题名称	练习内容	练习时间	材料	件数
4	车偏心螺杆组合件	锥套		45	1

车偏心螺杆组合件考核评分表

序号	考 核 内 容	技 术 要 求	配分	评 分 标 准	得分
	偏心螺杆尺寸		40.5		
1	外径尺寸	$\phi34_{-0.048}^{-0.009}$ mm	3	符合要求得分	
2		$\phi36_{-0.048}^{-0.009}$ mm	3	符合要求得分	
3		$\phi42_{-0.048}^{-0.009}$ mm	3	符合要求得分	
4		$\phi56_{-0.046}^{0}$ mm	3	符合要求得分	
5	内径尺寸	$\phi16_{0}^{+0.04}$ mm	3	符合要求得分	
6		$\phi20_{0}^{+0.05}$ mm	3	符合要求得分	
7	偏心距	(2 ±0.03) mm	1	符号要求得分	
8	槽宽尺寸	$4_{+0.01}^{+0.04}$ mm	2	符合要求得分	
9	长度尺寸	(22 ±0.042) mm	1	符合要求得分	
10		(107 ±0.07) mm	2	符合要求得分	
11	1:10 锥度外圆锥面	5°43′29″ ±10′	4	符合要求得分	
12	梯形螺纹	$\phi25_{-0.481}^{0}$ mm	3	符合要求得分	
13		$\phi29_{-0.442}^{-0.106}$ mm	3	符合要求得分	
14		$\phi32_{-0.335}^{0}$ mm	3	符合要求得分	
15		30° ±10′	2	符合要求得分	
16	表面粗糙度	Ra1.6μm(6 处)	1.5	降级不得分	
	多线螺纹套尺寸		15		
17	内径尺寸	$\phi34_{0}^{+0.039}$ mm	2	符合要求得分	
18		$\phi37_{0}^{+0.039}$ mm	2	符合要求得分	

车偏心螺杆组合件考核评分表					
序号	考核内容	技术要求	配分	评分标准	得分
19	外径尺寸	$\phi 45_{-0.039}^{0}$mm	2	符合要求得分	
20		$\phi 58_{-0.046}^{0}$mm	2	符合要求得分	
21	槽宽尺寸	$10_{0}^{+0.036}$mm	2	符合要求得分	
22	面轮廓度公差	0.20mm	2.5	符合要求得分	
23	表面粗糙度	Ra1.6μm(3处)	2.5	降级不得分	
	偏心薄壁套		14		
24	外径尺寸	$\phi 58_{-0.046}^{0}$mm	2	符合要求得分	
25	内径尺寸	$\phi 42_{0}^{+0.039}$mm	2	符合要求得分	
26		$\phi 56_{0}^{+0.046}$mm	2	符合要求得分	
27	长度尺寸	(22 ±0.042)mm	1	符合要求得分	
28		(27 ±0.042)mm	1	符合要求得分	
29	偏心距	(2 ±0.03)mm	2	符合要求得分	
30	圆度公差	0.019mm	2	符合要求得分	
31	表面粗糙度	Ra1.6μm(4处)	2	降级不得分	
	锥套		7.5		
32	外径尺寸	$\phi 58_{-0.046}^{0}$mm	2	符合要求得分	
33	长度尺寸	(26 ±0.03)mm	1	符合要求得分	
34	网纹 m0.4	GB/T 6403.3—2008	1	符合要求得分	
35	1:10 锥度内圆锥面	接触面积≥75%	3	符合要求得分	
36	表面粗糙度	Ra3.2μm	0.5	降级不得分	
	配合		8		
37	梯形螺纹	旋合灵活	3	符合要求得分	
38	径向圆跳动公差	0.03mm(3处)	3	符合要求得分	
39	轴向间隙	(0.3 ±0.05)mm	2	符合要求得分	
40	未注公差尺寸	(件1～件4)IT12	5	一处超差扣0.5分	
41	安全操作	严格遵守安全操作规定	5	符合要求得分	
42	工量刀具放置	位置合理、放置整齐	2.5	符合要求得分	
43	设备清洁保养	相关规定要求	2.5	符合要求得分	
					成绩：

参考文献

[1] 陈宏钧．车工操作技能手册［M］．北京：机械工业出版社，2004.
[2] 唐监怀，刘翔．车工工艺与技能训练［M］．北京：中国劳动社会保障出版社，2011.
[3] 楮全兴．简明车工手册［M］．上海：上海科学技术出版社，2002.
[4] 曹奇星，赵军华．普通车削加工操作实训［M］．北京：机械工业出版社，2008.
[5] 龙卫平，吴必尊．车工技能训练项目教程［M］．北京：机械工业出版社，2011.
[6] 金福昌．车工［初、中、高］［M］．北京：机械工业出版社，2006.
[7] 黎桂英．最新使用机械加工手册［M］．广州：广州科技出版社，1995.
[8] 张春敏，刘立国．车工工艺学［M］．北京：电子工业出版社，2007.
[9] 吴清．车工实训习题集［M］．北京：机械工业出版社，2010.
[10] 徐小国．机加工实训［M］．北京：北京理工大学出版社，2006.
[11] 逯盛海，闫文平．车工技能训练［M］．北京：中国海洋大学出版社，2011.
[12] 李新德，鲁昌国．普车加工技能训练［M］．大连：大连理工大学出版社，2010.
[13] 吴元祥，陈刚．钳工技术［M］．北京：化学工业出版社，2012.
[14] 梁子午．检验工实用技术手册［M］．南京：江苏科学技术出版社，2004.
[15] 王增强．普通机械加工技能实训［M］．北京：机械工业出版社，2007.
[16] 王瑛，郭恒．车工操作技术［M］．合肥：安徽科学技术出版社，2008.
[17] 技工学校机械类通用教材编委会．车工工艺学［M］．北京：机械工业出版社，2004.
[18] 刘杰华，任昭蓉．金属切削与刀具使用技术［M］．北京：国防工业出版社，2006.
[19] 王瑞泉，张文健．普通车床实训教程［M］．北京：北京理工大学出版社，2008.
[20] 范逸明．简明车工手册［M］．北京：国防工业出版社，2009.
[21] 机械工业职业教育研究中心．车工技能实战训练［M］．北京：机械工业出版社，2005.
[22] 谭永梅．车工入门［M］．北京：化学工业出版社，2008.
[23] 王平，叶晓苇．车削工艺技术［M］．沈阳：辽宁科学技术出版社，2009.